高等职业教育系列教材

集成电路封装与测试

主编　吕坤颐　刘　新　牟洪江
参编　陈　佳　冯筱佳

机械工业出版社

本书是一本通用的集成电路封装与测试技术教材，全书共10章，内容包括：绪论、封装工艺流程、气密性封装与非气密性封装、典型封装技术、几种先进封装技术、封装性能的表征、封装缺陷与失效、缺陷与失效的分析技术、质量鉴定和保证、集成电路封装的趋势和挑战。其中，1~5章介绍集成电路相关的流程技术，6~9章介绍集成电路质量保证体系和测试技术，第10章介绍集成电路封装技术发展的趋势和挑战。

本书力求在体系上合理、完整，由浅入深介绍集成电路封装的各个领域，在内容上接近于实际生产技术。读者通过本书可以认识集成电路封装行业，了解封装技术和工艺流程，并能理解集成电路封装质量保证体系、了解封装测试技术和重要性。

本书可作为高校相关专业教学用书和微电子技术相关企业员工培训教材，也可供工程人员参考。

本书配有授课电子课件和习题答案，需要的教师可登录机械工业出版社教育服务网 www.cmpedu.com 免费注册后下载，或联系编辑索取（微信：15910938545，电话：010-88379739）。

图书在版编目(CIP)数据

集成电路封装与测试/吕坤颐，刘新，牟洪江主编．—北京：机械工业出版社，2019.1(2024.7重印)
高等职业教育系列教材
ISBN 978-7-111-61728-0

Ⅰ.①集…　Ⅱ.①吕…　②刘…　③牟…　Ⅲ.①集成电路-封装工艺-高等职业教育-教材　②集成电路-测试-高等职业教育-教材　Ⅳ.①TN4

中国版本图书馆CIP数据核字(2019)第028820号

机械工业出版社(北京市百万庄大街22号　邮政编码　100037)
策划编辑：曹帅鹏　　责任编辑：曹帅鹏　韩　静
责任校对：张艳霞　　责任印制：邓　博

北京盛通数码印刷有限公司印刷

2024年7月第1版·第9次印刷
184mm×260mm·14.25印张·343千字
标准书号：ISBN 978-7-111-61728-0
定价：45.00元

电话服务
客服电话：010-88361066
010-88379833
010-68326294

网络服务
机　工　官　网：www.cmpbook.com
机　工　官　博：weibo.com/cmp1952
金　书　网：www.golden-book.com
机工教育服务网：www.cmpedu.com

前　　言

现今，信息技术迅猛发展，作为信息技术基石的微电子技术也在不断创新提高，集成电路产品已经在社会的生产和生活中得到广泛的应用。进入 21 世纪以来，我国集成电路产业出现了蓬勃生机，进入了高速发展期，呈现出生产规模不断扩大、技术水平迅速提高、产业集中度不断提高三大特点。封装测试企业在国内的集成电路产业中占有重要地位。

半导体企业在发展的同时，急需大量具备集成电路技术知识和技能的应用型人才。集成电路封装与测试是整个半导体技术家族中不可或缺的重要成员，伴随着集成电路设计和电路结构形式及性能的不断进步，集成电路封装测试技术也与时俱进。作为微电子技术专业的一门专业核心课程，其课程内容也应紧跟技术发展的潮流，突出知识和技能的培养，以符合职业教育教学的特点。

本书第 1 章阐述了集成电路封装的含义、作用和目的；第 2 章介绍了集成电路封装的典型流程；第 3 章从封装密封性、封装材料上介绍了密封性不同的封装类型；第 4、5 章介绍了主流的封装技术，包括双列直插式封装、四边扁平封装、球栅阵列封装、芯片尺寸封装、倒装芯片技术、多芯片组件封装与三维封装技术；第 6 章从工艺性能、湿-热机械性能、电学性能和化学性能几个方面介绍了集成电路封装的重要性能参数；第 7、8 章介绍了封装过程中常见的缺陷与失效现象及惯用的分析技术；第 9 章介绍了集成电路封装可靠性的鉴定方法和流程；第 10 章介绍了未来微电子器件、封装及塑封料的发展趋势及面临的挑战。

本书由重庆城市管理职业学院的吕坤颐、刘新、牟洪江和中国电子科技集团公司第二十四研究所的陈佳、重庆电子工程职业学院的冯筱佳共同编写。其中，吕坤颐编写第 1、2、3、4、5、6、9 章、附录；刘新编写第 7 章；牟洪江编写第 8 章；陈佳和冯筱佳共同编写第 10 章。

本书是重庆市高等教育教学改革重点项目“基于产教融合、校企合作的高职电子信息类人才培养模式的研究与实践”（162074）和“供给侧改革视角下智能产业高技能人才培养模式的研究与实践”（183235）的研究成果，同时也是机械工业出版社组织出版的“高等职业教育系列教材”之一。

特别感谢参与本书编写的专业老师和企业专家的付出与支持。

由于编者水平有限，书中的缺点和错误，敬请广大读者批评指正。

编　者

目　录

第1章 绪 论

1.1 集成电路封装技术

“封装”一词伴随集成电路制造技术的产生而出现，这一概念用于电子工程的历史并不是很久。早在真空电子管时代，将电子管等器件安装在基座上构成电路设备的方法称为“电子组装或电子装配”，当时还没有“封装”的概念。

20世纪50年代晶体管的问世和后来集成电路芯片的出现，改写了电子工程的历史。一方面，这些半导体元器件细小柔弱；另一方面，其性能高，且多功能、多规格。为了充分发挥其功能，需要补强、密封、扩大，以便实现与外电路可靠的电气连接并得到有效的机械、绝缘等方面的保护，以防止外力或环境因素导致的破坏。在此基础上，“封装”才有了具体的概念。

集成电路封装在电子学金字塔中的位置既是金字塔的尖顶又是金字塔的基座。说它同时处在这两种位置都有很充分的根据。从电子元器件（如晶体管）的密度这个角度上来说，IC（集成电路）代表了电子学的尖端。但是IC又是一个起始点，是一种基本结构单元，是组成人们生活中大多数电子系统的基础。同样，IC不仅是单块芯片或者基本电子结构，IC的种类千差万别（模拟电路、数字电路、射频电路、传感器等），因而对于封装的需求和要求也各不相同。

1.1.1 概念

集成电路芯片封装（Packaging，PKG）是指利用膜技术及微细加工技术，将芯片及其他要素在框架或基板上布置、粘贴固定及连接，引出接线端子并通过可塑性绝缘介质灌封固定构成整体立体结构的工艺。此概念称为狭义的封装。

在更广的意义上的封装是指封装工程，即将封装体与基板连接固定，装配成完整的系统或电子设备，并确保整个系统综合性能的工程。

以上两个层次封装的含义连接在一起，就构成了广义上的封装的概念。

将基板技术、芯片封装体、分立器件等全部要素，按电子设备整机要求进行连接和装配，实现电子的、物理的功能，使之转变为适用于机械或系统的形式，成为整机装置或设备的工程称为电子封装工程。图1-1表示了封装前的芯片和封装几种不同芯片的外观图。

集成电路封装的目的，在于保护芯片不受或少受外界环境的影响，并为之提供一个良好的工作条件，以使集成电路具有稳定、正常的功能。封装为芯片提供一种保护，人们平时看见的电子设备，比如计算机、家用电器、通信设备等，都是封装好的，没有封装的集成电路芯片一般是不能直接使用的。

图1-2所示是集成电路制造的工艺流程。从中可以看出，制造一块集成电路需要经历集成电路设计、掩膜版制造、原材料制造、芯片制造、封装、测试几道工序。封装工艺属于

集成电路制造工艺的后道工序，紧接着在芯片制造工艺完成后进行，此时的芯片已经通过了电测试。

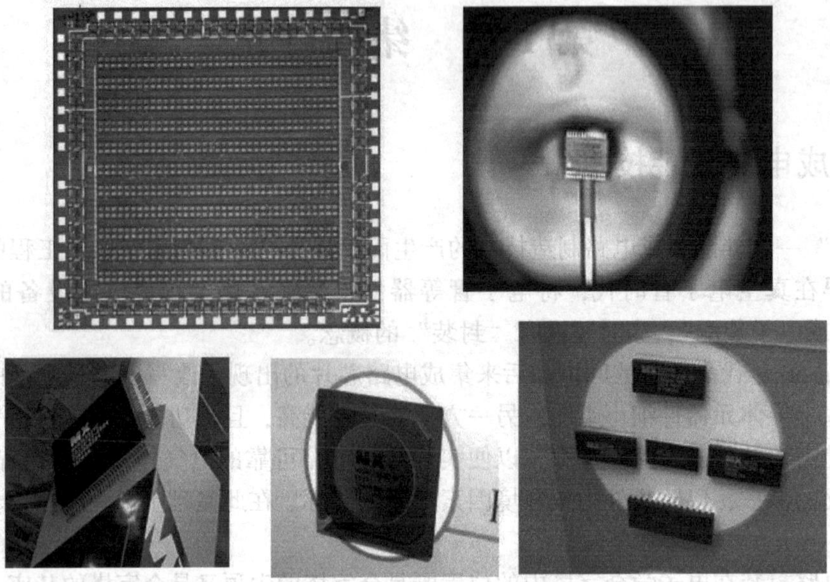

图 1-1　集成电路芯片的显微照片

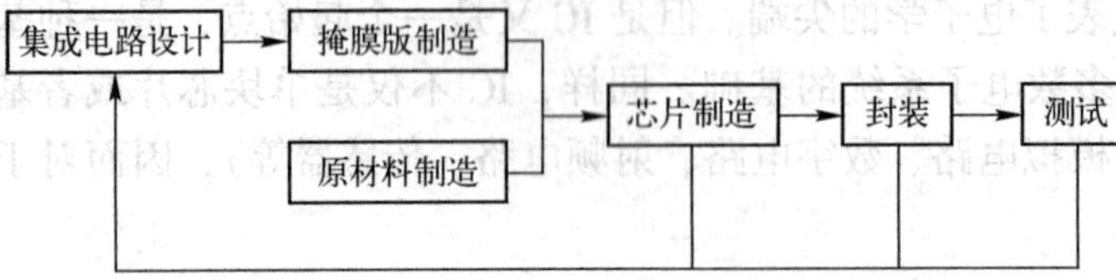

图 1-2　集成电路制造的工艺流程

1.1.2　集成电路封装的技术领域

芯片封装技术涵盖的技术面极广，属于复杂的系统工程。它应用了物理、化学、化工、材料、机械、电气与自动化等各门学科，也使用金属、陶瓷、玻璃、高分子等各种各样的材料，因此电子封装是一门跨学科知识整合的科学，也是整合产品电气特性、热传导特性、可靠度、材料与工艺技术的应用以及成本价格等因素，以达到最佳化目的的工程技术。

在微电子产品功能与层次提升的追求中，开发封装技术的重要性不亚于集成电路芯片工艺技术和其他相关工艺技术，世界各国的电子工业都在全力研究开发这一技术，以期得到在该领域的技术领先地位。

1.1.3　集成电路封装的功能

为了保持电子设备使用的可靠性和耐久性，要求集成电路内部的芯片尽可能避免和外部环境相接触，以减少水汽、杂质和各种化学物质对芯片的污染和腐蚀。于是，就要求集成电路封装结构具有一定的机械强度、良好的电气性能和散热能力，以及优良的化学稳定性。

如图 1-3 所示，集成电路芯片封装要实现以下主要功能：

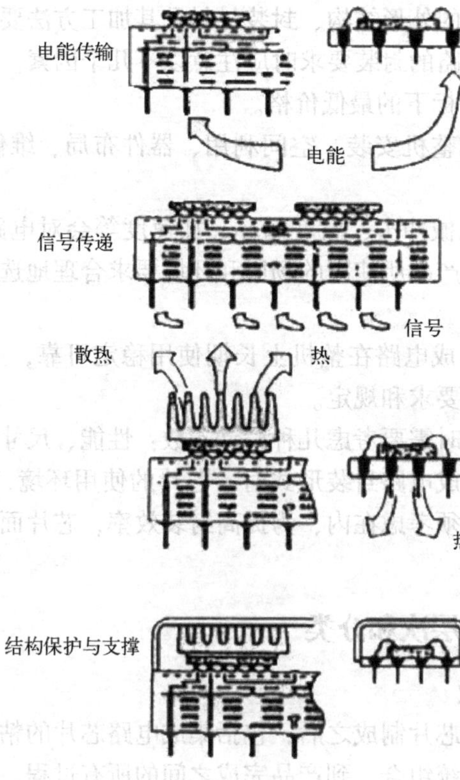

图 1-3　芯片封装的功能

(1) 电能传输：主要是指电源电压的分配和导通。电子封装首先要接通电源，使芯片与电路导通电流。其次，微电子封装的不同部位所需的电压有所不同，要能将不同部位的电压分配适当，以减少电压的不必要损耗，这在多层布线中尤为重要，同时，还要考虑接地线的分配问题。

(2) 信号传递：主要是要使电信号的延迟尽可能的小，也就是在布线时要尽可能使信号线与芯片的互连路径以及通过封装 I/O 接口引出的路径达到最短。对于高频信号，还要考虑到信号间的串扰，以进行合理的信号分配布线和接地线的分配。

(3) 提供散热途径：主要是指各芯片封装要考虑元器件、部件长时间工作时如何将聚集的热量散发出去的问题。不同的封装材料和结构具有不同的散热效果。对于大功耗的芯片或部件的封装，还要考虑加散热辅助结构，比如热沉、风冷、水冷系统，以确保系统能在使用温度范围内长时间正常工作。

(4) 结构保护与支撑：封装要为芯片和其他连接部件提供牢固可靠的机械支撑，并能适应各种环境和条件的变化。半导体器件和电路的很多参数（如击穿电压、反向电流、电流放大系数、噪声等），以及元器件的稳定性、可靠性都直接与半导体表面的状态密切相关。半导体元器件以及电路制造过程中的许多工艺措施都是针对半导体表面问题的。半导体芯片制造出来以后，在没有封装之前，始终都处于周围环境的威胁之中。在使用中，有的环境条件极为恶劣，必须将芯片严加密封和包封。所以，芯片封装对芯片的保护作用显得极为重要。

集成电路封装结构及加工方法的合理性、科学性直接影响到电路性能的可靠性、稳定性和经济性。对集成电路模块的外形结构、封装材料及其加工方法要进行合理的选择和科学的设计。为此，在确定集成电路的封装要求时应注意以下几个因素。

（1）成本：最佳性能指标下的最低价格。

（2）外形与结构：比如整机安装、空间利用、器件布局、维修更换以及同类产品的型号替换等。

（3）可靠性：考虑到机械冲击、温度循环、加速度等会对电路的机械强度和各种性能产生影响，因此，必须根据产品所使用的场所和环境要求合理地选择集成电路的外形和封装结构。

（4）性能：为了保证集成电路在整机上长期使用稳定可靠，必须根据整机要求对集成电路的封装方法提出具体的要求和规定。

在选择具体的封装形式时需要考虑几种设计参数：性能、尺寸、重量、可靠性和成本目标。当设计工程师在选择集成电路封装形式时，芯片的使用环境，比如沾污、潮气、温度、机械振动以及人为因素都必须考虑在内，为提高封装效率，芯片面积和封装面积之比应尽量接近1∶1。

1.1.4 集成电路封装的层次和分类

1. 封装工艺的技术层次

电子封装始于集成电路芯片制成之后，包括集成电路芯片的粘贴固定、电路连线、密封保护、与电路板的接合、系统组合，到产品完成之间的所有过程。

通常以下列四个不同的层次（Level）区分描述这一过程，如图1-4所示。

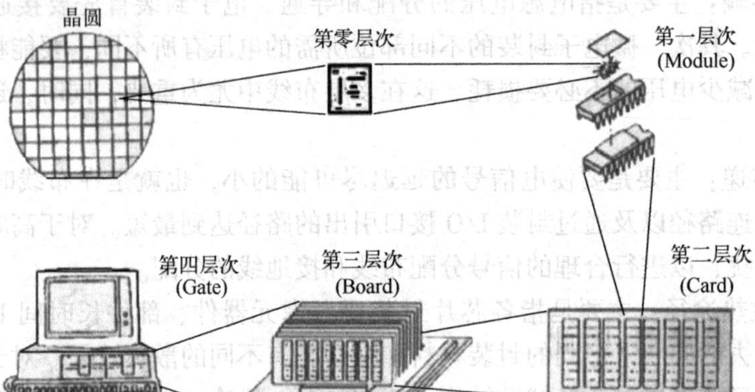

图1-4 芯片封装技术的层次

第一层次（Level 1或First Level）：该层次又称为芯片层次的封装（Chip Level Packaging），是指把集成电路芯片与封装基板或引脚架（Lead Frame）之间进行粘贴固定、电路连线与封装保护的工艺，使之成为易于取放输送，并可与下一层次组装进行接合的模组（组件Module）元件。

第二层次（Level 2或Second Level）：将数个第一层次完成的封装与其他电子零件组成一个电路卡（Card）的工艺。

第三层次（Level 3 或 Third Level）：将数个第二层次完成的封装组装成的电路卡组合于一块主电路板（Board）上，使之成为一个子系统（Subsystem）的工艺。

第四层次（Level 4 或 Fourth Level）：将数个子系统组合成为一个完整电子产品的工艺过程。

因为封装工程是跨学科及最佳化的工程技术，因此知识技术与材料的运用有相当大的选择性。例如，混合电子电路（Hybrid Microelectronic）是连接第一层次和第二层次技术的封装方法；芯片直接组装（Chip-on-Board，COB）与研发中的直接将芯片粘贴封装（Direct Chip Attach，DCA）省略了第一层次封装，直接将集成电路芯片粘贴互连到属于第二层次封装的电路板上，以使产品符合“轻、薄、短、小”的目标。随着新型的工艺技术与材料的不断进步，封装工程的形态也呈现出多样化，因此，封装技术的层次区分也没有统一的、一成不变的标准。

2. 封装的分类

按照封装中组合的集成电路芯片的数目，芯片封装可以分为单芯片封装（Single Chip Packages，SCP）与多芯片封装（Multichip Packages，MCP）两大类，MCP 也包括多芯片组件（模块）封装（Multichip Module，MCM）。通常 MCP 指层次较低的多芯片封装，而 MCM 是指层次较高的芯片封装。

按照封装的材料区分，可以分为高分子材料（塑料）和陶瓷两大类。陶瓷封装（Ceramic Package）的热性质稳定，热传导性能优良，对水分子渗透有良好的阻隔作用，因此是主要的高可靠性封装方法；塑料封装（Plastic Package）的热性质与可靠性都低于陶瓷封装，但它具有工艺自动化、成本低、可薄型化封装等优点，而且随着工艺技术与材料的进步，其可靠性已相当完善，因此塑料封装是目前市场最常采用的技术。目前很多高强度工作条件需求的电路如军工和宇航级别采用大量的金属封装。

按照器件与电路板的互连方式，封装主要分为 DIP 双列直插和 SMD 贴片封装两种。从结构方面，封装从最早期的晶体管 TO（如 TO—89、TO—92）封装发展到了双列直插封装，随后由 PHILIPS 公司开发出了 SOP 小外形封装，以后逐渐派生出 SOJ（J 形引脚小外形封装）、TSOP（薄小外形封装）、VSOP（甚小外形封装）、SSOP（缩小型 SOP）、TSSOP（薄的缩小型 SOP）及 SOT（小外形晶体管）、SOIC（小外形集成电路）等。

按照引脚分布形态区分，封装元器件有单边引脚、双边引脚、四边引脚与底部引脚四种。常见的单边引脚有单列式封装（Single Inline Package，SIP）与交叉引脚式封装（Zig-zag Inline Package，ZIP）；双边引脚有双列式封装（Dual Inline Package，DIP）、小型化封装（Small Outline Package，SOP or SOIC）等；四边引脚主要有四边扁平封装（Quad Flat Package，QFP），也称为芯片载体（Chip Carrier）；底部引脚有金属罐式封装（Metal Can Package，MCP）与点阵列式封装（Pin Grid Array，PGA），PGA 又称为针脚阵列封装。

微电子封装大致经历了如下的发展过程：

结构方面：TO→DIP→PLCC→QFP→BGA→CSP；

材料方面：金属、陶瓷→陶瓷、塑料→塑料；

引脚形状：长引线直插→短引线或无引线贴装→球状凸点；

装配方式：通孔插装→表面组装→直接安装。

1.2 历史与发展

1.2.1 历史概述

自 1947 年美国电报电话公司（AT&T）贝尔实验室的三位科学家巴丁、布赖顿和肖克莱发明第一只晶体管开始，开创了微电子封装的历史。为了便于在电路上使用和焊接，要有外接引线；为了固定小的半导体芯片，要有支撑它的底座；为了保护芯片不受大气环境等的污染，也为了坚固耐用，就必须有把芯片密封起来的外壳等。20 世纪 50 年代主要是以三根引线的 TO（Transistor Outline，晶体管外壳）型金属玻璃封装外壳，后来又发展为各类陶瓷、塑料。随着晶体管的日益广泛应用，晶体管取代了电子管的地位，工艺技术也日趋完善。随着电子系统的大型化、高速化、高可靠要求的提高（如电子计算机），必然要求电子元器件小型化、集成化。这时的科学家们一方面不断地将晶体管越做越小，电路间的连线也相应缩短；另一方面，电子设备系统众多的接点严重影响整机的可靠性，使科学家们想到将大量的无源元件和连线同时形成的方法，做成所谓的二维电路方式，这就是后来形成的薄膜或厚膜集成电路，再装上有源器件的晶体管，就形成了混合集成电路（Hybrid Integrated Circuit，HIC）。

由此想到，把组成电路的元器件和连线像晶体管一样也做到一块硅片上来实现电路的微型化，这就是单片集成电路的设想。于是，晶体管经过 10 年的发展，在 1958 年科学家研制成功了第一块集成电路（IC）。这样集成多个晶体管的硅 IC 的输入/输出（I/O）引脚相应增加了，大大推动了多引线封装外壳的发展。由于 IC 的集成度越来越高，到了 20 世纪 60 年代中期，IC 由集成 100 个以下的晶体管或门电路的小规模 IC（Small Scale Integration，SSI）迅速发展成集成数百至上千个晶体管或门电路的中等规模 IC（Medium Scale Integration，MSI），相应的 I/O 也由数个发展到数十个，因此，要求封装引线越来越多。60 年代开发出了双列直插式引线封装（Double In-line Package，DIP），这种封装结构很好地解决了陶瓷与金属引线的连接，热性能、电性能俱佳。DIP 一出现就赢得了 IC 厂家的青睐，很快得到了推广应用，I/O 引线从 4~64 脚都开发出了系列产品，成为 70 年代中小规模 IC 电子封装系列的主导产品。后来，又相继开发出塑料 DIP，既大大降低了成本，又便于工业化生产，在大量商品中迅速广泛使用，至今仍在沿用。

20 世纪 70 年代是 IC 飞速发展的时期，一个硅芯片已可集成上万至数十万个晶体管，称为大规模 IC（Large Scale Integration，LSI），这时的 LSI 与前面其他类型的 IC 相比已使集成度的量发生了质变。它不单纯是元器件集成数量的大大增加（每 cm^2 含有 10^7~10^8 个 MOS 晶体管），而且集成的对象也起了根本变化，它可以是一个具有复杂功能的部件（如电子计算器），也可以是一台电子整机（如电子计算机）。一方面集成度迅速增加，另一方面芯片尺寸在不断扩大。随着 20 世纪 80 年代出现的电子组装技术的一场革命——表面贴装技术（SMT）的迅猛发展，与此相适应的各类表面贴装元器件（SMC、SMD）电子封装也雨后春笋般出现。诸如无引线陶瓷芯片载体（Leadless Ceramic Chip Carrier，LCCC）、塑料短引线芯片载体（Plastic Leaded Chip Carrier，PLCC）和四边扁平引线封装（Quad Flat Package，QFP）等，并于 80 年代初达到标准化，形成批量生产。由于改性环氧树脂材料的性能不断提高，使封装密度高，引线间距小，成本低，适于大规模生产并适合用于SMT，从而使塑封四边扁平引线封装（Plastic Quad Flat Package，PQFP）迅速成为20世纪70年代电子封装的主导产品，I/O也高达208~240个。同时，用于SMT的中小规模IC的封装I/O数不大的LSI芯片，采用了由荷兰飞利浦公司20世纪70年代研制开发出的小外形封装（Small Outline Package，SOP），这种封装其实就是适于SMT的DIP变形。

20世纪80~90年代，随着IC特征尺寸不断减小以及集成度的不断提高，芯片尺寸也不断增大，IC发展到了超大规模IC（Very Large Scale Integration，VLSI）阶段，可集成门电路高达数百万以至数千万只，其I/O数也达到数百个，并已超过1000个。这样，原来四边引出的QFP及其他类型的电子封装，尽管引线间距一再缩小（例如QFP已达到0.3mm的工艺技术极限）也不能满足封装VLSI的要求。电子封装引线由周边型发展成面阵形，如针栅阵列封装（Pin Grid Array，PGA）。然而，用PGA封装低I/O数的LSI尚有优势，而用它封装高I/O的VLSI就无能为力了。一是体积大又太重；二是制作工艺复杂且成本高；三是不能使用SMT进行表面贴装，难以实现工业化规模生产。综合了QFP和PGA的优点，于20世纪90年代初终于研制开发出新一代微电子封装——球栅阵列封装（Ball Grid Array，BGA）。至此，多年来一直大大滞后芯片发展的微电子封装，由于BGA的开发成功而终于能够适应芯片发展的步伐了。

然而，历来存在的芯片小而封装大的矛盾至BGA技术出现之前并没有真正解决。例如，20世纪70年代流行的DIP，以40个I/O的CPU芯片为例，封装面积/芯片面积为$(15.24\times 50)\div(3\times 3)=85:1$；80年代的QFP封装尺寸固然大大减小，但封装面积与芯片面积之比仍然很大。以0.5mm节距引脚208个I/O的QFP为例，要封装10mm见方的LSI芯片，需要的封装尺寸为28mm见方，这样，封装面积与芯片面积之比仍为$(28\times 28)\div(10\times 10)=7.8:1$，即封装面积仍然比芯片大7倍左右。

令人高兴的是，美国开发出BGA之后，又开发出μBGA，而日本也于20世纪90年代早期开发出芯片尺寸封装（Chip Size Package，CSP），这两种封装的实质是一样的。CSP（或称μBGA）的封装面积/芯片面积≤1.2:1，这样，CSP解决了长期存在的芯片小而封装大的根本矛盾，这足以再次引发一场微电子封装技术的革命。

然而，随着电子技术的进步及现代信息技术的飞速发展，电子系统的功能不断增强，布线和安装密度越来越高，同时向高速、高频方向发展，应用范围愈加宽广，等等，这都对所有安装的IC可靠性要求更高，同时要求电子产品既经济又坚固耐用。为了充分发挥芯片自身的功能和性能，就不需要每个IC芯片都封装好了再组装到一起，而是将多个未加封装的LSI、VLSI和专用的IC芯片（Application Specific IC，ASIC）先按电子系统功能贴装在多层布线基板上，再将所有芯片互连后整体封装起来，这就是所谓的多芯片组件（Multi Chip Module，MCM），它使现代电子封装技术达到了新的高峰，是更高级、更精密、更复杂的第五代微电子封装，也是最为先进的典型产品的结构形式，被认为是现代电子封装技术的革命。它最终将使各类IC芯片彻底挣脱束缚它的种种封装外壳（即没有封装的“封装”——零级“封装”），而进行芯片直接贴装（Direct Chip Attach，DCA）。这就是自晶体管发明以来，各个不同时期所对应的各类不同的电子封装。从以上所述中可以看出：一代芯片必有与此相适应的一代电子封装。20世纪50、60年代是TO的时代，70年代是DIP的时代，80年代是QFP和SMT的时代，而90年代则是BGA和MCM的时代。

1.2.2 发展趋势

1. 微电子产业的迅速发展

虽然2001年国际微电子产业因遭遇4~5年一次的“硅周期”，产值出现了灾难性的暴跌，比2000年下降31.9%，2002年的增长率也只有1.5%，但从2003年下半年开始，半导体市场开始复苏，2004年全球封装数量较2003年增长13.6%，总量突破1000亿颗。像微电子产业30年保持高度发展，这种长盛不衰的情况在其他产业中是很少见的。

国际半导体技术的发展仍将遵循国际上各国半导体协会按照摩尔（MOORE）定律共同制定的“国际半导体技术发展路线（International Technology Roadmap of Semiconductors）”在发展，甚至有时候实际发展速度快于原计划。在1999~2017年之间的这18年里，与封装有关的集成电路发展路线见表1-1。

由表1-1可知，集成电路技术的发展仍然按照摩尔定律每3年提高一个技术代，即特征尺寸每3年缩小1/3，集成度（即DRAM每个芯片上的位数，SRAM和MPU单位芯片面积上的晶体管数）是每一年半增加1倍。

表1-1 1999~2017年国际半导体技术发展路线（与IC封装有关项）

首批产品上市年份		1999	2001	2003	2005	2011	2014	2017
特征尺寸/nm		180	130	130	100	50	35	20
集成度	位/片 DRAM	1 G	2 G	4 G	8 G	64 G	—	—
	晶体管数/片	110 M	220 M	441 M	882 M	7053 M	19949 M	45638 M
功能密度	DRAM/位 · cm^{-2}	0.27 G	0.49 G	0.89 G	1.63 G	9.94 G	24.5 G	50.4 G
	MPU 晶体管数/个 · cm^{-2}	24 M	49 M	78 M	142 M	863 M	2130 M	4866 M
芯片尺寸/mm^2	DRAM	400	438	480	526	691	792	908
	MPU	450	450	567	622	817	937	1088
芯片互连线层数		6~7	7	8	8~9	9~10	10	10+
芯片最高I/O数	高性能类	2304	3042	3042	3042	4224	4416	5050
	存储器类	30~82	34~96	36~113	40~143	—	—	—
封装最高引线数	高性能 ASIC 类	1600	2007	2518	3158	6234	8758	10210
芯片焊接盘间距/μm	焊球	50	47	43	40	40	40	40
	锲焊	45	42	39	35	35	35	35
	面阵列	200	200	182	150	150	150	150
引线价格美分/引线	价格性能类	0.90~1.90	0.81~1.71	0.73~1.55	0.66~1.40	0.49~1.03	0.42~0.88	0.40~0.76
	存储器类	0.40~1.90	0.36~1.54	0.33~1.25	0.29~1.01	0.22~0.54	0.19~0.39	0.15~0.31
封装厚度	日用品类	1	0.8	0.65	0.5	0.5	—	—

这18年内，微电子封装业相关的主要发展为：最大芯片尺寸增大约1.2倍（从450 mm^2 增大到1088 mm^2），而高性能类封装的最大引出端数从1600个增加到10210个，增加到约6.38倍；日用品类IC的封装厚度从1 mm减小到0.5 mm，降低50%；而封装价格将进一步下降，价格性能类IC产品从0.90~1.90美分/引线降低为0.40~0.76美分/引线，存储器

类 IC 产品的封装价格从 040~1.90 美分/引线降为 0.15~0.31 美分/引线，即为原来的 1/2~1/5。综合起来，集成电路的发展主要表现在以下几个方面：

（1）芯片尺寸越来越大。芯片尺寸的增大有利于提高集成度，增加片上功能，最终实现芯片系统，大大简化电子机器的结构，降低成本，但对封装技术提出了更高要求，不利于低成本、微型化。

（2）工作频率越来越高。IC 的集成度平均每一年半翻一番，现在已研制出一个芯片上集成 16 亿个半导体元器件的超大规模集成电路。为了适应高速化发展，必须解决许多封装上的难题，尽量减少封装对信号延迟的影响，提高整机的性能。

（3）发热量日趋增大。高速化和高集成化必然导致功耗日益增大。虽然降低电源电压可以减小功耗，但作用有限，且技术难度很大，必须从封装上想办法，既要有利于散热和长期可靠性，又不致扩大封装尺寸、增加重量、提高成本，这是难度很大而又必须解决的课题。

（4）引脚越来越多。从表 1-1 可知，高性能的 IC 引脚已经增加到 5000 多个，这么多的引脚如何封装，的确是个大难题。

随着集成电路产业的高速发展，集成在芯片上的功能日益增多，甚至把整个系统的功能都集成在一块芯片上。同时，为了轻便或者便于携带，要求系统做得很小。小型化是促进消费类产品、手机电话及计算机等产品发展最强有力的动力。现在有一半以上的电子系统是“便携”的。集成电路的发展对电子器件的封装技术也提出了越来越高的要求。

2. 对封装的要求

随着微电子产业的迅速发展，芯片封装技术朝着小型化、适应高发热方向发展。

（1）小型化。电子封装技术继续朝着超小型化的方向发展，出现了与芯片尺寸大小相同的超小型化封装形式——晶圆级封装技术（WLP），微电子封装的演化和趋势如图 1-5 所示，可以看出 IC 封装的小型化趋向，低成本、高质量、短交货期、外形尺寸符合国际标准都是小型化所必需的条件。

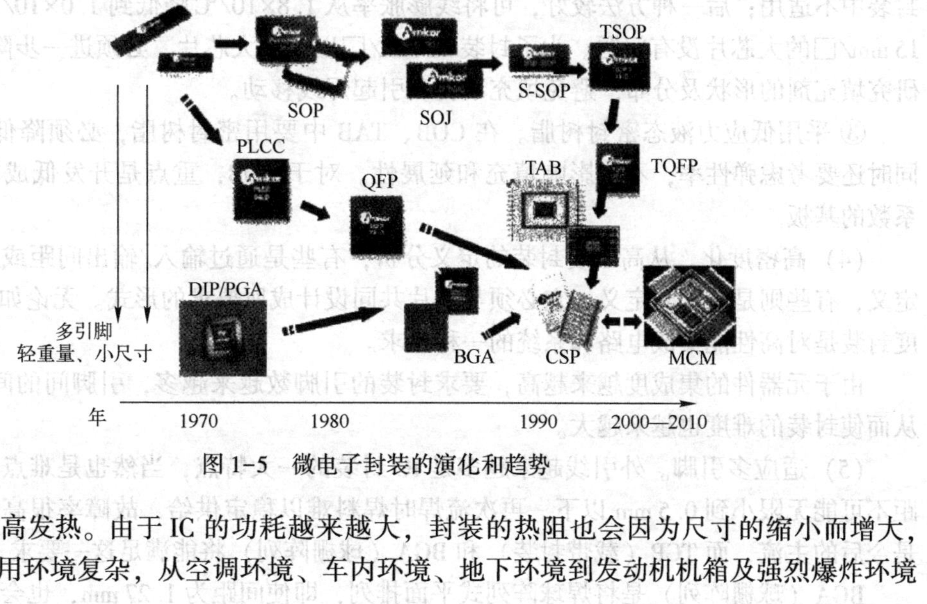

图 1-5　微电子封装的演化和趋势

（2）适应高发热。由于 IC 的功耗越来越大，封装的热阻也会因为尺寸的缩小而增大，电子机器的使用环境复杂，从空调环境、车内环境、地下环境到发动机机箱及强烈爆炸环境等，因而必须解决封装的散热问题。在高温条件下，必须保证长期工作的稳定性和可靠性。例如，以 KGD、CSP 为代表的小型化、薄型化封装，提高性能的各种封装方式都是为了提高封装的散热性。

从一定意义上讲，半导体技术的发展就是降低功耗的制造技术的发展，即双极型→PMOS→CMOS，今后，低功耗仍然是必须突破的关键。研究重点是开发热导率高的材料和如何抑制电路发热，牺牲成本和消耗能量是没有前途的。正在研究的低功耗器件技术有以下几种：

① 非同步式结构。

② 并行处理。

③ 改变数字显示方式，提高信号传输准确率。

④ 改变算法，降低运算次数等。

（3）集成度提高，同时适应大芯片要求。

① 采用低应力贴片材料。几乎所有的高性能 ASIC 都要使用热膨胀系数接近 8 的陶瓷材料基板，但是，环氧封装仍然是 IC 封装的主流。今后的贴片材料仍以环氧树脂基的银浆为主，但是它与硅芯片之间的热膨胀系数差别很大，难以使用铜线框架。因为银浆料硬化后，芯片易翘曲，电路性能恶化，严重情况下，会导致芯片脱落甚至裂变，因此，必须降低银浆料的弹性，减小应力。另外，还要降低银浆料的吸湿性，提高粘贴性，改善耐热性，防止封装再流焊时发生裂变。

② 采用应力低传递模压树脂。低传递模压成型时，芯片中存在两种应力，一是树脂化学反应的收缩应力，二是与硅片线膨胀系数差引起的热应力或残留应力，因而导致封装裂缝、钝化层裂缝及铝布线滑动。为此，必须降低模压树脂的应力，提高与芯片的粘贴力。现在用得较多的有以下两种方法：增加低应力调和剂（降低弹性）和增加填充剂（降低线膨胀率）。

前一种方法虽然更为通用，但缺点是树脂易于鼓包，在必须具有高耐再流焊的 SMT 型封装中不适用；后一种方法较好，可将线膨胀率从 1.8×10/℃降低到 1.0×10/℃，封装 10~15 mm/□的大芯片没有问题。为了封装 21 mm/□以上的大芯片，必须进一步降低线膨胀率，研究填充剂的形状及分布，避免填充不良和引起焊线移动。

③ 采用低应力液态密封树脂。在 COB、TAB 中要用密封树脂，必须降低它的热应力，同时还要考虑弹性率，不致影响填充和延展性。对于 COB，重点是开发低成本和低热膨胀系数的基板。

（4）高密度化。从高密度封装的定义分析，有些是通过输入/输出间距或互连线间距来定义，有些则是按外壳定义，它必须与芯片共同设计成所要求的形式。无论如何定义，高密度封装是对高性能集成电路和系统的一种要求。

由于元器件的集成度越来越高，要求封装的引脚数越来越多，引脚间的间距越来越小，从而使封装的难度也越来越大。

（5）适应多引脚。外引线越来越多是 IC 封装的一大特点，当然也是难点，因为引线间距不可能无限小到 0.5 mm 以下，再次流焊时焊料难以稳定供给，故障率很高。多引脚封装是今后的主流，而 TCP（载带封装）和 BGA（球栅阵列）将能满足这一要求。

BGA（球栅阵列）是将焊球阵列式平面排列，即使间距为 1.27 mm，也会有非常多的引脚，例如 40 mm/□的 PBGA，有 1257 个引脚，因而在 500 引脚以上，BGA 最有前途，但是仍有许多问题必须解决。首先是成本高，其次是难以进行外观检查，再次流焊性能差，必须采用 T_g 高的塑料。

（6）适应高温环境。高温环境下，IC 芯片上的键合焊垫与金丝的连接处，即 Au/Al 连接部位，由于密封材料溴化环氧树脂的分解游离产生腐蚀性强的卤化物使之粘贴，生成易升华的溴化铵，形成空隙，使 Au/A1 连接处的接触电阻增大，出现接触不良甚至断线。现在，人们正在开发溴化阻燃剂的替代材料，并提出一些解决上述问题的方案。例如，减小溴化环氧树脂，减少促使溴化环氧树脂分解的铵及三氧化锑的含量，或者添加溴化物捕获剂如离子肼。

（7）适应高可靠性。性能稳定、工作可靠、寿命长是对一切电子产品的要求，对 IC 尤其如此。金属和陶瓷封装 IC 的可靠性已经很高，完全适应各种军事要求，但是成本太高，已经成为能否广泛应用的制约因素。如上所述，为了适应新的封装要求，金属和陶瓷封装还有许多技术难题亟待解决。

塑料封装在体积、重量、成本方面具有绝对优势，但是非气密性影响了可靠性，使之长期置身于军用等高性能领域之外。虽然它在某些军事电子装备如 AN/ARC-114、115、116 以及直升机的无线电设备、军用早期预警系统及诸多电子引信装置中使用了 30 余年，但是迄今尚未被人们公认为高可靠军用产品。最近几年，人们进行了各种尝试，努力使塑封 IC 能广泛应用在军事等高端领域。

（8）考虑环保要求。进入 21 世纪以来，环保给电子产品以及半导体、电子部件带来一个新的研究课题，突出的问题是废弃的电子产品中铅的溶解引起酸雨，对地下水的污染，侵入人体内危害人体的健康；使用的树脂等含卤化物的溶解或者燃烧对环境产生的危害等。因此对 IC 封装技术发展而言，无铅焊料的高熔点化，要求半导体部件、封装的耐热性条件更加严格。

数十年来，芯片封装技术一直伴随着半导体技术而发展，一代芯片就有相应的一代封装技术相配合。SMT 技术的发展，更加促进芯片封装技术不断进步。目前芯片封装发展的一个重要趋势就是向着更小的体积、更高的集成度方向发展，其技术性能越来越强，适应的工作频率越来越高，而且耐热性越来越好，芯片面积与封装面积之比越来越接近 1:1。

1.3 思考题

1. 简述集成电路芯片封装的概念。
2. 简述芯片封装的目的和涉及的技术领域。
3. 简述芯片封装实现的五个功能。
4. 画出简图说明封装技术层次的区分。
5. 根据芯片封装的历史演变，写出 10 种封装类型的英文缩写（如 BGA、FPB 等）。
6. 芯片封装使用的材料主要有哪几类？
7. 简述集成电路封装技术发展的趋势和对封装技术的要求。
8. 简述封装技术的工艺流程。

第2章 封装工艺流程

封装工序一般可以分成两个部分：包封前的工艺称为装配（Assembly）或称前道工序（Front End Operation），在成型之后的工艺步骤称为后道工序（Back End Operation）。在前道工序中，净化级别控制在100~1000级。在有些生产企业中，成型工序也在净化控制的环境下进行。典型的封装工艺流程如图2-1所示。

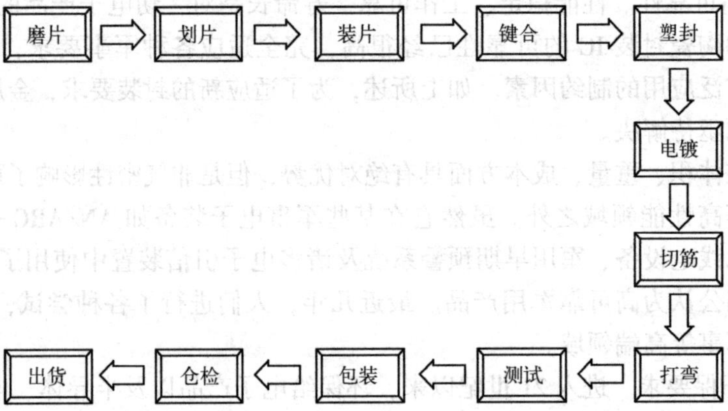

图2-1 典型的封装工艺流程

磨片：磨片之前，在硅片表面贴一层保护膜以防止磨片过程中硅片表面电路受损。磨片就是对硅片背面进行减薄，使其变薄变轻，以满足封装工艺要求。磨片后进行卸膜，把硅片表面的保护膜去除。

划片（Dicing）：在划片之前进行贴膜，就是要用保护膜和金属引线架将硅片固定。再将硅片切成单个的芯片，并对其检测，只有切割完经过检测合格的芯片可用。

装片（Die Attaching）：将切割好的芯片从划片膜上取下，将其放到引线架或封装衬底（或基座）条带上。

键合（Wire Bonding）：用金线将芯片上的引线孔和引线架衬垫上的引脚连接，使芯片能与外部电路连接。

塑封（Molding）：保护器件免受外力损坏，同时加强器件的物理特性，便于使用。然后对塑封材料进行固化（Curing），使其有足够的硬度与强度经过整个封装过程。

电镀（Plating）；使用Pb和Sn作为电镀材料进行电镀，目的是防止引线架生锈或受到其他污染。然后根据客户需要，使用不同的材料在封装器件表面进行打印（Marking），用于识别。

切筋/打弯（Trimming/Forming）：去除引脚根部多余的塑膜和引脚连接边，再将引脚打弯成所需要的形状。

测试：全面检测芯片各项指标，并决定等级。

包装：根据测试结果，将等级相同的放进同一包装盒。

仓检：入库和出库检验。

出货：芯片出仓。

2.1 晶圆切割

2.1.1 磨片

为了降低生产成本，目前大批生产所用到的硅片多在 6 in（1 in = 25.4 mm）以上，由于其尺寸较大，为了硅片不易受到损害，其厚度也相应增加，这样就给划片带来困难，所以在封装之前，要对硅片进行减薄处理。

以超薄小外形封装（Thin Small Outline Package，TSOP）为例，硅片上电路层的有效厚度一般为 300 μm，为了保证其功能，有一定的支撑厚度是必要的，硅片的厚度为 900 μm。其实，占总厚度 90%左右的衬底材料是为了保证硅片在制造、测试和运输过程中有足够的强度。因此，电路层制作完成后，需要对硅片进行背面减薄，使其达到所需要的厚度，然后再对硅片进行划片加工，形成减薄的裸芯片。

目前，硅片的背面减薄技术主要有磨削、研磨、化学机械抛光（Chemical Mechanical Polishing，CMP）、干式抛光（Dry Polishing）、电化学腐蚀（Electrochemical Etching）、湿法腐蚀（Wet Etching）、等离子辅助化学腐蚀（Plasma-Assisted Chemical Etching，PACE）、常压等离子腐蚀（Atmosphere Plasma Etching，APE）等。

磨片的目的如下：

（1）去掉圆片背后的氧化物，保证芯片焊接时良好的粘结性。

（2）消除圆片背后的扩散层，防止寄生结的存在。

（3）使用大直径的晶圆片制造芯片时，由于片子较厚，需要减薄才能满足划片、压焊和封装工艺的要求。

（4）减少串联电阻和提高散热性能，同时改善欧姆接触。

2.1.2 贴片

在晶圆背面贴上胶带（常称为蓝膜）并置于钢制引线架上，此动作称为晶圆黏片或贴片（Wafer Mount），然后再送至芯片切割机进行切割，晶圆贴片机如图 2-2 所示。

图 2-2　晶圆贴片机

2.1.3 划片

划片的目的是要将加工完成的晶圆上一颗颗晶粒切割分离。切割完后，一颗颗晶粒井然有序地排列在胶带上。划片的工艺流程和划片机的结构分别如图 2-3 和图 2-4 所示。

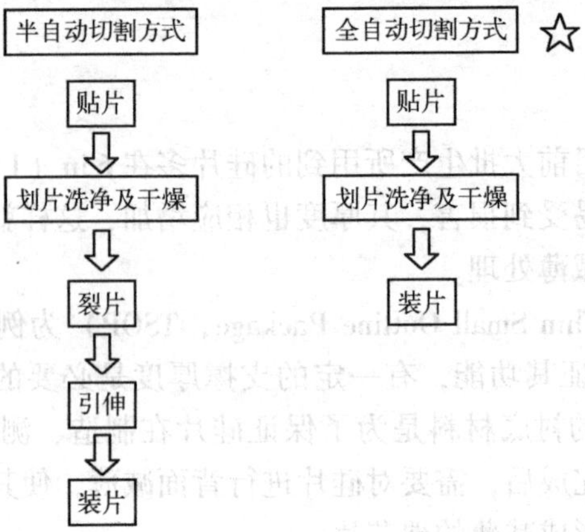

图 2-3　划片的工艺流程

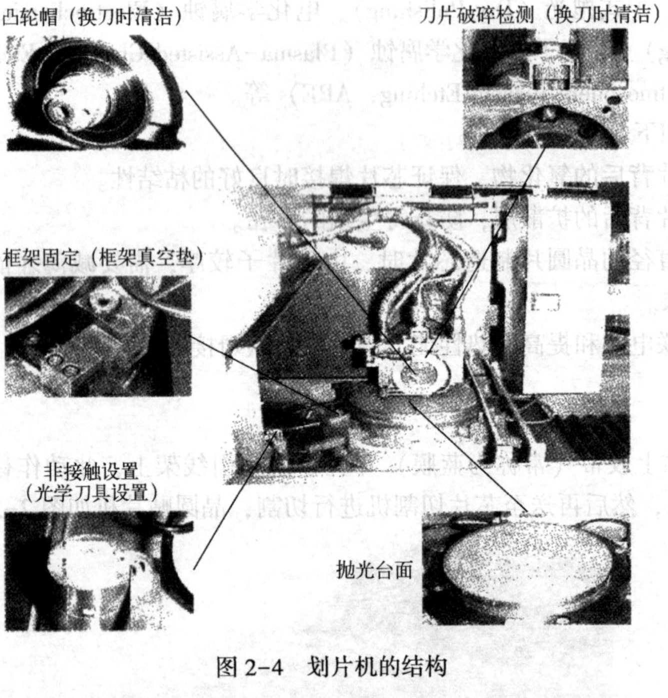

图 2-4　划片机的结构

芯片划片槽的断面往往比较粗糙，有少量微裂纹和凹槽存在，同时有些地方划片时并未划到底，取片时，顶针的顶力作用使芯片“被迫”分离，致使断口呈不规则状，划片引起的芯片边缘损害同样会严重影响芯片的碎裂强度。

划片工艺可以分为减薄前划片（Dicing Before Grinding，DBG）和减薄划片（Dicing By Thinning，DBT）两种方法。减薄前划片法，即在背面磨削之前将硅片的正面切割出一定深度的切口，然后再进行背面磨削；减薄划片法，即在减薄之前先用机械的或化学的方式切割出切口，用磨削方法减薄到一定厚度以后，采用等离子刻蚀技术去除掉剩余加工量，实现裸芯片的自动分离。这两种方法都很好地避免或减少了减薄引起的硅片翘曲以及划片引起的芯片边缘损害，特别是对于减薄划片法，各向同性的硅刻蚀剂不仅能去除硅片背面的研磨损伤，而且能去除芯片引起的微裂和凹槽，大大增强了芯片的抗碎裂能力。

划片工艺完成以后，还需要进行扩晶工艺，扩晶的主要目的是将每个晶粒之间的间距增大，以求在贴片工艺的时候可以方便地取出每个晶粒。

2.2 芯片贴装

芯片贴装也称芯片粘贴，简称装片、黏晶，就是把芯片装配到管壳底座或引线架上去，芯片装片如图 2-5 所示。

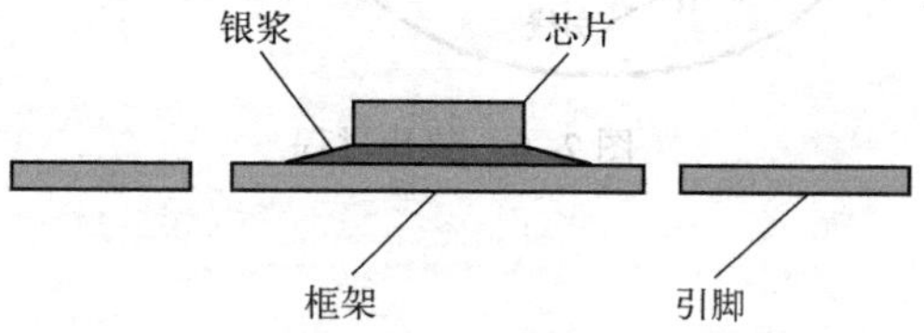

图 2-5　芯片装片

黏晶的目的是将一颗颗分离的晶粒放置在引线架上并用银胶黏着固定。引线架是提供给晶粒一个黏着的位置（晶粒座），并预设可延伸集成电路晶粒电路的延伸脚（分为内引脚及外引脚）。一个引线架上依不同的设计可以有数个晶粒座，这数个晶粒座通常排成一列，也有成矩阵式的多列排法。引线架定位后，首先要在晶粒座预定黏着晶粒的位置点上银胶（此动作称为点胶），然后移至下一位置将晶粒放置其上，而经过切割的晶圆上的晶粒则由取放臂一颗一颗地放置在已点胶的晶粒座上。黏晶完后的引线架则经传输设备送至弹匣内。

切割下来的芯片贴装到引线架的中间焊盘（Die-padding）上，焊盘的尺寸要和芯片大小相匹配。若焊盘尺寸太大，则会导致引线跨度太大，在转移成型过程中会由于流动产生的应力而造成引线弯曲及芯片位移等现象。

贴装的方式可以用软焊料（如含 Sn 的合金、Au~Si 低共熔合金等）焊接到基板上，在塑料封装中最常用的方法是使用聚合物粘结剂（Polymer Die Adhesive）粘贴到金属引线架上。常用的聚合物是环氧（Epoxy）或聚酰亚胺（Polyimide，PI），以 Ag（颗粒或薄片）或 $A1_2O_3$作为填充料（Filler），其目的是改善粘结剂的导热性。工艺过程是一个自动拾片机（机械手）将芯片精确地放置到芯片焊盘上。

装片要求芯片和引线架小岛的连接机械强度高，导热和导电性能好，装配定位准确，能满足自动键合的需要，能承受键合或封装时可能的高温，保证器件在各种条件下使用时有良好的可靠性。

装片过程如图 2-6 所示，具体如下：

(1) 银浆分配器在引线架的小岛上点好银浆。

(2) 抓片头将芯片从圆片上抓到校正台上。

(3) 校正台将芯片的角度进行校正。

(4) 装片头将芯片由校正台装到引线架的小岛上，装片过程结束。

陶瓷封装以金-硅共晶粘结法最为常用；塑料封装则以高分子胶粘剂粘结法为主。

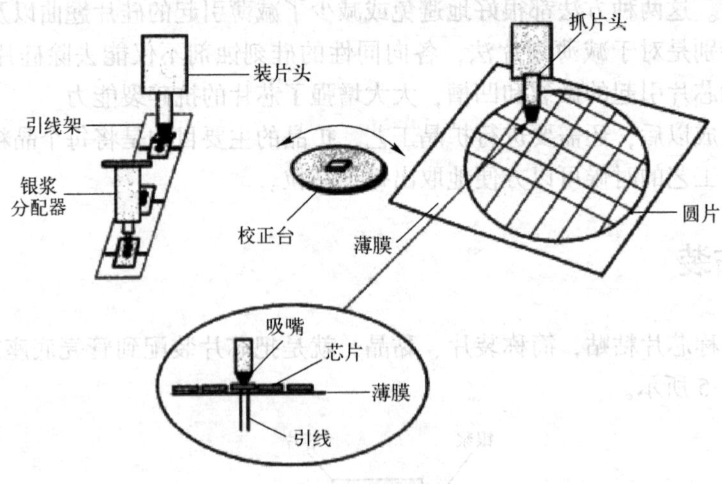

图 2-6　装片过程

2.2.1　共晶粘贴法

共晶粘贴法利用金-硅合金在 363℃ 时产生的共晶反应特性进行集成电路芯片的粘贴。

在使用金-硅（一般是 69%Au~31%Si）低共熔合金时，首先将材料切成小块，放到引线架的芯片焊盘上，然后将芯片放在焊料上，加热到熔点以上（>300℃）。但是，由于芯片、引线架之间的热膨胀系数（Coefficient of Thermal Expansion，CTE）严重失配，合金焊料贴装可能会造成严重的芯片开裂现象。而且，在一些有特殊导电性要求的大功率晶体管中，还有使用合金焊料或焊管连接芯片和芯片焊盘的。

共晶粘贴法通常是将集成电路芯片置于已镀有金膜的基板芯片座上，再加热至约为 425℃，金-硅交互扩散而形成接合，共晶粘结通常在热氮气保护的环境中进行，以防止硅高温氧化，基板与芯片在反应前需给一相互摩擦的动作，以除去硅氧化表层，增加反应液面的浸润，使接合的热传导性降低，同时也避免因应力分布不均匀而导致集成电路芯片破裂损坏。为了获得最佳的粘结效果，集成电路芯片背面常先镀有一薄层的金，在基板的芯片承载座上植入预成型片（Preform），预成型片一般约为 0. 025 mm 厚，使用预成型片可以弥补基板孔洞平整度不佳时所造成的接合不完全，因此在大面积集成电路芯片的粘结时常被使用。因为预成型片非金-硅成分并没有完全互溶，其中的硅仍然会发生氧化的现象，故粘结过程中仍需进行相互摩擦的动作并以热氮气保护。预成型片也不得过量使用，否则会造成材料溢流，对封装的可靠性有害。预成型片也可使用不易氧化的纯金片，但接合时所需的温度较高。

2.2.2　导电胶粘贴法

导电胶是大家熟知的填充银的高分子材料聚合物。高分子胶粘贴法也称树脂粘贴法，它采用环氧、聚酰亚胺、酚醛、聚胺树脂及硅树脂作为粘结剂，加入银粉作为导电材料，再加入氧化铝粉填充料作为导热材料。

以下三种导电胶的配方可以提供所需的电互连：

（1）各向同性材料，它能沿各个方向导电，可以代替热敏元件上的焊料，也能用于需要接地的元器件。

（2）导电硅橡胶，它能有助于保护元器件免受环境的危害，如水、汽，而且可以屏蔽电磁和射频干扰。

（3）各向异性导电聚合物，它只允许电流沿一个方向流动，提供倒装芯片元器件的电接触和消除应变力。

由于高分子材料与引线架材料的热膨胀系数相近，高分子胶粘结法因此成为塑胶封装常用的芯片粘结法，其是利用戳印、网印或点胶等方法将环氧树脂涂在芯片承载座上，放置集成电路芯片后再加热完成粘结。高分子胶中也可填入银等金属以提高其热传导性。胶材可以制成固体膜状再施以热压接合。低成本且能配合自动化生产是高分子胶粘结法广为采用的原因，但其热稳定性不良，易致成分泄漏而影响封装可靠性。

高分子胶粘结剂的基体材料绝大多数是环氧树脂，填充料一般是银颗粒或者是银薄片，填充量一般在75%~80%之间，在这样的填充量下，粘结剂都是导电的。但是，作为芯片的粘结剂，添加如此高含量的填充料的目的是改善粘结剂的导热性，即是为了散热，因为在塑料封装中，电路运行过程产生的绝大部分热量将通过芯片粘结剂、引线架散发出去。

用芯片粘结剂贴装的工艺过程如下：用针筒或注射器将粘结剂涂布到芯片焊盘上（要有适合的厚度和轮廓，对较小的芯片来讲，内圆角形可提供足够的强度，但不能太靠近芯片表面，否则会引起银迁移现象），然后用自动拾片机（机械手）将芯片精确地放置到焊盘的粘结剂上面。对于大芯片，要求误差<25 μm，角误差<0.3°。对15~30 μm厚的粘结剂，压力为5 N/cm^2。若芯片放置不当，会产生一系列的问题，例如：空洞造成高应力；环氧粘结剂在引脚上造成搭桥现象，引起内连接问题；在引线键合时造成引线架翘曲，使得一边引线应力大，一边引线应力小，而且为了找准芯片位置，还会使引线键合的生产效率降低，成品下降。

芯片粘结剂在使用过程中可能产生如下问题：在高温存储时的长期降解；界面处形成空洞会引起芯片的开裂；空洞处的热阻会造成局部温度升高，因而引起电路参数漂移现象；吸潮性造成模块焊接到基板或电路板时产生水平方向的模块开裂问题。

高分子胶粘结剂通常需要进行固化处理，环氧树脂粘结剂的固化条件一般是150℃，1 h（也可以用186℃，0.5 h的固化条件）。聚酰亚胺的固化温度要更高一些，时间也更长。具体的工艺参数可通过差分量热仪（Differential Scanning Calorimetry，DSC）实验来确定。

2.2.3 玻璃胶粘贴法

玻璃胶粘贴法是一种仅适用于陶瓷封装的低成本芯片粘结技术，是以戳印（Stamping）、网印（Screen Printing）或点胶（Syringe Dispensing）的方法将填有银的玻璃胶涂于基板的芯片座上，放置集成电路芯片后再加热除出胶中的有机成分，可使玻璃熔融接合。玻璃胶粘贴法可以得到无孔洞、热稳定性优良、低残余应力与低湿气含量的接合。但在粘结热处理过程中，冷却温度需谨慎控制以防接合破裂，胶中的有机成分也需完全除去，否则将有损封装的结构稳定与可靠性。

2.2.4 焊接粘贴法

焊接粘贴法为另一种利用合金反应进行芯片粘结的方法，其主要的优点是能形成热传导性优良的黏结。焊接粘贴法也必须在热氮气保护的环境中进行，以防止焊锡氧化及孔洞的形成，常见的焊料有金-硅、金-锡、金-锗等硬质合金与铅-锡、铅-银-铟等软质合金，使用硬质焊料可以获得具有良好的抗疲劳（Fatigue）与抗蠕变（Creep）特性的粘结，但它有因热膨胀系数差引起的应力破坏问题。使用软质焊料可以改善这一缺点，使用前需在集成电路芯片背面先镀上多层金属薄膜。

芯片在粘贴过程中，由于操作不当或工艺缺陷，往往造成粘贴失败，从而使芯片废弃，常见的芯片废弃情况有如下几种：

（1）裂缝划痕（Scratches Die）。

（2）断裂（Crack Die/Die Retake）。

（3）污染（Contaminated Die）。

（4）错位（Die Placement）。

（5）缺失（Missing Die）。

（6）堆叠（Stacked Die）。

（7）定位不良（Misorientation Die）。

（8）融合不良（Poor Melting）。

2.3 芯片互连

芯片互连（Chip Interconnection）是将芯片焊区与封装外壳的 I/O 引线或基板上的金属布线焊区相连接。

芯片互连常用的方法有：引线键合（Wire Bonding，WB）、载带自动焊（Tape Automated Bonding，TAB）、倒装芯片焊（Flip Chip Bonding，FCB）。

在微电子封装中，半导体器件的失效有 1/4~1/3 是由芯片连接引起的，芯片互连对器件可靠性影响很大，对载带自动焊、倒装芯片焊来说，芯片凸点高度一致性差、应力集中、面阵凸点与基板的应力不匹配引起基板变形，都会导致焊点失效。引线键合、载带自动焊、倒装芯片焊综合性能的比较见表 2-1。

表 2-1 引线键合、载带自动焊和倒装芯片焊的性能

	引线键合	载带自动焊	倒装芯片焊
可焊区域	芯片周围	芯片周围	整个芯片
引线电阻	100	20	<3
引线电容	25	10	<1
引线电感	3	2	0.2
焊点强度（点）	0.05~0.1	0.3~0.5	0.3~0.5
焊接点数	2	2	1
工艺对器件的损伤	较大	小	小
焊区检查	可能	可能	难（可用 X 光）

（续）

	引线键合	载带自动焊	倒装芯片焊
最小焊区直径	70	50	5
最小焊区节距	130	80	10
最多引线数	300	500	1600
芯片安装密度	低	中	高
综合可靠性	一般	很好	非常好

下面介绍引线键合和载带自动焊的相关技术，倒装芯片焊将在第5章进行介绍。

2.3.1 引线键合技术

焊线的目的是将晶粒上的接点以极细的金线（18~50 μm）连接到引线架上的内引脚，从而将集成电路晶粒的电路信号传输到外界。当引线架从弹匣内传送至定位后，应用电子影像处理技术来确定晶粒上各个接点以及每一接点所对应的内引脚上接点的位置，然后完成焊线的动作，焊线示意图如图2-7所示。焊线时，以晶粒上的接点为第一焊点，内引脚上的接点为第二焊点，焊线焊点如图2-7a所示。首先将金线的端点烧结成小球，而后将小球压焊在第一焊点上（此称为第一焊，First Bond），如图2-7b所示。接着依照设计好的路径拉金线，最后将金线压焊在第二焊点上（此称为第二焊，Second Bond），如图2-7c所示。同时拉断第二焊点与钢嘴间的金线，完成一条金线的焊线动作。接着便又结成小球开始下一条金线的焊线动作。

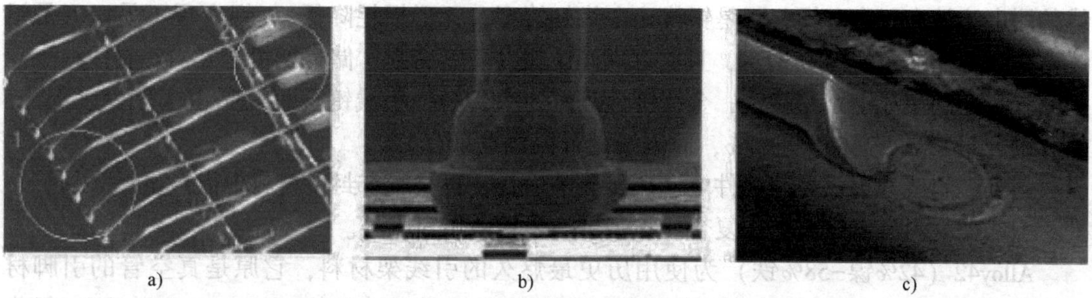

a)　　b)　　c)

图2-7　焊线示意图

a）引线键合焊点　b）第一焊点　c）第二焊点

引线键合工程是引线架上的芯片与引线架之间用金线连接的工程。为了使芯片能与外界传送及接收信号，就必须在芯片的接触电极与引线架的引脚之间，一个一个对应地用键合线连接起来，这个过程称为引线键合。

1. 引线键合的主要材料

键合用的引线对焊接的质量有很大的影响，尤其对器件的可靠性和稳定性影响更大。理想引线材料具有以下特点：

（1）能与半导体材料形成低电阻欧姆接触。

（2）化学性能稳定，不会形成有害的金属间化合物。

（3）与半导体材料接合力强。

(4) 可塑性好，容易实现键合。

(5) 弹性小，在键合过程中能保持一定的几何形状。

键合线主要应用于晶体管、集成电路等半导体器件的电极部位或芯片与外部引线的连接，虽然有不用键合线的键合方法，但目前90%的集成电路产品仍用键合线来封装。而键合线焊接点的电阻和它在芯片和晶片中所占用的空间、焊接所需要的间隙、单位体积电导率、键合线延展率以及化学性能、抗腐蚀性能和冶金特性等必须满足一定的要求才能得到良好的键合特性。在元素周期表的金属元素中，银、铜、金和铝4种金属元素具有较高的导电性能，同时兼有上述其他性能，可以作为集成电路的键合线。

金线和铝线是使用最普遍的焊线材料。金性能稳定，做出来的产品良率高；铝虽然便宜，但不稳定，良率低。几种主要的焊线对比如下：

(1) 金线：使用最广泛，传导效率最好，但是价格也最贵，近年来已有被铜线取代的趋势。

(2) 铝线：多用在功率型组件的封装。

(3) 铜线：由于金价飞涨，近年来大多数封装厂积极开发铜线制程以降低成本。铜线对目前国内的部分封装厂来说，在中低端产品上还是比较经济的，但是需加保护气体，刚性强。

(4) 银线：特殊组件所使用，在封装工艺中不使用纯银线，常采用银的合金线，其性能较铜线好，价格比金线要低，也需要用保护气体，对于中高端封装来说不失为一个好选择。银线的优势：一是银对可见光的反射率高达90%，居金属之冠，在LED应用中有增光效果；二是银对热的反射或排除也居金属之冠，可降低芯片温度，延长LED寿命；三是银线的耐电流性大于金和铜；四是银线比金线好管理（无形损耗降低），银变现不易；五是银线比铜线好储放（铜线需密封，且储存期短，银线不需密封，储存期可达6~12个月）。

在目前的集成电路封装中，金线键合仍然占大部分，铝线键合也只是占了较少一部分，铝线键合封装只占总封装的5%，而铜线键合大概也只有1%。

另外，引线架提供封装组件电、热传导的途径，也是所有封装材料中需求量最大的。

引线架材料有镍铁合金、复合或披覆金属、铜合金三大类。

Alloy42（42%镍-58%铁）为使用历史最悠久的引线架材料，它原是真空管的引脚材料，有与硅及氧化铝相近的热膨胀系数（Alloy42：4.5×10^{-6}/℃；硅：2.6×10^{-6}/℃；氧化铝：6.4×10^{-6}/℃），有良好的耐弯曲性、韧性，无需镀镍即可进行电镀与焊锡沉浸制程，因此在电子封装中广泛使用。Alloy42最大的缺点是低热传导率（低于16 W/(m·℃)），因此不适合用于高功率或长时间操作组件的封装结构中。Kovar合金（29%镍-17%钴-54%铁）具有与氧化铝和密封玻璃相近的热膨胀系数（5.3×10^{-6}/℃），也是气密性封装主要的引脚材料之一。

复合金属材料通常用高压将铜箔碾轧在不锈钢片上再进行固溶热处理结合而成，复合金属材料与Alloy42的机械性质相近，但有更优良的热传导率。

铜合金引脚具有良好的电、热传导性质（150~380 W/(m·℃)），但因铜的机械强度低，故必需添加铁、锆、锌、锡、磷等元素以改善其机械性质。由于铜合金的热膨胀系数较高（约16.5×10^{-6}/℃），故不适合以金-硅共晶粘结法进行集成电路芯片粘结，但它与塑料封装的铸模材料的热膨胀系数（FR-4铸模树脂的热膨胀系数约为15.8×10^{-6}/℃）相近，因此成为塑料封装常用的引线架材料。

电子封装所用的引脚依其形状可分为薄板状和针状两种。薄板状引脚材料的制备由合金原料经铸造、锻造或冲压、切割、热处理、车铣、研磨抛光、电镀等步骤制成厚度为0.1~0.25 mm表面平整光滑的薄片。铜合金也可以利用连续铸造技术直接铸成12.5 mm的薄片，再冷压成所需厚度的薄片。引线架材料均需热处理以使其具有适当韧性，除去残余应力，所得的金属薄片再以冲模（Stamping，也称为压模或冲压）或蚀刻的方法制成引线架。冲模制程利用累进式模具逐次将金属薄片冲制成所需形状的引线架，它有速度快、产量高、单体成本低的优点，缺点是需要精密、昂贵的模具，起始成本高，不适用于少量生产。蚀刻制程则先以微影成像技术在金属薄片上定出引线架的形状，再以氯化铜（$CuCl_2$）、三氯化铁（$FeCl_3$）或高硫酸铵（NH_4）$_2S_2O_8$蚀刻液除去不必要的金属部分制成所需的引线架，蚀刻制程起始成本低，设备较为简单，适合形状复杂与研发中的引线架制作，缺点是产能低、单位成本高。引线架制成后，其表面通常需再镀上镍、金或银以配合后续的制程应用，银可直接镀于镍铁合金引线架上，但因成本的原因，通常仅在集成电路芯片承载座与打线的位置镀银；铜合金引线架在镀银之前需先镀上镍。针状引脚通常使用Alloy42或Kovar合金制成，再以金-锡硬焊（Brazing）的方法固定在封装基板上。针状引脚的表面处理视组件与电路板接合的方式而定，焊接接合用针脚表面依次镀有镍和金，插入基座进行接合的针脚表面则镀有钯和金。

在塑料封装中引线架为铸模的骨架，也是主要的散热途径，引线架的设计也是塑料封装中重要的一环，设计时应注意的项目包括引脚形状、间距、宽度、长度、厚度等。由于引线架将完全被树脂铸模材料包围，金属部分面积越大，铸模材料冷却收缩的程度越大，对水分子的透过阻绝能力越高。但金属部分面积过大时，铸模材料相互粘结部分的面积将不足，封装上、下部分裂开分离的概率也较大，因此设计时应在这两个需求中求取平衡，通常的设计原则为金属部分面积应小于塑料铸模材料粘结部分的面积。塑料铸模材料与引线架材料间的热膨胀系数差是应力破坏产生的原因之一，因此应用于塑料封装中的引线架芯片承载座部分往往制成一凹陷的形状以使集成电路芯片表面与封装的弯曲中点在同一平面，此设计同时也可降低塑料铸模过程中发生金线偏移（Wire Sweep）的概率；制作引线架时，芯片承载座的边缘也应除去冲模残余的凸边（Burr），以免形成应力破坏裂隙的起源，底部也可以制作出周期性排列的凹槽以促进与铸模材料的粘结。

焊接时还要用到一种很重要的结构，叫作微管，即毛细管，如图2-8所示，是引线键合机上金属线最后穿过的位置。金属线通过微管与芯片或焊盘上相应的位置进行接触，并完成键合作用。微管的尖端表面的性质对于引线键合很重要，其表面主要分为GM和P型两种。

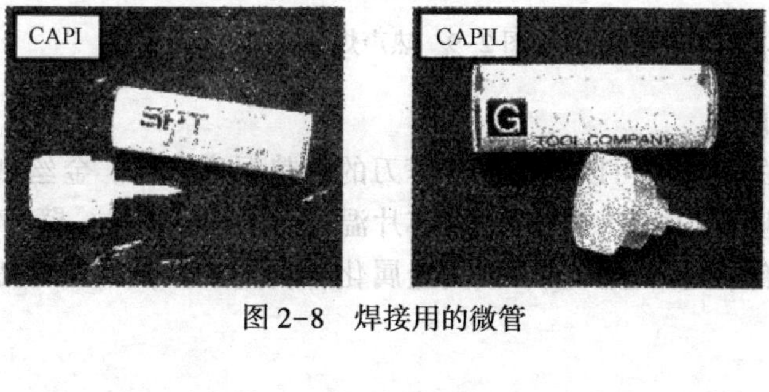

图2-8　焊接用的微管

GM 型：表面粗糙，在焊接时，可以更好地传递超声波能量，提高焊接的效果，但是容易附着空气中的污染物，又影响焊接，降低使用寿命。

P 型：表面光滑，不易附着灰尘和异物，对于超声波的传递效果不是很好。

2. 引线键合的方式与特点

引线键合的方式有热压焊、超声焊、热声焊几种。

(1) 热压焊（Thermocompression Bonding，T/C）的工艺过程是在一定温度下，施加一定压力，劈刀带着引线与焊区接触并达到原子间距，从而产生原子间作用力，达到键合的目的。

温度：高于 200℃。

压力：0.5~1.5 N/点。

强度（拽扯脱点的拉力大小）：0.05~0.09 N。

(2) 超声焊（Ultrasonic Bonding）的工艺过程是劈刀在超声波的作用下，在振动的同时去除了焊区表面的氧化层，并与焊区达到原子间距，产生原子间作用，从而达到键合的目的。

温度：室温。

压力：小于 0.5 N/点。

强度：0.07 N。

(3) 热声焊是超声波热压焊接方式（Thermosonic & Ultrasonic Bonding，U/S&T/S），热声焊原理如图 2-9 所示，即在一定压力、超声波和温度共同作用一定时间后，将金球压接在芯片的铝盘焊接表面（金丝球焊）。

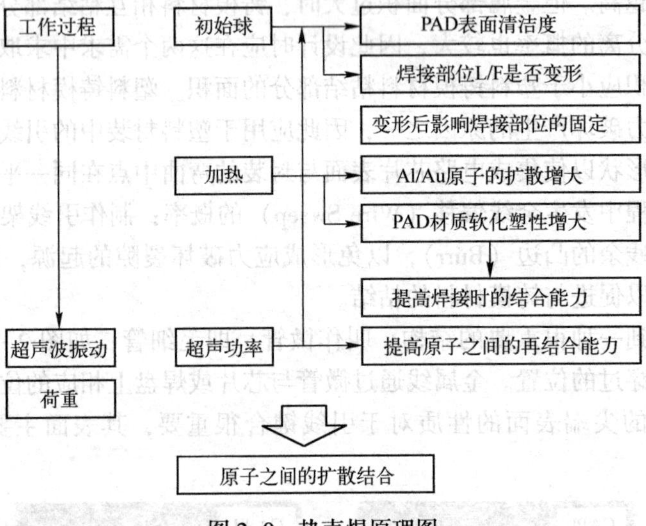

图 2-9　热声焊原理图

热声焊的意义如下：

① 借助超声波的能量，可以使芯片和劈刀的加热温度降低。金丝热压焊：芯片温度为 330~350℃，劈刀温度为 165℃。热声焊：芯片温度为 125~300℃，劈刀温度为 125~165℃。

② 由于温度降低，可以减少金、铝间金属化合物的产生，从而提高键合强度，降低接触电阻。

③ 可键合不能耐 300℃以上高温的器件。

④ 键合压力、超声功率可以降低一些。

⑤ 有残余钝化层或有轻微氧化的铝压点也能键合。

工艺过程：劈刀在加热与超声波的共同作用下，去除焊区表面的氧化层，达到键合的目的。

温度：小于 200℃。

压力：0.5 N/点。

强度：0.09~0.1 N。

注意：如温度过高，芯片会变形，易形成氧化层；超声焊和热声焊的焊接强度比热压焊强一些。

3. 焊接因素对焊接可靠性的影响

焊接温度（Temperature）：焊垫的加热，有利于金线与焊材的结合，但过高的温度容易导致过度焊接及金属化合物的过度增长，形成紫斑、白斑、彩虹及凹坑等。

焊接压力（Force）：第一焊点球形的形成及第二焊点线尾的切断要求保持劈刀在焊接过程中的稳定性。压力的实际大小与金线线径及焊材表面材料硬度等有关，适度大小可辅助焊接，过大则制约焊接的进行。

超声波（USG-Power）：超声波是焊接的最主要因素，可加强金线与焊材之间的共渗，形成牢靠的焊接，如超声波功率过大将影响球形的形成，也会导致过度焊接及紫斑、凹坑的形成。

4. 键合机的工作原理

键合机是将多种功能集合于一身的设备，自动键合机结构如图 2-10 所示。

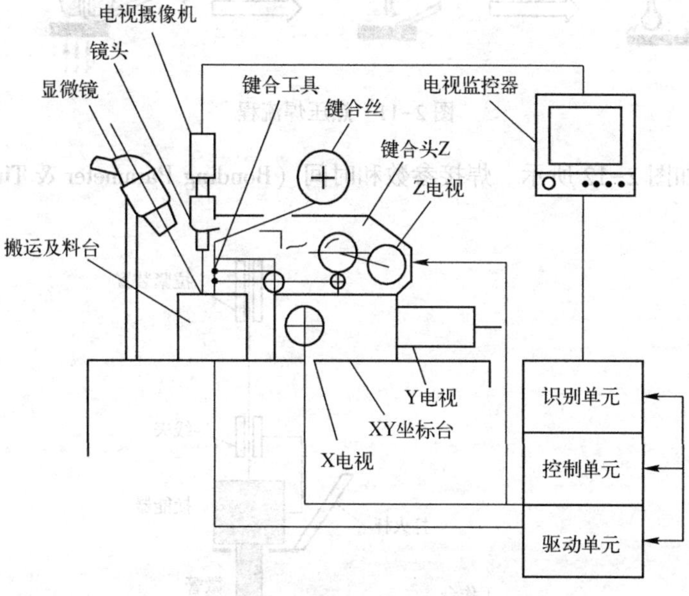

图 2-10　自动键合机结构

键合机的主要功能如下：

（1）自动识别功能：在高速中央处理器的帮助下，键合设备能对图像进行分析处理，能找出图像的共同点，从而达到根据图像定位的目的。相关组成部分有 PC、摄像头、图像处理电路等。

(2) 自动送料功能：能在完成目前单元的基础上自动送料，以达到全自动生产的效果。相关组成部分有工作台和升降台等。

(3) 自动焊接功能：PC 根据图像处理后的信息，来驱动焊接平台运动到达工作坐标，完成焊接工作，其中包含一系列的动作，如利用高压放电来制作金球、检测焊接过程的完好程度等。

(4) 自动控温功能（可选项）：能自动控制工作区域的温度。

5. 焊接过程

热压焊流程如图 2-11 所示。

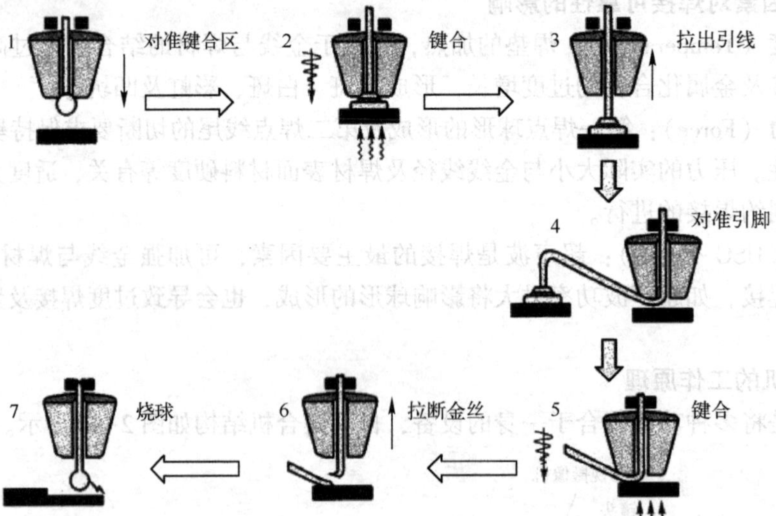

图 2-11　热压焊流程

超声焊过程如图 2-12 所示。焊接参数和时间（Bonding Parameter & Timing）如图 2-13 所示。

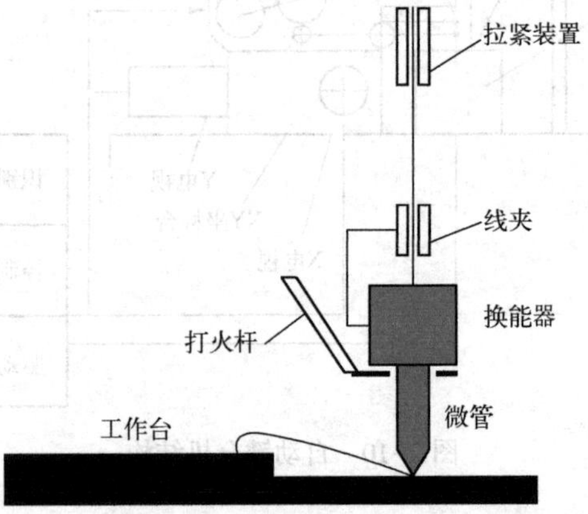

图 2-12　超声焊过程

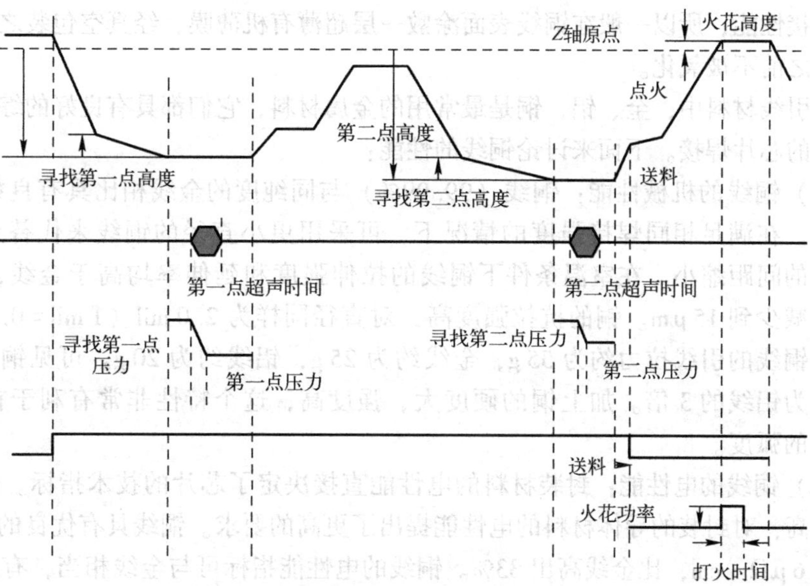

图 2-13　焊接参数和时间

6. 铜线键合

随着电子封装技术的发展，封装引脚数越来越多，布线间距越来越小，封装厚度越来越薄，封装体在基板上所占的面积越来越小，这使得低介电常数、高导热的材料成为必需的材料，这些更高的要求迫使芯片封装技术不断突破，不断创造新的技术极限。传统的金线、铝线键合与封装技术的要求不相匹配。铜线键合在成本和材料特性方面有很多优于金、铝的地方，但是铜线键合技术还面临一些挑战和问题。如果这些问题能够得到很好的解决，铜线键合技术就将成为未来封装的主流技术。

金线由于具备良好的导电性、可塑性和化学稳定性等，因此在半导体分立器件内引线键合中一直占据着绝对的主导地位，并拥有最成熟的键合工艺。但由于资源有限，金线价格昂贵，因此业界一直在寻找可以代替金线的金属材料。纯金由于化学性能稳定，导电和机械性能良好，因此被广泛地应用在工业产品中。在半导体封装行业，为了保证金线与芯片、引线架焊接牢固，使用的金线纯度更是高达 99.99%以上，同时为了防止金线在拉弧度和塑封过程中变形或拉断，金线还必须具有一定的延伸率。

铝质引线作为一种价格低廉、资源丰富的金属材料，继金线之后，在内引线键合中也得到大量应用，但由于铝质材料的电阻率较高、导热性能较差和机械强度较低（键合线径一般要求在 0.1 mm 以上），因而难以适应中小功率器件小面积、小焊位的生产需要。

近年来，铜线由于其良好的电气、机械性能和较低的价格而受到业界的青睐。但铜线键合并非十全十美，由于金属活性和延伸性等方面的不足，铜线键合对键合设备和工艺有特殊的要求，同时也容易带来新的失效问题。

由于铜线价格相对金线便宜，因此，为了降低成本，很多封装企业纷纷在晶体管焊线时用铜线替代金线。

铜的化学性能比金活泼，导电、散热和机械性能优于金，硬度略强于金，因此以铜线替代金线具备了一定的物理基础和可能性。实际应用中纯铜在空气中容易氧化，从而降低了铜线的焊接性能，所以一般在铜线表面涂敷一层超薄有机薄膜，经真空包装之后存放，保护铜线上机之前不被氧化。

在引线材料中，金、铝、铜是最常用的金属材料，它们都具有良好的综合性能，分别用于不同的芯片焊接。下面来讨论铜线的性能：

（1）铜线的机械性能：铜线（99.99%）与同纯度的金线相比具有良好的剪切强度和延伸性。在满足相同焊接强度的情况下，可采用更小直径的铜线来代替金线，从而使引线键合的间距缩小。在室温条件下铜线的拉伸强度和延伸率均高于金线，焊接用铜线的直径可减少到 15 μm。铜的抗拉强度高，对直径同样为 2.0 mil（1 mil = 0.0254 mm）的线来说，铜线的引线拉力约为 55 g，金线约为 25 g，铝线约为 20 g。可见铜线约为金线的 2 倍，约为铝线的 3 倍。加上铜的硬度大、强度高，这个特性非常有利于在塑封模压时保护引线的弧度。

（2）铜线的电性能：封装材料的电性能直接决定了芯片的技术指标。随着芯片频率的不断提高，对封装的导体材料的电性能提出了更高的要求。铜线具有优良的电性能，其电阻率为 1.6 μΩ · cm，比金线高出 33%。铜线的电性能指标可与金线相当，有些参数比金线还好，且其熔断电流比金线要高，用其替代金线可提高芯片可靠性。铜的电导率比金和铝好得多，接近于银，而且铜的金属间扩散率较小，金属间化合物生长较慢，因而金属间渗透层的电阻较小。这决定了它的功率损耗更小，以便于用细线通过更大的电流。

（3）铜线的热性能：随着芯片密度的提高和体积的缩小，芯片制造过程中的散热是设计和工艺考虑的一个重要内容。在常用封装材料中，铜比金和铝的传热性能都要好，被广泛地用于电子元器件的生产制造中。铜的热导率是金的 1.3 倍，是铝的 1.8 倍，这决定了它本身的温度不容易升高，因而更有利于接触面的热传递，更能适应高温环境条件。

在对散热要求越来越高的高密度芯片封装工艺中，选取铜线来代替金线和铝线是非常有意义的。并且铜的热膨胀系数比铝低，因而其焊点的热应力也较低。

（4）铜的化学稳定性：铜的化学稳定性不如金，容易氧化。铜的硬度大，延伸性较差，在一定程度上增加了焊接的难度。由于金属活性和延伸性等方面的不足，铜线的应用对生产设备、生产工艺也提出了更高的要求。

由于铜线相对于金线和铝线有较好的电气和机械性能，加上价格较低，因此在半导体器件键合中已得到重视和应用。

（5）铜线的焊接性能：铜线有优良的机械、电、热性能，是替代金线和铝线的理想材料。在芯片引线键合工艺中取代金线和铝线可缩小焊接间距，提高芯片频率、散热性和可靠性。但是，由于其易于产生氧化，焊接时必须采用特殊焊接工艺，改善其焊接性能，才能发挥铜线的综合性能优势，以提高芯片质量。但是，铜线由于其恶劣的焊接性能阻碍了其在封装中的大量使用。随着芯片对封装材料的电性能要求越来越高，对铜线焊接性能的研究和焊接工艺的研究已经成为引线键合的热点问题。

铜线表面的污染和氧化是造成铜线焊接性能差的主要因素。铜线表面的有机污染物一般采用离子清洗法去除，而对于其表面氧化问题则必须通过增加保护气体来解决。

铜线在从生产、储存、运输到焊接的过程中，不可避免地与空气中的氧接触而缓慢地发生氧化反应：

$$4Cu+O_2=2Cu_2O$$

Cu_2O 为一层致密的氧化膜，很难用物理的方法去除。铜线在焊接过程中，由于高温和氧气的作用，还会产生快速氧化反应：

$$2Cu+O_2=2CuO$$

铜的氧化物膜呈现网状结构。由于有这两层氧化膜的存在，使铜的焊接性能严重下降，成为难焊接材料。

为了提高铜线的焊接性能，在焊接过程中同时增加还原和保护性气体：加入保护性气体以防止氧与铜在焊接时发生反应；加入适量的氢气作为还原气体以去掉铜表面的 Cu_2O，其反应式为：

$$Cu_2O+H_2=2Cu+H_2O$$

保护性气体为 95%N_2，还原气体为 5%H_2。混合气体的用气量：电火花烧球时为 45 L/h，焊接时为 25 L/h。

尽管铜线键合占的份额较少，但是人们对它的研究开始增加，并且它的应用范围已经迅速扩大。市场的驱动要求芯片密度更高，功能更加复杂，价格更加低廉，功耗更低，这使得封装向着细间距、多引脚、小焊盘、小键合点的方向发展。在这样的封装技术发展趋势下，铜线键合能够更好地满足人们对封装的要求。这是因为铜作为键合线比金、铝有更多的优良特性，包括以下几点。

（1）可以降低成本。Cu 和 Au 的封装成本比较见表 2-2。

表 2-2　Cu 和 Au 的封装成本比较

封装材料	引线数	封装成本（美元）
Au	256	0.12
Au	400	0.19
Cu	256	0.06
Cu	400	0.09

（2）优良的电和热传导特性。

（3）金属间形成的化合物较少。铜的一个突出优良特性是它不容易跟铝形成金属间化合物，而金线的原子很容易跟铝焊点互扩散而形成金属间化合物。这种互扩散会在键合表面形成一些空洞，从而导致键合可靠性问题。另外，金、铝之间形成的化合物非常脆弱，当存在热-机械负载时，它就很容易被破坏。有时金、铝间形成的化合物的电阻系数很大，那么当有电流流过时，就会导致额外的热产生，这些热又导致更多的金属间化合物产生，这将使热产生和金属间化合物的形成之间出现一个恶性循环。

（4）高温下键合点的可靠性提高。铜与铝之间形成金属间化合物需要的温度要高于金，铜与铝形成金属间化合物的速度也只有金的 1/4，所以在高温环境下，铜线比金线的可靠性更高。

（5）机械稳定性比较好。在拉线测试过程中，被拉断的是键合线，而不是键合点，这说明铜键合点的键合强度非常高。随着硅片上铜互连技术的发展，铜与铜焊盘之间的键合有很多属于单金属间的键合，这样不用担心互扩散，可以大大提高键合的可靠性。单金属间键合更能进一步地缩小焊球间间距。常用的键合方法为楔形键合以及球形键合，楔形键合较球形键合技术成熟一些。另外，随着硅片上的铜金属化，如果用金线键合的话，金就比铜更硬一些，所以键合时为了避免产生弹坑，必须调整键合参数；而用铜线键合则不用担心这些问题，但是铜线与硅片上的铜金属化区域直接键合这种技术在商业应用上还不多见，这主要是由硅片上的铜金属化区域的防氧化问题难以解决所致。

但是铜线也存在一些不足的方面，例如：

（1）铜易于氧化。铜线的表面很容易产生过多的氧化层，这将影响到金属焊球的成型。而这一步往往是形成良好键合的关键，铜的氧化还可能会导致腐蚀裂缝。铜的焊接性能也比较差，这是由焊接中铜的氧化与铜线表面的污染造成的。铜线表面还会被有机物污染，对于这种污染一般采用离子清洗法对其表面进行清洗来去除。而铜的氧化，一种是在室温下由于其外表面长期与空气接触而产生的氧化现象，其成分为 Cu_2O；另一种是在焊接加工过程中高温作用下铜与氧气发生的反应，其成分为 CuO。铜线在焊接过程中存在这两种氧化物，正是它们影响了铜线的焊接性能。为防止铜氧化，必须采用增加保护气体来处理，在形成金属焊球的时候，可以将铜线置于氮气中，但是，这将给封装增加新的问题，比如说对氮气的控制等。国内某机构研制的铜线球焊装置采用受控脉冲放电式双电源焊球形成系统，并用微机控制焊球形成的高压脉冲数、频率、频宽比以及低压维弧时间，从而实现了对焊球形成能量的精确控制与调节，在氩气保护气下确保了铜线的质量。另外有人试图用电镀的方法来防止铜键合线的表面氧化。电镀主要是镀上 Au、Ag、Pd 和 Ni 等，电镀后还有利于提高键合强度。镀 Au、Ag 和 Ni 会影响键合球的形状，但是镀 Pd 则不会出现这种问题，用镀 Pd 的铜线可以得到跟金线一样的焊球状，而且键合强度也可以胜过金线。

（2）铜比金的硬度要大，因此键合起来有困难。氧化的铜会变得更加硬，所以键合起来就更加困难。通过增加键合力度和超声能量可以成功地实现键合，但是键合力度和超声能量增加的幅度是有限制的，如果键合力度或超声能量过大，焊盘下边的硅衬底就将受损，即出现所谓的“弹坑”。况且键合力度和超声能量的增加会加速键合细管磨损，使得设备的寿命大大降低。为解决这个问题，通常还可以通过另外两种办法：一种是增加焊盘的厚度；另外一种是添加一个保护层，这种保护层的材料成分通常是钛钨合金。

（3）在铜线与焊盘键合时，焊盘的设计不易控制。通常，焊盘由多层金属组成，现在制作焊盘时引入了具有较低介电常数的材料，而且往往通过增加这种低介电常数的空隙率来进一步降低其介电常数，但是这也进一步降低了焊盘的硬度。而铜线的硬度较大，所以增加了键合难度和可靠性，设计合理的焊盘结构参数可以在一定程度上帮助解决这个问题。

（4）铜线键合过程中，工艺参数优化控制较困难，特别是键合力度和超声波能量。

（5）铜线键合给可靠性测试和失效分析过程带来一定的困难。失效分析比较难做，首先是因为在 X 光检查下，铜线与下面的铜引线架不能形成明显的对比。再者，铜线会跟硝酸发生化学反应，所以不能用传统的喷射刻蚀来开封器件。另外，由于铜线与金线工艺相近，应用场合也大致相同，因此目前有针对铜线可靠性以及性能测试的相应标准，在实际应用中，主要是以同规格金线的各种标准来衡量铜线焊点的质量和可靠性。铜线键合的失效模式与金线也有很多类似的地方，比如说铜线超声楔焊焊点的失效模式就跟金线非常类似，这些失效模式主要有引线过长，容易碰上裸露的芯片或者临近的引线造成短路而烧毁；键合压力过大损伤引线，容易短路以及诱发电迁移效应；压焊过轻或铝层表面太脏容易导致压点虚焊易脱落；压点处有过长尾线，引线过松、过紧等。但是，有些失效模式是铜线键合特有的，具体地说可能是由材料造成的，也有可能是由工艺过程造成的，许多新出现的问题还有待进一步研究。因此，随着铜线键合工艺的大量应用，针对铜键合线的可靠性分析和失效机理研究将有十分重要的意义。

目前，尽管有几家公司生产铜键合线，但是它的应用通常只限于大功率器件中。在大功率器件中，这些键合线的直径比较大，为 38~50 μm。当直径小于 33 μm 时，新的挑战就出现了，这并非是键合技术方面的问题，而是可靠性问题。有人曾做过试验，当那些小直径的键合器件被置于高温、高压热循环条件下工作一段时间后，失效现象就比较严重。为了提高可靠性，必须继续对其做进一步的研究。

铜线键合作为热超声键合的一种，和金线键合一样存在焊球变形、焊脚拖尾、脱焊、键合强度低等失效问题。影响键合的因素与解决方法见表 2–3。

表 2–3　影响键合的因素与解决方法

影响因素	技术要求	解决方法
引线材料	抗拉强度、延展性强，硬度适中，不易氧化	选择合适的材料型号，正确存放
劈刀	端面平整、干净且无损伤，送线顺畅、牢固	选择合适型号劈刀，安装准确，定期清洗、更换
芯片电极表面质量	芯片铝层清洁、无氧化、无划伤，厚度合适（3~5 μm）	正确存放，加强检查，测量铝层厚度
引线架表面质量	平整、无氧化、无污染	正确存放，加强检查，测量铝层厚度
键合工艺条件	键合中心呈亮点，焊球为线径的 2~3 倍，键合拉力符合要求	调试键合压力、时间、功率以达到最佳工作状态

铜线由于其自身的特点，和金线相比，在键合过程中容易发生其他失效。其主要表现是铜的金属活性较强，在高压烧球时极易氧化。

一旦焊球氧化，铜线将无法和芯片电极正常键合，这会出现焊不粘、拉力强度不足、焊伤等失效问题，故需要采取相应的防氧化保护措施。通常采用一定比例的氢氮混合气体进行烧球保护，同时需对焊接温度、压力等参数进行适当调整。当铜线线径不同时，相应的保护气流量、流速和相关参数也需要重新进行调整。为了获得更好的焊接效果，还应在键合过程中采用超声波换能器的多级驱动。多级驱动的目的首先是用大功率超声波破坏铜表面的氧化层，然后再用较低功率的超声波完成扩散焊接。

另外，由于铜的延展性不如金好，硬度也比金大，使用焊接金线的劈刀来焊接铜线时，焊球球形不好，焊脚楔形比较小，接触面积不够，因而容易出现焊不粘、脱口或拉力不足等现象，因此需要选用专用的劈刀。铜线专用劈刀应考虑到铜线的机械性能，并应对劈刀的结构尺寸做相应的改进，以便较好地解决焊球球形和焊脚楔形不良的问题。需要注意的是，专用劈刀的选用需要配合焊接压力、时间、功率等参数来同步调整，才能获得理想的效果。适当增加芯片电极铝层厚度，也可以改善焊不粘问题，避免芯片焊伤。

实际生产过程中还有一种特殊的情况应引起重视。由于不同厂家引线架的打弯角度和深度不一致，键合时引线架与轨道的贴合程度会有所差异。而由于铜线的延展性相对较差，当引线架和轨道贴合不紧时，就容易出现脱球脱口等失效。为解决这一问题，一般用机械结构（压板）对引线架前端（载芯板）和后端（引脚）进行压紧，然后再进行键合。但这样一来，在键合过程中，载芯板将产生机械振动，且引线架与轨道贴合程度越差，振动越大。如果芯片与引线架之间采用共晶工艺，由于没有适当的缓冲层，则芯片容易受机械应力而发生断裂。而这种裂痕非常微小，只有在高倍显微镜下仔细观察方可发现，甚至有一些裂痕，直到产品应用时才表现出来，所以风险性极大。

解决这个问题的最直接方法是选择引线架材料，保证引线架和轨道的紧密贴合，以从根本上消除载芯板的机械应力。但实际上却难以做到，不同厂家引线架的加工尺寸不可能一致，同一个厂家的不同批次产品之间也有差异。所以，最低程度也必须保证引线架和轨道两者的贴合处在一定的控制范围内。

另一种方法是将轨道键合区的加热块独立出来，使其和压板构成一个联动机构，引线架经过键合区加热块上方时，加热块上升、压板下压，同时夹紧引线架，完成键合动作后，压板上抬、加热块下降，同时松开引线架，这样就可以最大限度地减少载芯板在键合过程中的机械振动，避免芯片的断裂。采用共锡工艺进行装片可在芯片和引线架之间形成一个缓冲层（20~40 μm），这样也有助于防止芯片断裂。

铜线键合是目前半导体行业发展起来的一种焊接新技术，许多世界级半导体企业纷纷投入开发这种工艺，可见其广阔的发展前景。但与金线键合相比，铜线键合技术还要在设备和工艺上加大投入，不断探索和总结。尽管铜作为键合线存在一定的不足之处，但是正是因为它具有很多电和机械等方面的优势，所以人们一直在研究这种键合线，随着高级集成电路封装技术的发展，铜线键合存在的问题将逐渐得到解决。铜作为键合线材料是将来电子封装技术发展的必然趋势。

2.3.2 载带自动键合技术

1. 载带自动焊的分类和特点

载带自动焊 TAB（Tape Automated Bonding）主要有：Cu 箔单层带、Cu-PI 双层带、Cu-粘合剂-PI 三层带、Cu-PI-Cu 双金属带，其特点见表 2-4。

表 2-4 载带自动焊的特点

类　别	特　点
载带自动焊单层带	成本低，制作工艺简单，耐热性能好，不能筛选和测试芯片
载带自动焊双层带	可弯曲，成本较低，设计自由灵活，可制作高精度图形，能筛选和测试芯片
载带自动焊三层带	铜箔与 PI 粘合性好，可制作高精度图形，可卷绕，适于批量生产，能筛选和测试芯片，制作工艺较复杂，成本较高
载带自动焊双金属带	用于高频器件，可改善信号特性

载带自动焊技术的优点：

（1）载带自动焊结构轻、薄、短、小。

（2）载带自动焊的电极尺寸、电极与焊区节距均比引线键合小。

（3）相应可容纳更高的 I/O 引脚数。

（4）载带自动焊的引线电阻、电容和电感均比引线键合的小得多。

（5）采用载带自动焊互连可大大提高电子组装的成品率，从而降低电子产品的成本。

（6）载带自动焊采用 Cu 箔引线，导热和导电性能好，机械强度高。

（7）载带自动焊比引线键合的键合拉力高 3~10 倍，可提高芯片互连的可靠性。

（8）载带自动焊使用标准化的卷轴长带（长 100 m），对芯片实行自动化多点一次焊接。

2. 载带自动焊技术的材料

载带自动焊技术的关键材料包括基带材料、载带自动焊的金属材料和芯片凸点的金属材料。

（1）基带材料要求高温性能好，与 Cu 箔的粘合性好，耐高温，热匹配性好，收缩率小且尺寸稳定，抗化学腐蚀性强，机械强度高，吸水率低。常用的基带材料有聚酰亚胺、聚酯类材料、聚乙烯对苯二甲酸酯薄膜、苯并环丁烯薄膜等。

（2）载带自动焊的金属材料采用 Cu 箔，因为 Cu 的导电、导热性能好，强度高，延展性和表面平滑性良好，与各种基带粘结牢固，不易剥离，特别是易于用光刻法制作出精细、复杂的引线图形，又易于电镀 Au、Ni、Pb-Sn 等金属。

（3）载带自动焊技术要求在芯片的焊区上先制作凸点，然后才能与 Cu 箔引线进行焊接，表 2-5 为芯片凸点的金属材料。

表 2-5　芯片凸点的金属材料

芯片焊区金属	黏附层金属	阻挡层金属	凸 点 金 属
Al	Ti	W	Au
Al	Ti	Mo	Au
Al	Ti	Pt	Au
Al	Ti	Pd	Au
Al	Ti	Cu-Ni	Au
Al	TiN	Ni	Au
Al	Cr	Cu	Au
Al	Cr	Ni	Au
Al	Cr	Ni	Cu-Au
Al	Cr	Cu	Au-Sn
Al	Cr	Cr	Pb-Sn
Al	Ni	Cu	Pb-Sn

载带自动焊使用的凸点形状一般有蘑菇状凸点和柱状凸点两种。

蘑菇状凸点用一般的光刻胶作掩模制作，用电镀增高凸点时，在光刻胶（厚度仅几微米）以上凸点除继续电镀增高外，还向横向发展，凸点高度越高，横向发展也越大，由于横向发展时电流密度的不均匀性，最终的凸点顶面呈凹形，凸点的尺寸也难以控制。

柱状凸点制作时用厚膜抗腐蚀剂作掩模，掩模的厚度与要求的凸点高度一致，所以制作的凸点是柱状或圆柱状的，由于电流密度始终均匀一致，因此凸点顶面是平的。

从两种凸点的形状比较可以看出，对于相同的凸点高度和凸点顶面面积，柱状凸点要比蘑菇状凸点的底面金属接触面积大，强度自然也高；I/O 数高且节距小的载带自动焊指状引线与芯片凸点互连后，由于凸点压焊变形，蘑菇状凸点间更易发生短路，而与柱状凸点互连，则有更大的宽容度。

注意：不管是哪种凸点形状，都应当考虑凸点压焊变形后向四周（特别是两邻近凸点间）扩展的距离，必须留有充分的余量。

3. 载带的设计要点

载带自动焊的载带引线图形是与芯片凸点的布局紧密配合的。首先，预测或精确量出芯片凸点的位置、尺寸和节距，然后再设计载带引线图形，引线图形的指端位置、尺寸和节距要和每个芯片凸点一一对应；其次，载带外引线焊区又要与电子封装的基板布线焊区一一对应，因此就决定了每根载带引线的长度和宽度。

根据用户使用要求和I/O引脚的数量、电性能要求的高低以及成本的要求等来确定选择单层带、双层带、三层带或双金属层带。单层带要选择50~70 μm厚的Cu箔，以保持载带引线图形在工艺制作过程和使用中的强度，也有利于保持引线指端的共面性。使用其他几类载带，因有PI支撑，可选择18~35 μm或更薄的Cu箔。

PI引线架要靠内引线近一些，但不应紧靠引线指端，也不应太宽，以免产生热应力和机械应力。

由于在制作工艺过程中腐蚀Cu箔时有相同速率的横向腐蚀，因此在设计引线图形时，应充分考虑这一工艺因素的影响，将引线图形的尺寸适当放宽，最终才能达到所要求的引线图形尺寸。

2.4 成型技术

芯片互连完成之后就到了封装的步骤，即将芯片与引线框架“包装”起来。这种成型技术有金属封装、塑料封装、陶瓷封装等，从成本的角度和其他方面综合考虑，塑料封装是最为常用的封装方式，它占据了90%左右的市场。

塑料封装的成型技术有多种，包括转移成型技术（Transfer Molding）、喷射成型技术（Inject Molding）、预成型技术（Premolding）等，但最主要的成型技术是转移成型技术。转移成型使用的材料一般为热固性聚合物（Thermosetting Polymer）。

所谓的热固性聚合物是指低温时聚合物是塑性的或流动的，但将其加热到一定温度时，即发生所谓的交联反应（Cross-Linking），形成刚性固体。若继续将其加热，则聚合物只能变软而不可能熔化、流动。

在塑料封装中使用的典型成型技术的工艺过程如下，将已贴装芯片并完成引线键合的框架带置于模具中，将塑封的预成型块在预热炉中加热（预热温度在90~95℃之间），然后放进转移成型机的转移罐中。在转移成型活塞的压力下，塑封料被挤压到浇道中，经过浇口注入模腔（在整个过程中，模具温度保持在170~175℃）。塑封料在模具中快速固化，经过一段时间的保压，使得模块达到一定硬度，然后用顶杆顶出模块，成型过程就完成了。

用转移成型法密封IC芯片有许多优点：技术和设备都比较成熟，工艺周期短，成本低，几乎没有后整理方面的问题，适合于大批量生产。当然，它也有一些明显的缺点：塑封料的利用率不高（在转移罐、壁和浇道中的材料均无法重复利用，约有20%~40%的塑封料被浪费），使用标准的框架材料，对于扩展转移成型技术至较先进的封装技术（如TAB）不利，对于高密度封装有限制。

转移成型技术的设备包括：加热器、压机、模具和固化炉。在高度自动化的生产设备中，产品的预热、模具的加热和转移成型操作都在同一台机械设备中完成，并由计算机实施控制。目前，转移成型技术的自动化程度越来越高，预热、框架带的放置、模具放置等工序都可以达到完全自动化，塑封料的预热控制、模具的加热和塑封料都由计算机自动编程控制完成，劳动生产率大大提高。

对于大多数塑封料而言，在模具中保压几分钟后，模块的硬度足可以达到要求并顶出，但是，聚合物的固化（聚合）并未全部完成。由于材料的聚合度（固化程度）强烈影响材料的玻璃化转变温度及热应力，所以，促使材料全部固化以到达一个稳定的状态，对于提高元器件可靠性是十分重要的。后固化是提高塑封料聚合度必需的工艺步骤，一般后固化条件为 170~175℃，2~4 h。目前，也发展了一些快速固化的塑封料，在使用这些材料时可以省去后固化工序，提高生产效率。

2.5 去飞边毛刺

封胶完后需先将引线架上多余的残胶去除，并且经过电镀以增加外引脚的导电性及抗氧化性，而后再进行剪切成型。若是塑封料只在模块外的引线架上形成薄薄的一层，面积也很小，通常称为树脂溢出。若渗出部分较多、较厚，则称为毛刺（Flash）或是飞边毛刺（Flash and Strain）。造成溢料或毛刺的原因很复杂，一般认为是与模具设计、注模条件及塑封料本身有关。毛刺的厚度一般要薄于 10 μm，它给后续工序如切筋打弯等工序带来麻烦，甚至会损坏机器。因此，在切筋打弯工序之前，要进行去飞边毛刺（Deflash）工序。

随着模具设计的改进以及严格控制注模条件，毛刺问题越来越少了。在一些比较先进的封装工艺中，已不需要再进行去飞边毛刺的工序了。

去飞边毛刺工序工艺主要有：介质去飞边毛刺（Media Deflash）、溶剂去飞边毛刺（Solvent Deflash）、水去飞边毛刺（Water Deflash）。另外，当溢出塑封料发生在引线架堤坝（Dam Bar）背后时，可用切除（Dejunk）工艺。其中，介质和水去飞边毛刺的方法用得最多。

用介质去飞边毛刺时，是将研磨料如粒状塑料球和高压空气一起冲洗模块。在去飞边毛刺过程中，介质会将引线架引脚的表面轻微擦毛，这将有助于焊料和金属引线架的粘连。在以前曾用天然的介质，如粉碎的胡桃壳和杏仁核，但由于它们会在引线架表面残留油性物质而被放弃。

用水去飞边毛刺工艺是利用高压的水流来冲击模块，有时也会将研磨料和高压水流一起使用。用溶剂来去飞边毛刺通常只适用于很薄的毛刺。溶剂包括 N-甲基吡咯烷酮（NMP）或双甲基呋喃（DMF）。

2.6 上焊锡

封装后引线架外引脚的后处理可以是电镀（Solder Plating）或是浸锡（Solder Dipping）工艺，该工序是在引线架引脚上做保护性镀层，以增加其可焊性。

电镀目前都是在流水线式的电镀槽中进行，包括首先进行清洗，再在不同浓度的电镀槽中进行电镀，然后冲洗、吹干，最后放入烘箱中烘干。浸锡首先也是清洗工序，然后将预处理后的器件在助焊剂中浸泡，再浸入熔融铅锡合金镀层（63%Sn-37%Pb）。工艺流程为：去飞边→去油→去氧化物→浸助焊剂→热浸锡→清洗→烘干。

比较这两种方法，浸锡容易引起镀层不均匀，一般是由于熔融焊料的表面张力的作用使得浸锡部分中间厚、边上薄。而电镀的方法会造成所谓“狗骨头”（Dog-Bone）的问题，即角周围厚、中间薄，这是因为在电镀的时候容易造成电荷聚集效应。更大的问题是电镀液容易造成离子污染。

焊锡的成分一般是 63%Sn-37%Pb，这是一种低共熔合金，其熔点在 183~184℃之间。也有用成分为 85%Sn-15%Pb、90%Sn-10%Pb、95%Sn-5%Pb 的，有的日本公司甚至用 98%Sn-2%Pb 的焊料。减少铅的用量，主要是对于环境的考虑，因为铅对环境的影响正日益引起人们的高度重视。而镀钯工艺则可以避免铅对环境污染的问题。但是，由于通常钯的黏性不太好，需要先镀一层较厚的、较密的、富镍的阻挡层，钯层的厚度仅为 76 μm（3 mil）。由于钯层可以承受成型温度，因此可以在成型之前完成引线架的上焊锡工艺。并且，钯层对于芯片粘结和引线键合都适用，可以避免在芯片粘结和引线键合之前必须对芯片焊盘和引线架内引脚进行选择性镀银（以增加其粘结性），因为镀银时所用的电镀液中含有氰化物，给安全生产和废物处理带来麻烦。

典型电镀工艺流程如图 2-14 所示。

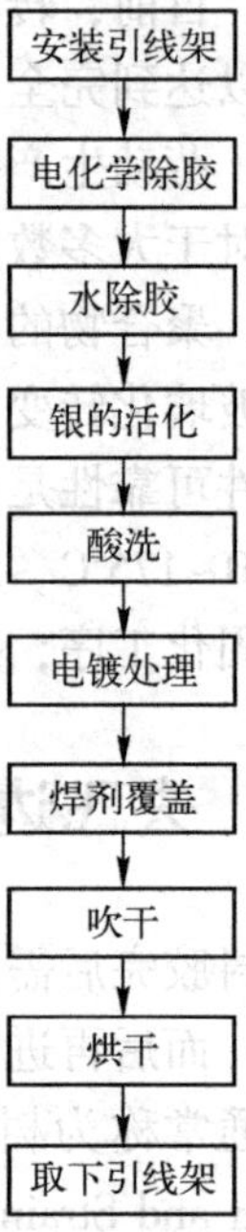

图 2-14　典型电镀工艺流程

2.7　剪切成型

剪切（Trim）的目的是要将整条引线架上已封装好的晶粒独立分开。同时，要把不需要的连接用材料及部分凸出树脂切除，也要切除引线架外引脚之间的堤坝以及在引线架带上连在一起的地方。切筋、打弯其实是两道工序，但通常同时完成。有的时候甚至在一台机器上完成，但有时也会分开完成，如 INTEL 公司，就是先做切筋，然后完成焊锡，再进行打弯工序，这样做的好处是可以减少没有镀上焊锡的截面面积。

剪切完成后每个独立封胶晶粒是一块坚固的树脂硬壳并由侧面伸出许多外引脚。剪切成形后的成品如图 2-15 所示。

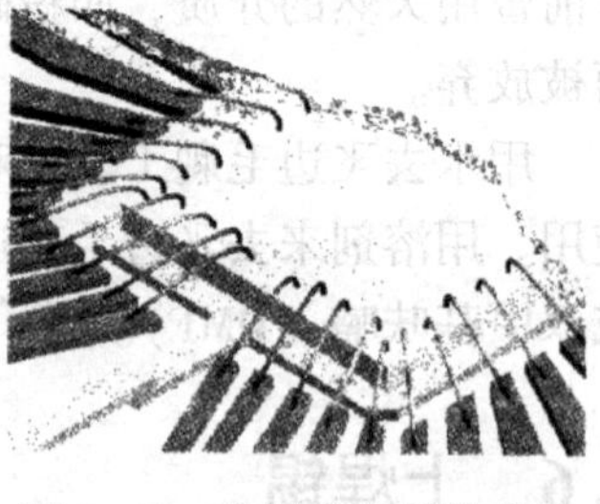

图 2-15　剪切成形后的成品

剪切的方式有同时加工式和顺送式加工式两种。剪切的过程如图 2-16 所示。

引脚成形（Form）的目的是将这些外引脚压成各种预先设计好的形状，以便于装在电路板上使用，由于定位及动作的连续性，剪切和成形通常在一部机器上或分别在两部机器上连续完成。成形后的每一个集成电路送入塑料管或承载盘以方便输送。

引脚成形是将引脚弯成一定的形状，以适合装配的需要。对于打弯工艺，最主要的问题是引脚的变形。对于通孔插装装配要求而言，由于引脚数较少，引脚又比较粗，基本上没有问题。而对表面贴装装配来讲，尤其是高引脚数目引线架和微细间距引线架器件，一个突出的问题是引脚的非共面性。造成非共面性的原因主要有两个：一是在工艺过程中的不恰当处理，但随着生产自动化程度的提高，人为因素大大减少，使得这方面的问题几乎不存在；另一个原因是成形过程中产生的热收缩应力。在成形后的降温过程中，一方面由于塑封料在继续固化收缩，另一方面由于塑封料和引线架材料之间的热膨胀系数失配引起的塑封料收缩程度要大于引线架材料的收缩，有可能造成引线架带的翘曲，引起非共面问题。所以，针对封装模块越来越薄、引线架引脚越来越细的趋势，需要对引线架带重新设计，包括材料的选择、引线架带长度及引线架形状等以克服这一困难。

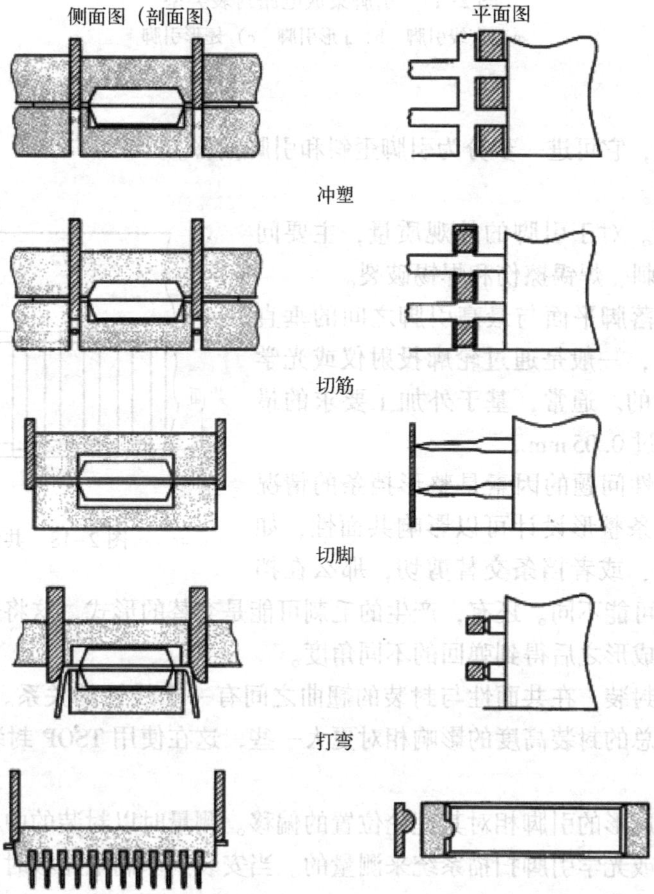

图 2-16　剪切的过程

现在，集成电路封装工艺似乎正把注意力集中于无引脚封装的发展，但是引脚产品特别是翅形表面贴装封装，还在集成电路市场上扮演重要的角色。引脚集成电路封装可以分成三大类：直线引脚、J 形引脚和翅形引脚，如图 2-17 所示。

塑料双排封装是直线引脚封装的一个典型例子，它主要用于通孔印制电路板的装配。J 形引脚可以在 PLCC 或小外形 J 形引脚封装类型的封装中找到。翅形引脚可以在四边扁平封装和薄型小外形封装中找到。

虽然用户通常都有自己严格的尺寸与外观质量要求，但是封装外形一般都要符合 JEDEC 固态技术协会或 EIAJ（日本电子机械工业协会）的规格标准。重要的参数如下：

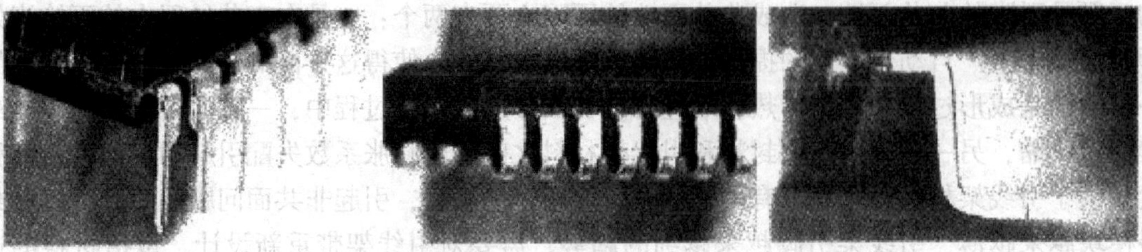

图 2-17　引脚集成电路封装类型
a）直线引脚　b）J 形引脚　c）翅形引脚

（1）共面性。

（2）引脚位置，它可进一步分为引脚歪斜和引脚偏移。

（3）引脚分散。

（4）站立高度。对于引脚的外观质量，主要问题是引脚末端的毛刺、焊锡擦伤和焊锡破裂。

共面性是最低落脚平面与最高引脚之间的垂直距离（见图 2-18），一般是通过轮廓投射仪或光学引脚扫描仪来测量的。通常，基于外加工要求的最大共面公差将不超过 0.05 mm。

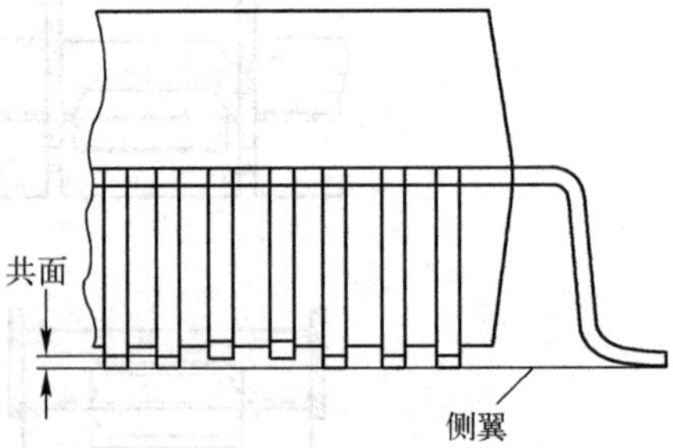

图 2-18　共面性定义

造成最大共面性问题的因素是整形挡条的情况与封装的翘曲。挡条整形设计可以影响共面性，如果剪切的毛刺过多，或者挡条交替剪切，那么在挡条区域的引脚宽度可能不同。还有，产生的毛刺可能是交替的形式，这将造成截面上引脚的位置变化，因此在成形之后得到弹回的不同角度。

对于四边扁平封装，在共面性与封装的翘曲之间有一个线性的关系。对于 TSOP 封装，翘曲对站立高度和总的封装高度的影响相对更大一些，这在使用 TSOP 封装的应用中一般都是很重要的。

引脚歪斜是指成形的引脚相对其理论位置的偏移。测量时以封装的中心线为基准，通常是使用轮廓投射仪或光学引脚扫描系统来测量的。当安装到印制电路板时，它将影响封装的引脚位置。通常，引脚歪斜应该小于 0.038 mm，它取决于封装类型。图 2-19 所示为一个典型的引脚歪斜结构。引脚歪斜的原因可能与许多因素有关，包括成形、挡条切割、引脚结构等。引脚歪斜类型及原因见表 2-6。

表 2-6　引脚歪斜的类型及原因

引脚歪斜类型	原　因
所有引脚都偏向同一方向	引脚引线架的外引脚截面结构不合理
引脚成对偏移	挡条设计、交替切割
引脚发散	引脚引线架材料强度、成形方法问题
引脚同方向偏移，偏移量渐增	成形方法问题
引脚偏移无规律	各种可能因素结合

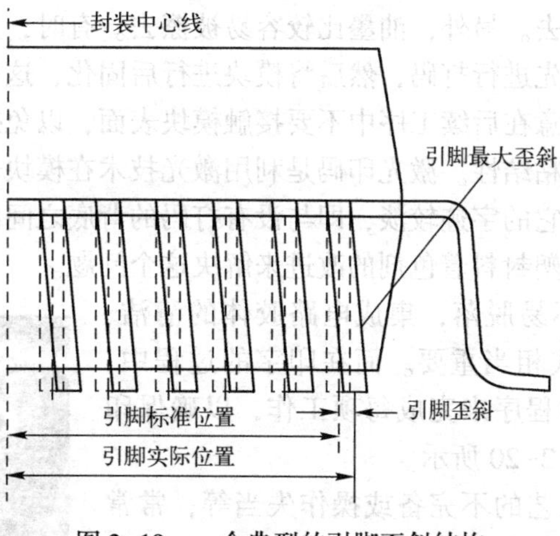

图 2-19　一个典型的引脚歪斜结构

导致引脚歪斜的其中一个主要因素是挡条整形方法。对于密间距产品，挡条可以用交替的方式整形（即先整形所有的偶数引脚，然后整形所有的奇数引脚）或者可以一次整形。交替整形结构是较强的冲模设计，但可能在成形工艺中引起严重的引脚歪斜问题。

各种成形方法无外乎基本的固体成形机制和复杂的滚轮成形系统两种。后者已经发展到可接纳不同的封装类型和工艺要求。

无论哪一种成形方法都有优点和缺点，为某一产品类型选择一种特定的机制主要取决于封装和工艺要求，例如，对于 TSOP 成形，首选凸轮和摆动凸轮固体成形方法。凸轮固体成形机制有其缺点，如焊锡累积和擦伤，但它确实具有简单的工具设计、低成本应用的优点。摆动凸轮滚轮成形机制在防止焊锡积累方面有较好的表现，但是通常这个方法工具成本较高。

不同成形工具的详细评估结果显示，在成形期间，滚轮成形在引脚上产生比固体成形工艺小得多的应力。由固体成形引起的较高应力可能扩大造成引脚歪斜或移动的因素。

2.8　打码

打码（Marking）的目的就是在封装模块的顶面印上去不掉的、字迹清楚的字母和标志，包括制造商的信息、国家、器件代码、商品的规格等，主要是为了识别并可跟踪。良好的印字给人有高档产品的感觉，因此在集成电路封装过程中印字也是相当重要的，往往会有因为印字不清晰或字迹断裂而导致退货重新印字的情形。

打码的方式有下列几种：

（1）直印式：直接像印章一样在胶体上印字。

（2）转印式（Pad Print）：使用转印头，从字模上蘸印再在胶体上印字。

（3）镭射刻印方式（Laser Mark）：使用激光直接在胶体上刻印。

使用油墨来印字（打码），工艺过程有点像敲橡皮图章，因为一般确实是用橡胶来刻制打码所用的标志。油墨通常是高分子化合物，常常是基于环氧或酚醛的聚合物，需要进行热固化，或使用紫外线固化。使用油墨打码，主要是对模块表面要求比较高，若模块表面有沾污现象，油墨就不易印上去。另外，油墨比较容易被擦去。有时，为了节省生产时间和操作步骤，在模块成形之后首先进行打码，然后将模块进行后固化，这样，塑封料和油墨可以同时固化。此时，要特别注意在后续工序中不要接触模块表面，以免损坏模块表面的印码。粗糙表面有助于加强油墨的粘结性。激光印码是利用激光技术在模块表面写标志。与油墨印码相比，激光印码的缺点是它的字迹较淡，即与没有打码的背底之间的差别不如油墨打码那样明显。当然，可以通过对塑封料着色剂的改进来解决这个问题。

为了使印字清晰且不易脱落，集成电路胶体的清洁、印料的选用及印字的方式相当重要。而在印字的过程中，自动化的印字机由一定的程序来完成每项工作，以确保印字的牢靠。印字成品如图 2-20 所示。

图 2-20　印字成品

打码过程中，由于工艺的不完备或操作失当等，常常造成印字缺陷，常见的印字缺陷如下：

（1）标记模糊（Blur Marking）。
（2）无阴极线（Missing Cathode Line）。
（3）标记偏离 Y 轴（Y Offset）。
（4）标记偏离 X 轴（X Offset）。
（5）不完整（Incomplete Device）。
（6）叠印（Double Marking）。
（7）编码不完整（Incomplete Code）。
（8）缺少编码（Missing Code）。
（9）前部残胶（Flashes Along Lead）。
（10）残胶（Package Deflashed）。

2.9　装配

元器件装配的方式有两种：一种是波峰焊（Wave Soldering），另一种是回流焊（Reflow Soldering）。波峰焊主要在插孔式 THT（Through-Hole Technology）封装类型元器件的装配时使用，而表面贴装式 SMT（Surface Mount Technology）和混合型元器件装配则大多使用回流焊。

波峰焊是早期发展起来的一种 PCB（Printed Circuit Board，印制电路板）和元器件装配的工艺，现在已经较少使用。波峰焊的工艺过程包括上助焊剂、预热以及将 PCB 在一个焊料波峰（Solder Wave）上通过，依靠表面张力和毛细管现象的共同作用将焊剂带到 PCB 和元器件引脚上，形成焊接点。在波峰焊工艺中，熔融的焊料被一股股喷射出来，形成焊料峰，故有此名。

目前，元器件装配最普遍的方法是回流焊工艺，因为它适合表面贴装的元器件，同时，也可以用于插孔式元器件与表面贴装元器件混合电路的装配。由于现在的元器件装配大部分是混合式装配，所以，回流焊工艺的应用更广泛。回流焊工艺看似简单，其实包含了多个工艺阶段：将锡膏（Solder Paste）中的溶剂蒸发掉；激活助焊剂（Flux），并使助焊剂的作用得以发挥；小心地将要装配的元器件和 PCB 进行预热；让焊剂融化并润湿所有的焊接点；

以可控的降温速率将整个装配系统冷却到一定的温度。回流工艺中，元器件和 PCB 要经受高达 210℃和 230℃的高温，同时，助焊剂等化学物质对元器件都有腐蚀性，所以装配工艺条件处置不当，也会造成一系列的可靠性问题。

封装质量必须是封装设计和制造中压倒一切的考虑因素。质量低劣的封装可以危害集成电路元器件的性能。封装的质量低劣是由于从价格上考虑比从达到高封装质量上考虑得更多而造成的。事实上，塑料封装的质量与元器件的性能和可靠性有很大的关系，但封装性能更取决于封装设计和材料的选择而不是封装生产，可靠性问题却与封装生产密切相关。在完成封装模块的打码工艺后，所有元器件都要 100%的进行测试，在完成模块在 PCB 上的装配之后，还要进行整块板的测试。这些测试包括一般的目检、老化试验（Burn-In）和最终的产品测试（Final Testing），最终合格的产品就可以出厂了。

2.10 思考题

1. 常用的芯片贴装有哪几种？分别做出简要说明。
2. 芯片互连的技术有哪几种？分别简要说明。
3. 各向异性材料、各向同性材料的区别是什么？
4. 说明热压焊和超声焊的原理，并指出优缺点。
5. 引线键合可能引起什么样的失效？原因何在？
6. 载带自动键合的关键材料有哪些？
7. 在现代成型技术中，哪一种是最主要的塑料成型技术？说明其具体工艺和优缺点。
8. 在完成灌输封装并成型后，还要进行什么处理？它们都起了什么作用？

第 3 章　气密性封装与非气密性封装

芯片连接好之后就到了封装的步骤，就是要将芯片与引线架“包装”起来，气密性封装是集成电路芯片封装技术的关键之一。所谓气密性封装是指完全能够防止污染物（液体或固体）的侵入和腐蚀的封装。

集成电路密封是为了保护器件不受环境影响（外部冲击、热及水）而能长期可靠工作，所以对集成电路封装的要求有以下几点：

（1）气密性和非气密性要求：

① 气密性封装：钎焊、熔焊、压力焊和玻璃熔封四种（军工产品）。

② 非气密性封装：胶粘法和塑封法（多用于民用器件）。

（2）器件的受热要求：对塑封温度的要求。

（3）器件的其他要求：必须能满足筛选条件或环境试验条件，如振动、冲击、离心加速度、检漏压力以及高温老化等的要求。

（4）器件使用环境及经济要求。

集成电路芯片封装的主要目的之一即为提供 IC 芯片的保护，避免不适当的电、热、化学及机械等因素的破坏。在外来环境的侵害中，水汽是引起 IC 芯片损坏最主要的因素，由于 IC 芯片中导线的间距极小，在导体间很容易建立起一个强大的电场，如果有水汽侵入，在不同金属之间将因电解反应（Galvanic Cell）引发金属腐蚀；在相同金属之间则产生电解反应（Electrolytic Reaction），使阳极处的导体逐渐溶解，阴极处的导体则产生镀着或所谓的树枝状成长（Dendrite Growth）。这些效应都将造成 IC 芯片的短路、断路与破坏。

主要的封装密封材料的水渗透率如图 3-1 所示，可以看出没有一种材料能永远阻绝水

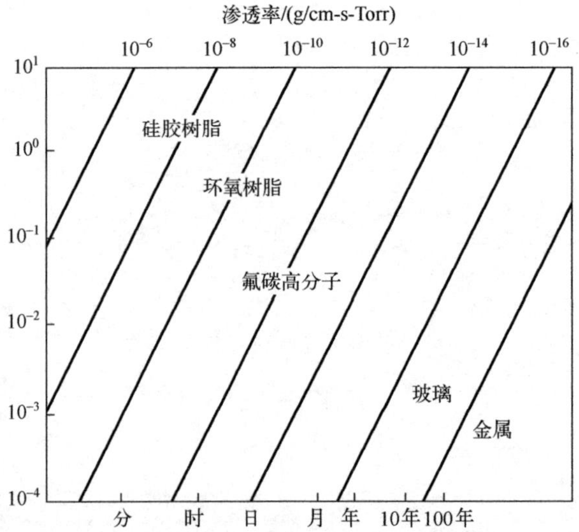

图 3-1　主要的封装密封材料的水渗透率

汽的渗透。以高分子树脂密封的塑料封装中，水分子通常在几个小时内就能侵入。能达到所谓气密性封装的材料通常指金属、陶瓷及玻璃，因此金属封装、陶瓷封装及玻璃封装被归类于高可靠度封装，也称为气密性封装或封装的密封。塑料封装则为非气密性封装。

气密性封装可以大大提高电路特别是有源器件的可靠性。有源器件对很多潜在的失效机理都很敏感，如腐蚀，可能受到水汽的侵蚀，会从钝化的氧化物中浸出磷而形成磷酸，这样又会侵蚀铝键合焊盘。

是否气密性封装主要是考虑密封腔内的水分多少，密封腔体内的水分主要来源于以下几部分：

（1）封入腔体内的气体中含有的水分。

（2）管壳内部材料吸附的水分。

（3）封盖时密封材料放出的水分。

（4）储存期间，通过微裂纹及封装缺陷渗入的水分。

而降低密封腔体内部水分的主要途径有以下几种：

（1）采取合理的预烘工艺。

（2）避免烘烤后的管壳重新接触室内大气环境。

（3）尽量降低保护气体的湿度。

3.1 陶瓷封装

在各种 IC 元器件的封装中，陶瓷封装能提供 IC 芯片气密性（Hermetic）的密封保护，其具有优良的可靠性，陶瓷被用作集成电路芯片封装的材料，因它在热、电、机械特性等方面极稳定，而且陶瓷材料的特性可通过改变其化学成分和工艺的控制调整来实现，既可作为封装的封盖材料，也是各种微电子产品重要的承载基板。当今的陶瓷技术已可将烧结的尺寸变化控制在 0.1%的范围内，可以结合厚膜印刷技术制成 30~60 层的多层连线传导结构，也是制作多芯片组件（MCM）封装基板的主要材料之一。

陶瓷封装并非完美无缺，它也有缺点：

（1）与塑料封装比较，陶瓷封装的工艺温度较高，成本较高。

（2）工艺自动化与薄型化封装的能力逊于塑料封装。

（3）陶瓷材料具较高的脆性，会导致应力损害。

（4）在需要低介电常数与高连线密度的封装中，陶瓷封装必须与薄膜封装竞争。

陶瓷材料在单晶芯片集成电路封装中应用很早，例如，IBM 所开发的 SLT（Solid Logic Technology）就是利用 96% 氧化铝与导体、电阻等材料在 800℃ 共烧技术制成封装的基板；其他如 ASLT（Advanced Solid Logic Technology）、MST（Monolithic Systems Technology）、MC（Metalized Ceramic）到今日的共烧多层陶瓷模块（Cofired Multilayer Ceramic Module，CMCM）等均是陶瓷封装的应用。双列式封装（DIP）取代金属罐式封装最早，是目前最常见的封装方式，它的开发主要因晶体管元器件引脚数目的增加而出现。

随着半导体工艺技术的进步与产品功能的提升，IC 芯片的集成度持续增加，封装引脚数目随之增加，各种不同形式的陶瓷封装，例如陶瓷引脚式晶粒承载器（Ceramic Leaded Chip Carrier，CLCC）、针格式封装（Pin Grid Array Package，PGA）、四边扁平封装（Plastic

Quad Flat Package，QFP）等相继开发出来。这些封装通常将 IC 芯片粘贴固定在一个载有引脚架或厚膜金属导线的陶瓷基板孔洞中，完成芯片与引脚或厚膜金属键合点之间的电路互连后，再将另一片陶瓷或金属封盖以玻璃、金锡或铅锡焊料将其与基板密封粘结而完成。图 3-2 所示为陶瓷封装的工艺流程。

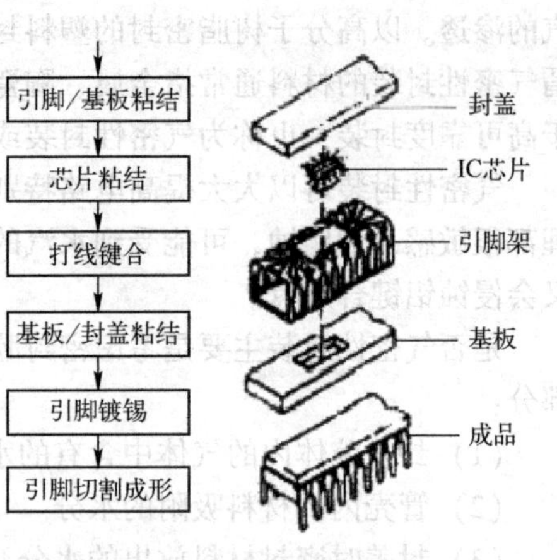

图 3-2　陶瓷封装的工艺流程

陶瓷封装能提供高可靠度与密封性是利用玻璃与陶瓷及 Kovar 或 Alloy42 合金引脚架材料间能形成紧密接合的特性。以陶瓷双列式封装为例，先将金属引脚架用暂时软化的玻璃固定在釉化表面的氧化铝陶瓷基板上，完成 IC 芯片粘结及引线键合后，以另一陶瓷封盖覆于其上，再置于 400℃ 的热处理炉中或涂上硼硅酸玻璃材料完成密封，陶瓷双列式封装如图 3-3 所示。在陶瓷针格式封装（Ceramic PGA）与陶瓷引脚式晶粒承载器（CLCC）封装的密封中，则是在基板及封盖的周围以厚膜技术镀上镍或金的密封环，再以焊锡或硬焊的方法将金属或陶瓷的封盖与基板接合，CPGA 封装与 CLCC 封装如图 3-4 所示。此外，熔接、玻璃及金属密封垫圈等都可用于密封盖与基板的接合。

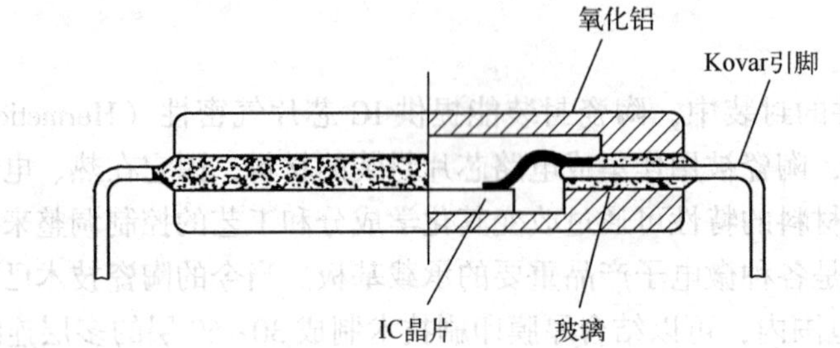

图 3-3　陶瓷双列式封装

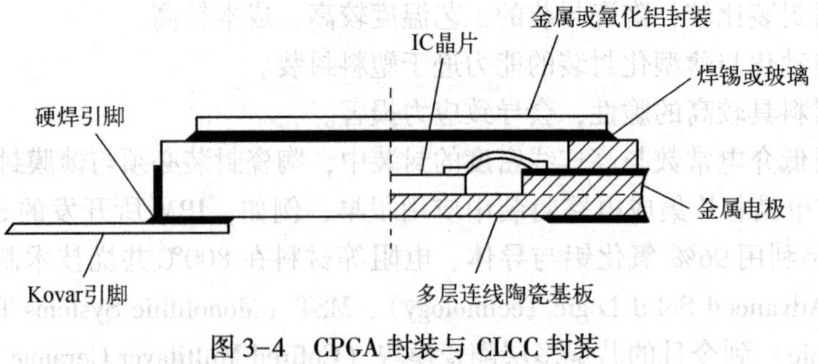

图 3-4　CPGA 封装与 CLCC 封装

3.1.1　氧化铝陶瓷封装的材料

氧化铝为陶瓷封装最常使用的材料，其他重要的陶瓷封装材料，如氮化铝（AlN）、氧化铍、碳化硅、玻璃与玻璃陶瓷、蓝宝石等，陶瓷材料的基本特性比较见表 3-1。

表 3-1 陶瓷材料的基本特性比较

材料总类	介电常数（1MHz 时）	热膨胀系数 /(10⁻⁶/℃)	热导率 /W/(m·℃)	工艺温度 /℃	挠性强度 /MPa
92 氧化铝	9.2	6	18	1500	~300
96 氧化铝	9.4	6.6	20	1600	400
99.6 氧化铝	9.9	7.1	37	1600	620
氮化硅（Si_3N_4）	7	2.3	30	1600	—
碳化硅（SiC）	42	3.7	270	2000	450
氮化铝（AlN）	8.8	3.3	230	1900	350~400
氧化铍（BeO）	6.8	6.8	240	2000	241
氮化硼（BN）	6.5	3.7	600	>2000	—
钻石（高压）	5.7	2.3	2000	>2000	—
钻石（CVD）	3.5	2.3	400	~1000	300
玻璃陶瓷	4~8	3~5	5	1000	150

陶瓷封装工艺首要的步骤是浆料（Slurry，又称为 Slip）的准备。浆料是无机材料和有机材料的组合，无机材料为一定比例的氧化铝粉末与玻璃粉末的混合（陶瓷），有机材料则包括高分子粘结剂、塑化剂（Plasticizer）与有机溶剂（Solvent）等。无机材料中添加玻璃粉末的目的包括：调整纯氧化铝的热膨胀系数、介电常数等特性，降低烧结温度。纯氧比铝的热膨胀系数约为 $7.0\times10^{-6}/℃$，它与导体材料的热膨胀系数（见表 3-1）有所差异，因此若仅以纯氧化铝为基板的无机材料，热膨胀系数的差异在烧结过程中可能引致基材破裂。此外，氧化铝的烧结温度高达 1900℃，故需添加玻璃材料以降低烧结温度，节约生产成本。

陶瓷基板又可区分为高温共烧型与低温共烧型两种。在高温共烧型的陶瓷基板中，无机材料通常为约 9:1 的氧化铝粉末与钙镁铝硅酸玻璃（Calcia-Magnesia-Alumina Silicate Glass）或硼硅酸玻璃（Borosilicate Glass）粉末；在低温烧结型的陶瓷基板中，无机材料则为约 1:3 的陶瓷粉末与玻璃粉末，陶瓷粉末的种类则根据基板热膨胀系数的设计而定。除了氧化铝之外，石英、锆酸钙（Calcium Zirconate，$CaZrO_3$）、镁橄榄石（Forsterite，Mg_2SiO_4）等均可作为高热膨胀系数陶瓷基板的无机材料；熔凝硅石（Fused Silica）、红柱石（Mullite，$Al_6Si_2O_{13}$，或称耐火硅酸铝）、堇青石（Cordierite，$Mg_2Al_4Si_5O_{18}$）、氧化锆（Zirconia，ZrO_2）则为低热膨胀系数陶瓷基板的材料。介电常数的需求也是添加玻璃材料成分选择的另一项因数，玻璃软化温度必须高于有机材料的脱脂烧化温度，但也不能太高而阻碍烧结的工艺。无机材料需要经球磨的工艺以促进无机材料混合的均匀性，获得适当的粉体的大小与粒度分布，以对未来烧结后的基板的收缩率变化能有准确的控制。

在有机材料中，粘结剂为具有高玻璃转移温度、高分子量、良好的脱脂烧化特性、易溶于挥发性有机溶剂中的材料，主要的功能在提供陶瓷粉粒暂时性的粘结，以利于生胚片（Green Tape）的制作及厚膜导线网印成型的进行。高温共烧型基板常使用的粘结剂为聚烯基丁缩醛（Polyvinyl Butyral，PVB）。PVB 可以由聚乙硫醇（Polyvinyl Alcohol）与丁醛（Butyraldehyde）反应制成，其中通常含有约 19%残存羟基，玻璃转移温度约为 49℃。

在某些特殊的应用中，聚醋酸氯烯酯（Polyvinyl Chlorie Acetate，PCA）、聚甲基丙烯酸甲酯（Polymethyl Methacrylate，PMMA）、聚异丁烯（Polyisobutylene，PIB）、聚甲基苯乙烯（Polyalphamethyl Styrene，PAMS）、硝酸纤维素（Niteocellulose）、醋酸纤维素（Cellulose Acetate）与醋酸丁缩醛纤维素（Cellulose Acetate Butyral）等也曾被使用为粘结剂材料。低温共烧型基板的工艺使用的粘结剂除了 PVB 外，也有聚丙酮（Polyacetones）、低烷基丙烯酸酯的共聚物（Copolymer of Lower Alkyl Acrylate）与甲基丙烯酸酯（Methacrylates），这些材料均可在空气或钝态气体的气氛中，在 300~400℃完成脱脂烧除。粘结剂的添加一般约占整体原料重量比 5%以上，但添加量也不宜过高，否则将增加脱脂烧除的时间，降低粉体烧结的密度而使基板的收缩率增高。

塑化剂种类有油酸盐（Phthalate）、磷酸盐（Phosphate）、聚乙二醇醚（Polyethylene Glycol Ether）、单甘油酯酸盐（Glyceryl Mono Oleate）、矿油类（Petroleum）、多元酯类、蓖麻油酸盐（Ricinoleate）、松脂衍生物（Rosin Derivatives）、沙巴盐类（Sabacate）、柠檬酸盐（Citrate）等，塑化剂的功能及速滑作用（Plasticization）是调整粘结剂的玻璃转移温度，并使生胚片具有扰曲性。

可与 PVB 合成使用的有机溶剂种类很多，包括醋酸（Acetic Acid）、丙酮（Acetone）、正丁醇（nbutyl Alcohol）、乙酸丁酯（Butyl Acetate）、四氯化碳（Carbon Tetrachloride）、环己酮（Cyclohexanone）、双丙酮醇（Diacetone Alcohol）、二氧六环（Dioxane）、乙醇（Ethyl Alcohol，95%）、85%乙醇乙酯（Ethyl Acetate）、乙基溶纤剂（Ethyl Cellosolve）、二氯乙烷（Ethylene Chloride）、95%异丙醇（Isopropyl Alcohol）、醋酸异戊酯（Isopropyl Acetate）、甲醇（Methyl Alcohol）、醋酸甲酯（Methyl Acetate）、甲基溶纤剂（Methyl Cellosolve）、甲基乙基酮（Methyl Ethyl Ketone）、甲基异丁酮（Methyl Isobutyl Ketone）、戊醇类（Pentanol）、戊酮类（Pentanone）、二氯丙烷（Propylene Dichloride）、甲苯、95%甲苯乙醇（Toluene Ethyl Alcohol）等。

有机溶剂的功能包括在球磨过程中促成粉体的分离（Deagglomeration）挥发时在生胚片中形成微细的孔洞，后者的功能为当生胚片叠合时，提供导线周围的生胚片有被压缩变形的能力，是生胚片工艺重要特征之一。

3.1.2 陶瓷封装工艺

将前述的各种无机材料与有机材料混合后，经一定时间的球磨后即称为浆料（或称为生胚片载体系统，Green-Sheet-Vehicle System），再以刮刀成型技术（Doctor-Blaze Process）制成生胚片。再经厚膜金属化、烧结等工艺后则称为基板材，封盖后即可应用于 IC 芯片的封装中。

以氧化铝为基材的陶瓷封装工艺如图 3-5 所示，主要的步骤包括生胚片的制作（Tape Casting）、冲片（B1anking）、导孔成型（Via Punching）、厚膜导线成型、叠压（Lamination）、烧结（Burnout/Firing/Sintering）、表层电镀（Plating）、引脚接合（Lead/Pin Attach）与测试等。

陶瓷粉末、粘结剂、塑化剂与有机溶剂等均匀混合后制成油漆般的浆料，通常以刮刀成型的方法制成生胚片，刮刀成型机在浆料容器的出口处置有可调整高度的刮刀，可将随着多元酯输送带所移出的浆料刮制成厚度均匀的薄带，生胚片的表面同时吹过与输送带运动方向相反的滤净热空气使其缓慢干燥，然后再卷起，并切成适当宽度的薄带，生胚片刮刀成型的

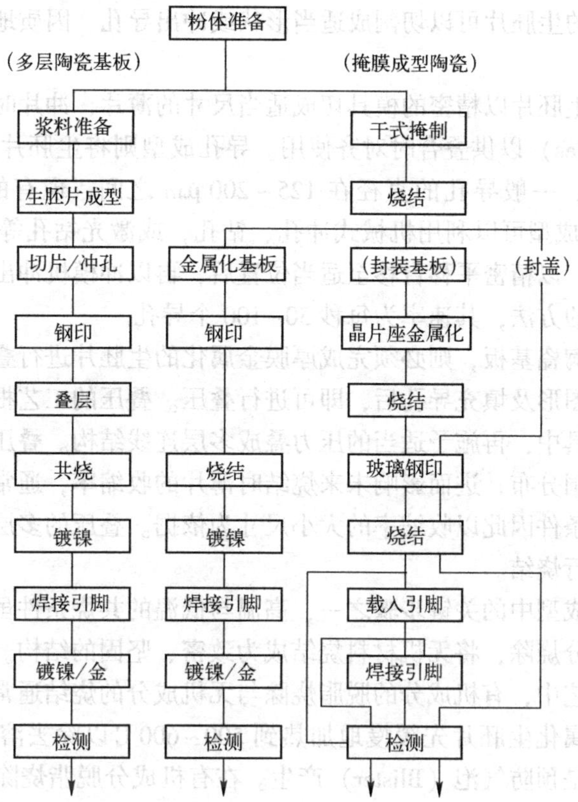

图 3-5　以氧化铝为基材的陶瓷封装工艺

工艺如图 3-6 所示。未烧结前，一般生胚片的厚度在 0.2~0.28 mm 之间。

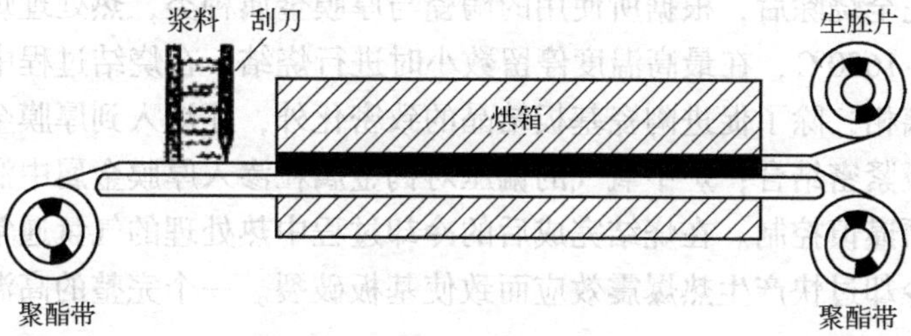

图 3-6　生胚片刮刀成型的工艺

生胚片的厚度和刮刀间隙、输送带的速度、干燥温度、容器内浆料高度、浆料的黏滞性、薄带的收缩率等因素有关，一般的刮刀成型机制成的薄片厚度允许误差在±（6%~8%）之间，较精密的机型，如双刮刀的刮刀成型机可将厚度误差控制在±4%以内，高精密型的刮刀成型机更可达±2%以内。

干式压制成型（Dry Press）与滚筒压制成型（Roll Compaction）为生胚片制作的另外选择。干式压制的方法为低成本的陶瓷成型技术，适用于单芯片模块封装的基板及封盖等形状简单板材的制作。干式压制成型将陶瓷粉末置于模具中，施予适当的压力压制成所需形状的生胚片后，再进行烧结。滚筒压制成型将以喷雾干燥法制成的陶瓷粉粒经过两个并列的反向滚筒压制成生胚片，所使用的原料中粘结剂所占的比例高于干式压制法，但低于刮刀成型法所使用的原料，所得的生胚片可以切割成适当形状或冲出导孔，因质地较硬而不适于叠合制成多层的陶瓷基板。

冲片的工艺为将生胚片以精密的模具切成适当尺寸的薄片，冲片时薄片的四边也冲出对位孔（Registration Holes）以供叠合时对齐使用。导孔成型则将生胚片冲出大小适当的导孔以供垂直方向的导通，一般导孔的直径在 125~200 μm 之间，现有的技术也能制成 80~100 μm 的导孔。导孔成型可以利用机械式冲孔、钻孔，或激光钻孔等方法完成，一般的工艺为先将生胚片固定，以精密平移台移至适当位置后，再以冲模机冲出导孔。以二氧化碳激光进行钻孔是较新颖的方法，其速率为每秒 50~100 个导孔。

如需制成多层的陶瓷基板，则必须完成厚膜金属化的生胚片进行叠压。生胚片以厚膜网印技术印上电路布线图形及填充导孔后，即可进行叠压。叠压的工艺根据设计要求将所需的金属化生胚片置于模具中，再施予适当的压力叠成多层连线结构。叠压过程中所施予的压力会影响生胚片原有孔洞分布，进而影响未来烧结时薄片的收缩率，通常收缩率随压力的增加而减小，叠压工艺的条件因此以收缩率的大小尺寸为依据。叠压的多层生胚片有时又经切割成适当的尺寸后再进行烧结。

烧结为陶瓷基板成型中的关键步骤之一，高温与低温的共烧条件虽有不同，但目标只有一个：就是将有机成分烧除，将无机材料烧结成为致密、坚固的结构。

在高温的共烧工艺中，有机成分的脱脂烧除与无机成分的烧结通常在同一个热处理炉中完成，完成叠压的金属化生胚片先缓慢地加热到 500~600℃以除去溶剂、塑化剂等有机成分，缓慢加热的目的是预防气泡（Blister）产生。在有机成分脱脂烧除过程中，热处理炉的气氛控制非常重要，炉中氧化的气氛须足以使粘结剂能完全除去，并防止氧化物成分散失但不会致使金属导体成分氧化。适当的氧气偏压变化通常以控制通过氢气或氢/氮混合气氛中的水汽比率作为参考的控制条件。

待有机成分完全烧除后，根据所使用的陶瓷与厚膜金属种类，热处理炉再以适当的速度选择升温到 1375~1650℃，在最高温度停留数小时进行烧结。在烧结过程中，玻璃与陶瓷成分将反应生成玻璃相，除了促进陶瓷基板结晶的致密化外，还渗入到厚膜金属中润湿金属相以使其与陶瓷基板紧密结合；炉中氧气的偏压对钨金属粒渗入厚膜金属中润湿或钼的烧结有重要影响，故亦须谨慎控制。在烧结完成后的冷却过程中热处理的气氛通常转换为干燥的氢气，同时应避免冷却过快产生热爆震效应而致使基板破裂。一个完整的高温烧结工艺通常需要 13~33 h。

烧结过程中，生胚片的收缩为必然的现象，因此对烧结成品的尺寸有很大影响。陶瓷材料与金属膏材的收缩率是否相近，使用的陶瓷与金属的热膨胀系数是否相近，炉体内温度分布是否均匀等因素均影响烧结成品的尺寸。除了生胚片横向尺寸的变化之外，翘曲（Camber 或 Waviness）亦为烧结过程中常发生的现象，因此在烧结过程中生胚片要以重物压住以防止其变形。

低温的共烧工艺通常使用带状炉以使有机成分的脱脂烧除与陶瓷成分的烧结过程分开进行。近年来，已有特殊设计的热处理炉可使脱脂与烧结的过程在同一炉中进行。低温共烧工艺的温度曲线与热处理炉气氛的选择所使用的金属膏种类有关。使用金或银金属膏基板的共烧工艺为先将炉温升至 350℃，再停留约 1 h 以待有机成分完全除去，炉温再升至 850℃并维持约 30 min 以完成烧结；共烧工艺均在空气中进行，耗时 2~3 h。

如使用铜金属膏，因铜金属膏通常为铜氧化物掺和有机成分制成（如使用纯铜制成，则在有机成分脱脂阶段会因铜的氧化造成的体积膨胀导致陶瓷基板破裂），烧结的过程需要先在300～400℃、氮气/氢气或一氧化碳/二氧化碳的气氛中进行约30 min的热处理，将氧化铜还原，然后在氮气炉中进行900～1050℃、20～30 min的烧结。完整的低温烧结过程通常耗时12～14 h。

共烧完成之后，基板的表层需要再制作电路、金属键合点或电阻等，以供IC封装元器件及其他电路元器件的连线接合，制作的方法亦采用网印与烧结技术。使用银等高导电性材料为内层导体的低温共烧型基板表面通常再烧结一层铜导线以利未来焊接的进行。

表层电镀及引脚接合的另一个目的在于制作接合的针脚以供下一层次的封装使用。对高温共烧型的陶瓷基板，键合点表面必须用电镀或无电电镀技术先镀上一层约2.5 μm厚的镍作为防蚀保护层及用于针脚焊接，镍镀完成之后必须经热处理，以使其与共烧成型的钼、钨等金属导线形成良好的键合。镍的表面通常又覆上一层金的电镀层以防止镍的氧化，并加强针脚硬焊接合时焊料的润湿性。以化学镀金技术镀镍时，因钨或钼-锰金属导线均为非活化表面，故基板表面必须先以钯氯溶液将表面活化然后进行镍的化学镀。

基板镍电镀完成后，表层已镀有钯与金的可伐铁镍钴合金（Kovar）引脚，再以金锡或铜银共晶硬焊的技术将引脚与基板焊接。一般是将焊料置于引脚与金属键合焊垫之间，在还原气氛中加热至共晶温度以上完成。焊接完成的引脚如以焊接方式与下一层次的封装焊接，则表面通常再以沉浸法镀上焊锡。

3.1.3 其他陶瓷封装材料

近年来，陶瓷封装虽面临塑胶封装的强力竞争而不再是使用数量最多的封装方法，但陶瓷封装仍然是高可靠度需求的封装最主要的方法。各种新型的陶瓷封装材料，如氮化铝、碳化硅、氧化铍、玻璃陶瓷、钻石等材料也相继地被开发出来，以使陶瓷封装能有更优质的信号传输、热膨胀特性、热传导与电气特性。这些材料的基本特性比较见表3-1。

氮化铝为具有六方纤维锌矿结构的分子键化合物，它的结构稳定，无其他的同质异形物存在，高熔点、低原子量、简单晶格结构等特性使氮化铝具有高热导率，氮化铝单晶的热导率为320 W/(m · ℃)，热压成型的氮化铝多晶最佳的热传导性质约为单晶的95%。氮化铝的热导率随其中的氧含量的增加而降低，由于氧元素的加入使氮化铝中产生过多的铝空位(Vacancy)，空位与铝原子的质量差异过大因而破坏其热传导性质。氮化铝的热导率也受金属杂质元素的影响，保持氮化铝的高热导率特性必须使杂质含量低于0.1wt%。此外，氮化铝中的第二相物质与烧结后的孔洞（Porosity）对热传导性质亦有影响。

与氧化铝相比，氮化铝材料具有极为优良的热导率，较低的介电常数（约8.8），与硅相近的热膨胀系数，因此它也是陶瓷封装重要的基板材料。在氮化铝基板的制作中，粉体品质决定氮化铝烧结后的特性，氮化铝粉体制备最常见的方法为碳热还原反应和铝直接氮化技术。

碳热还原反应将氧化铝与碳置于氮气的气氛中，氧化铝与碳反应还原的产物同时被氮化而形成氮化铝，铝直接氮化的工艺为将熔融的微小铝颗粒直接置于氮气反应气氛中而形成氮化铝。不完全反应是这两种方法共同的缺点，它们都可能使氮化铝中残存氧化物及其他相的物质。氮化铝亦可利用铝电极在氮气中的直流电弧（DC Arc）放电反应、铝粉的等离子体喷洒（Plasma Spray）、氨（Ammonia）与铝溴化物（Aluminum Bromide）的化学气相淀积、氮化铝前驱物（Precursors）的热解反应（Pyrolysis）等方法制成。

热压成型（Hot Pressing）与无压力式烧结（Pressureless Sintering）为制成致密的氮化铝基板的常见方法，工艺中通常加入氧化钙（CaO）或三氧化二钇（Y_2O_3）烧结助剂以制成致密氮化铝基板，氧化铍、氧化镁、氧化锶（SrO）等亦为商用氮化铝粉末常见的添加物。

氮化铝能与现有的金属化工艺技术相容的能力是其在电子封装中被广泛应用的主要原因。薄膜技术（蒸镀或溅射）、无电电镀、厚膜金属共烧技术均使用在氮化铝上制作电路布线图形。

在氮化铝上进行薄膜镀之前，通常先涂布一层镍铬（NiCr）合金薄膜以提升黏着度；使用无电电镀时，氮化铝须先以氢氧化钠（NaOH）刻蚀，以使产生交互锁定的作用而增加黏着力；氮化铝上的厚膜金属化的工艺与氧化铝相似，钨、银-钯、银-铂、铜、金等均可在氮化铝上形成金属导线，钨与氮化铝的共烧型多层陶瓷基板的开发尤为氮化铝在电子封装中应用的重要技术里程碑。金、银-钯、铜等材料的厚膜金属化工艺无须在氮化铝上进行氧化预处理；铜与氮化铝的直接扩散接合则必须先完成氧化处理以促进铜氧化物在氮化铝界面的接合，氧化处理可以干式或湿式氧化处理完成；氮化铝表面亦可先形成氮化硅以供镀镍膜之用。氮化铝的薄膜及厚膜金属化材料与方法见表 3-2。

表 3-2　氮化铝的薄膜及厚膜金属化材料与方法

工艺方法	金属种类	工艺温度
厚膜工艺		
烧结	银-钯	920℃/空气
	氧化钌	850℃/空气
	铜	850℃/空气
	金	850℃/空气
熔烧	铜-银-钛-锡	930℃/空气
共烧	钨	1900℃/空气
薄膜工艺		
溅射	镍铬-钯-金	100~200℃
蒸镀	钛-钯-金	100~200℃

氧化铍因具有绝佳的热传导特性与低介电常数，因此很早就被应用于电子封装中，它的热导率约为铜的一半，是所有陶瓷氧化物中热导率能高于金属的材料。氧化铍陶瓷基板的制作、烧结、金属化等与前述氧化铝陶瓷的工艺相似，在高热传需求或高功率元器件的封装中，氧化铍陶瓷的封装相当普遍，但氧化铍具有毒性，故需小心使用，这一缺点也使得氧化铍难以广泛应用。

碳化硅材料的优点为优良的热导率与极为接近硅的热膨胀系数，但纯碳化硅的特性接近半导体材料，因此早年它并不被考虑作为基板材料。1985 年日本 Hitachi 公司开发出制作具有高热导率与优良电绝缘性质的碳化硅基板制作技术（称为 Hitaceran 日立晶体管计算机），这一突破终于使碳化硅成为重要的高性能陶瓷封装材料之一。

Hitaceram 的工艺如图 3-7 所示，其利用 $SiO_2+2C \rightarrow SiC+CO_2$ 反应生成的碳化硅粉末并与适量的氧化铍粉末及有机成分等混合，再用喷洒干燥法（Spray Drying）制成粉粒。所得的粉粒先以冷压制成薄圆板状，与石墨隔片交互叠起后，在真空中进行 2100℃ 的热压烧结而成。这一工艺利用氧化铍在碳化硅基底中溶解度甚微，因而在碳化硅晶粒界面产生偏析的特性，晶界上的氧化铍形成高电阻网络使材料具有电绝缘性质，碳化硅晶粒基底则仍维持其高热传导性质。因碳化硅材料的介电常数极高（根据频率的变化，约在30~300之间），故应用于气密性封装时引脚最好避免与其他高介电常数的密封材料接触。为改善这一缺点，碳化硅密封性封装通常使用二氧化硅为密封材料。

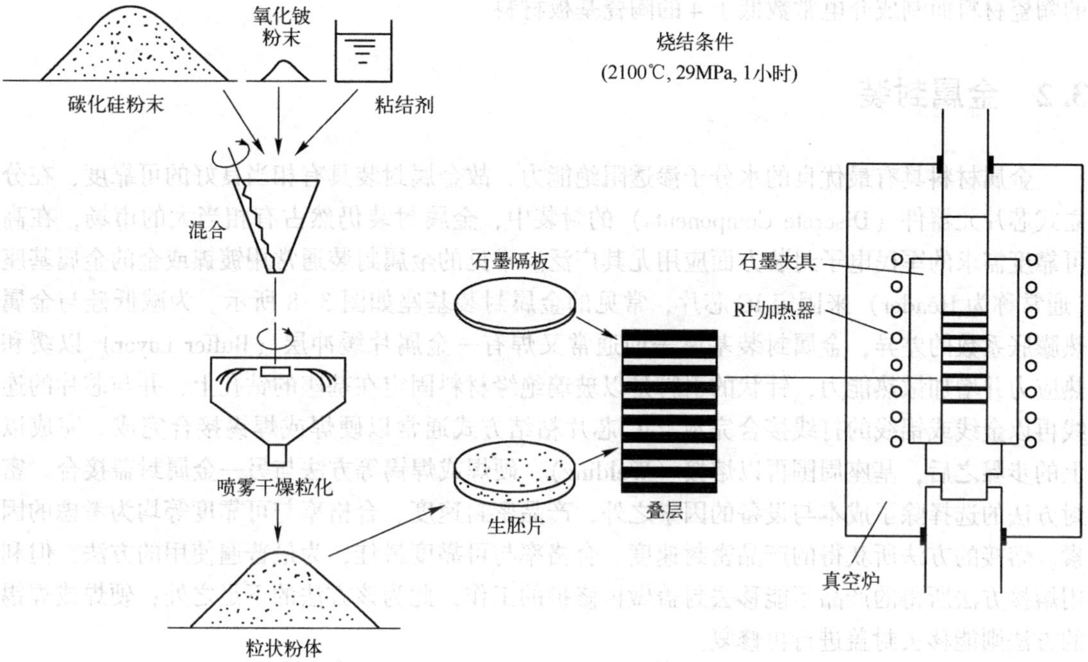

图 3-7　Hitaceram 的工艺

玻璃与玻璃陶瓷材料的介电常数范围在5左右，且和铜、金等导体材料有良好的烧结特性，因此是理想的陶瓷基板材料。以热膨胀系数与硅接近的硼硅酸盐玻璃为绝缘材料、铜为导体材料制作多层传导结构的封装技术在20世纪70年代即已开发出来；共烧型玻璃陶瓷基板的制作则于1978年被报道，基板材料为堇青石与锂辉石（Spodumene $LiAl(SiO_3)_2$）玻璃粉末，约在1000℃的温度烧结而成，该技术利用低温硬质玻璃与高温陶瓷原料的混合烧结，并配合在控制气氛环境中的铜金属化工艺以制造封装基板，其后许多以氧化铝混合的各种不同玻璃原料（约各50%的原料比例）烧结而成的玻璃陶瓷相继被开发出来。

以往的研究显示，玻璃或玻璃陶瓷材料的最大优点是利用成分的调整而改善其物理性质，成分与性质不同的玻璃与玻璃陶瓷基板可适合各种电子封装的需求。玻璃陶瓷基板的主要缺点为热导率过低，为改善这一缺陷，掺入高热传导性质的氧化铍、氮化硅、人造钻石等混合烧结制成高热导率的玻璃陶瓷基板，或利用改善冷却方法及封装连线与粘结方式而获得弥补。

蓝宝石在芯片封装的应用中是最新型的材料之一，在1953年和1954年出现人工蓝宝石的合成，1956年W. Eversole以化学气相淀积技术（Chemical Vapor Deposition，CVD）制备薄膜，奠定了以低廉成本合成这种材料的基础，而使蓝宝石有更广泛的应用。钻石因具有相当优异的热导率与低介电常数而成为芯片封装基板材料的另一种选择，它也可作为复合材料基板与黏着剂的填充剂，超高的硬度与耐磨耗性使蓝宝石也可作为封装表面镀层材料。虽然CVD的研究已展现蓝宝石作为封装基板与制成多层连线结构的潜力，但因其属于高价位工艺，目前仍无广泛的应用。

氮化硅（SiN）、氮化硼（BN）及各种碳化物（Carbides）、氮化物（Nitrides）、氧化物混合材料均可为制作低介电常数陶瓷基板的材料，这些材料可添加于氧化铝、堇青石或其他的陶瓷材料而制成介电常数低于4的陶瓷基板材料。

3.2 金属封装

金属材料具有最优良的水分子渗透阻绝能力，故金属封装具有相当良好的可靠度，在分立式芯片元器件（Discrete Components）的封装中，金属封装仍然占有相当大的市场，在高可靠度需求的军民电子封装方面应用尤其广泛。常见的金属封装通常用镀镍或金的金属基座（通常称为Header）来固定IC芯片，常见的金属封装基座如图3-8所示。为减低硅与金属热膨胀系数的差异，金属封装基座表面通常又焊有一金属片缓冲层（Buffer Layer）以缓和热应力并增加散热能力，针状的引脚是以玻璃绝缘材料固定在基座的钻孔上，并与芯片的连线再以金线或铝线的打线接合完成，IC芯片粘结方式通常以硬焊或焊锡接合完成。完成以上的步骤之后，基座周围再以熔接（Welding）、硬焊或焊锡等方法与另一金属封盖接合。密封方法的选择除了成本与设备的因素之外，产品密封速度、合格率与可靠度等均为考虑的因素。熔接的方法所获得的产品密封速度、合格率与可靠度最佳，为最普遍使用的方法，但利用熔接方法所得的产品不能移去封盖做再修护的工作，此为该方法的不足之处；硬焊或焊锡的方法则能移去封盖进行再修复。

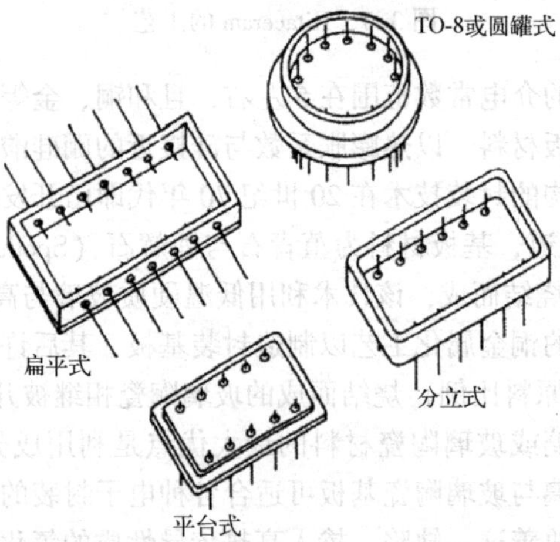

图3-8 常见的金属封装基座

金属封装所使用的材料除了可达到良好的密封性之外，还可提供良好的热传导及电屏蔽（Electrical Shielding）。Kovar合金由于与玻璃的优良接合特性而作为金属封装最常用的罐体和引脚材料，Kovar合金的缺点为热传导性质不佳，这一缺点可以用钼金属作为金属封装的缓冲金属层而获得改善。铜主要应用于高热传导及高导电需求的金属封装，但它有强度不足的缺点，故通常添加少量的铝或银以改善其机械特性。铝合金材料主要应用于微波混合电路及航空用电子的金属封装，但因其强度不足及高热膨胀系数的缺点使其不适合应用于高功率混合电路的封装。

从真空管元器件时代开始，玻璃即为电子元器件重要的密封材料，它除了具有良好的化学稳定性、抗氧化性、电绝缘性与致密性之外，也可利用其成分的调整而获得各种不同的热性质以配合工艺需求。

在金属密封封装中，玻璃用来固定自金属圆罐或基台的钻孔伸出的针脚，它除了提供电绝缘的功能之外，还能形成金属与玻璃间的密封。在陶瓷双列式封装的开发过程中密封材料的选择为工艺的瓶颈，一直到 $PbO-B_2O_3-SiO_2-Al_2O_3-ZnO$ 玻璃的开发，足以提供氧化铝陶瓷、金属引脚间的密封粘结，这一瓶颈问题才获得解决。随后各种性质不同的玻璃先后被开发出来，成为电子封装中主要的密封材料。

3.3 玻璃封装

玻璃和陶瓷材料间通常具有相当良好的黏着性，但金属与玻璃之间一般黏着性质不佳。控制玻璃在金属表面的润湿能力（Wettability）是形成稳定粘结最重要的技术，也是电子封装中密封技术的关键所在。一种界面氧化物饱和理论（Interfacial Oxide Saturation Theory）说明当玻璃中溶解的低价金属氧化物达到饱和时，其润湿能力最佳。实验数据也说明最佳的润湿发生在含有饱和金属氧化物浓度的玻璃与干净的金属表面接触时，金属与玻璃的粘结即利用这一结果；许多工业应用证实金属氧化物的溶解为形成金属与玻璃间密封接合的关键步骤，玻璃在没有任何表层氧化物的金属上无法形成粘结。

玻璃密封材料的选择应与金属材料的种类配合，表 3-3 所列为电子封装常用的玻璃热膨胀系数的比较。玻璃与金属在匹配密封（Matched Seals）中必须有非常相近甚至相同的热膨胀系数，而且金属与其氧化物之间必须有相当致密的键结。常作为引脚架材料的 Alloy42 合金中常添加铬、钴、锰、硅、硼等元素以改善氧化层的黏着性；Kovcar 合金可在 900℃ 以上的空气、氧化气氛或湿式氮/氢气氛中加热短暂时间而得到性质良好的氧化层；铜合金上的氧化层则极易剥落（Scaling），故铜合金表面通常再镀上一薄层的四硼酸钠（Sodium Borate，$Na_2B_4O_7$）或镍以防止氧化层剥离；铜中添加铝，也可防止氧化层的剥落。

表 3-3　电子封装常用玻璃的热膨胀系数

种　　类	热膨胀系数
1990-（K Na Pb）硅酸玻璃	13.6
0800（Na Ca）硅酸玻璃	10.5
0010-（K Na Pb）硅酸玻璃	10.1
0120（K Na Pb）硅酸玻璃	9.7
7040-（Na K）硼硅酸玻璃	5.4
7050（Alkali Ba）硼硅酸玻璃	5.1
7052（Alkali）硼硅酸玻璃	5.3
7056（Alkali）硼硅酸玻璃	5.6
7070（Li K）硼硅酸玻璃	3.9
7720（Na Pb）硼硅酸玻璃	4.3

玻璃与金属间的压缩密封（Compression Seals）则无须金属氧化物的辅助，这种方法要选择热膨胀系数低于金属的玻璃材料进行粘结。在密封完成冷却时，金属将有较大的收缩而压迫玻璃造成密封。压缩密封所得的强度及密封性均高于匹配密封，但其接面的热稳定性则逊于匹配密封。玻璃密封的主要缺点为材料本身的强度低、脆性高，密封的过程中，除了前述金属氧化层的特性影响外，也应避免在玻璃中产生过高的残留应力而引起破裂，在运输取放过程中也应小心注意以免造成损毁。

3.4 塑料封装

塑料封装的散热性、耐热性、密封性虽逊于陶瓷封装和金属封装，但塑料封装具有低成本、薄型化、工艺较为简单、适合自动化生产等优点，它的应用范围极广，从一般的消费性电子产品到精密的超高速计算机中随处可见，也是目前微电子工业使用最多的封装方法。塑料封装的成品可靠度虽不如陶瓷，但数十年来材料与工艺技术的进步，这一缺点得到相当大的改善，塑料封装在未来的电子封装技术中所扮演的角色越来越重要。

塑料材料在电子业封装的应用历史较长，自 DIP 封装被开发出来后，塑料双列式封装（Plastic DIP）逐渐发展成为 IC 封装最受欢迎的方法。随着 IC 封装的多脚化、薄型化的需求，许多不同形态的塑料封装被开发出来，除了 PDIP 元器件之外，塑料封装也被用于制作 SOP、SOJ、SIP、ZIP、PQFP、PBGA、FCBGA 等封装元器件。各种塑料封装元器件的横截面结构如图 3-9 所示。

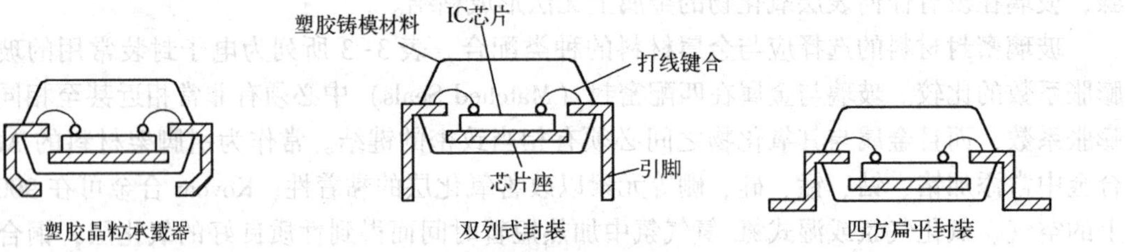

图 3-9　各种塑料封装元器件的横截面结构

塑料封装虽然较陶瓷封装简单，但其封装的完成与许多工艺、材料的因素，如封装配置与 IC 芯片尺寸、导体与钝化保护层材料的选择、芯片粘结方法、铸膜树脂材料、引脚架的设计、铸膜成型工艺条件（温度、压力、时间、烘烤硬化条件）等均有影响，这些因素彼此之间有非常密切的关系，塑料封装的设计必须就以上因素相互的影响进行整体的考虑。塑料封装的工艺流程如图 3-10 所示。

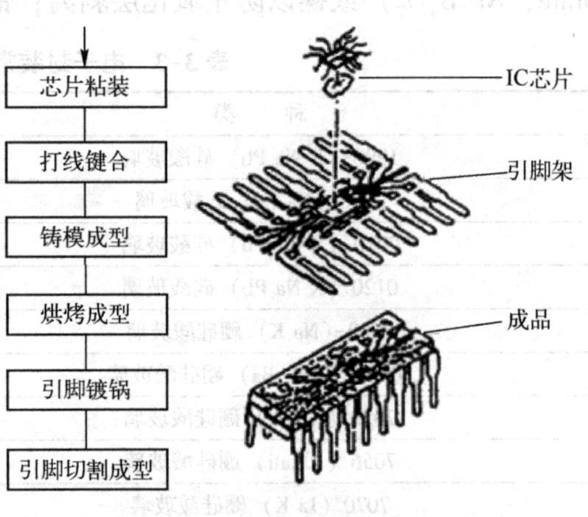

图 3-10　塑料封装的工艺流程

3.4.1 塑料封装材料

热硬化型（Thermosets）与热塑型（Thermoplastics）高分子材料均可应用于塑胶封装的铸膜成型，酚醛树脂、硅胶等热硬化型塑胶为塑料封装最主要的材料，它们都有优异的铸膜成型特性，但也各具有某些影响封装可靠度的缺点。早期酚醛树脂材料有氯与钠离子残余浓度高、高吸水性、烘烤硬化时会释出氨气（Ammonia，NH_3）而造成腐蚀破坏等缺点。双酚类树脂（DGEBA）为20世纪60年代最普遍使用的塑料封装材料，DGEBA原料中的环氧氯丙烷（Epich-lorhydrinh）是由丙烯（Propylene）与氯反应生成的，因此材料合成的过程中会不可避免地产生盐酸，早期DGEBA中残余氯离子浓度甚至可达3%，封装元器件的破损多因氯离子存在所导致的腐蚀而造成。

由于材料纯化技术的进步，酚醛树脂中的残余氯离子浓度已经可以控制在数个10^{-6}以下，因此它仍然是最普通的塑料封装材料。双酚类树脂的另一项缺点为易引致所谓开窗式（Windowing）的破坏，产生的原因是玻璃转移温度附近材料的热膨胀系数发生急剧的变化，双酚类树脂的玻璃转移温度为100~120℃，而封装元器件的可靠度测试通常高于125℃，因此在温度循环试验时，高温引致的热应力将金属导线自打线接垫处拉离而形成断路；温度降低时的应力回复使导线与接垫接触形成通路，电路的连接导线随温度的变化严重影响了元器件可靠性，此为双酚类树脂早期应用中的缺点。

硅胶树脂的主要优点为无残余的氯、钠离子，低玻璃转移温度（为20~70℃），材质光滑，故铸膜成型时无须加入模具松脱剂（Mold Release Agent）。但材质光滑也是主要的缺点，硅胶树脂光滑的材质使其与IC芯片、导线之间的黏着性质不佳，而衍生密封性不良的问题，在后续焊接的工艺中可能导致焊锡的渗透而形成短路；热膨胀系数差异造成的剪应力亦使胶材从IC芯片与引脚架上脱离而形成类似空窗的破坏。

以上所述的三种铸膜材料均不具有完整的理想特性，不能单独使用于塑料封装的铸膜成型，因此塑料铸膜材料必须添加多种有机与无机材料，以使其具有最佳的性质。塑料封装的铸膜材料一般由酚醛树脂（Novolac Epoxy Resh）、加速剂（Accelerator，或称为Kicker）、硬化剂（Curing Agent，或称为Hardener）、催化剂（Catalyst）、耦合剂（Coupling Agent，或称Modifier）、无机填充剂（Inorganic Filler）、阻燃剂（F1ame Retardant）、模具松脱剂及黑色色素（Black Coloring Agent）等成分组成。

酚醛树脂的优点包括高耐热变形特性、高交联密度产生的低吸水特性。甲酚醛（Creso1ic Novolac）为常用材料，其通常以酚类（或称苯醇，Phenols，C_6H_5OH）与甲醛（Formadehyde，HCHO）在酸的环境中反应制成。环氧类酚醛树脂（Epoxy Novolacs）则可以由氯甲环氧丙烷与双酚类反应而成，在其制程中盐酸为不可免除的副产物，故必须钝化去除。低离子浓度、适合电子封装的酚醛树脂在20世纪70年代被开发出来，纯化技术的进步使酚醛树脂均含有低氯离子浓度，引脚材料与IC芯片金属电路部分发生腐蚀的机会也得以降低，这已不再是影响塑料封装可靠性的主要因素。一般酚醛树脂约占所有铸膜材料重量的25.5%~29.5%。

加速剂通常与硬化剂拌和使用，其功能为在铸膜热压过程中引发树脂的交联作用，并加速其反应，加速剂含量将影响铸膜材料的胶凝硬化（Set/Get Time）。

一般硬化剂为含有胺基、酚基、酸基、酸酐基或硫醇基（Mercaptans）的高分子树脂类材料。硬化剂的含量除了影响铸膜材料的黏滞性与化学反应性之外，亦影响材料中主要键结的形成与交联反应完成的程度。使用最广泛的硬化剂为胺基与酸酐基类高分子材料。脂肪胺基类通常用于室温硬化型铸膜材料的拌和；芳香族胺基类则用于耐热与耐化学腐蚀需求的封装中。

酸酐基硬化的树脂材料也容易脆裂，故又加入羟基端丁二烯橡胶（Carboxylterminated Butadiene Acrylonitrile Rubbers，CTBN）的柔韧剂（Flexibilizers）以增进树脂的韧性。使用酸酐基硬化剂应注意其中的酯键与胺键在使用后容易产生水合反应，故硬化所得的树脂材料的吸水性较高，在高温、高湿度的环境中材质特性将不稳定。

无机填充剂通常为粉末状熔凝硅石，在较特殊的封装需求中，碳酸钙（Calcium Carbonates，$CaCO_3$）、硅酸钙（Calcium silicates，$CaSiO_3$）、滑石（Talcs，$3MgSiO_3$ H_2SiO_3）、云母（Micas，$KalSiO_4$）等也被作为填充剂使用。填充剂的主要功能为铸膜材料的基底强化、降低热膨胀系数、提高热导率及热震波阻抗性等；同时，无机填充剂较树脂类材料价格低廉，故可降低铸膜材料的制作成本。

一般填充剂占铸膜材料总重量的68%~72%，但添加量有上限，过量添加虽可降低铸膜树脂的热膨胀系数，从而降低大面积芯片封装产生的应力，但也提高了铸膜材料的刚性（Stiffness）及水渗透性，后者的缺点在无机填充剂与高分子材料间的黏着性不良尤其严重。为了改善无机填充剂与树脂材料间的黏着性，铸膜材料中常添加硅甲烷环氧树脂（Epoxy Silanes）或氨基硅甲烷（Amino Silanes）以作为耦合剂，添加量与添加方法通常为产业的机密。硅石材料也是良好的电、热绝缘体，因此添加过量对芯片热能的散失是一项不利的因素，采用结晶结构、热导性较好的石英作为填充剂是另一种选择，但其热膨胀系数高于硅石，应用于大面积的芯片封装时容易导致热应力脆裂的破坏。

硅石填充剂内通常含微量的放射性元素如铀、钍等，应予以纯化去除，否则其产生的α粒子辐射可能造成随机存储器（RAM）等元器件的工作错误。

为了符合产品阻燃的安全标准（UL 94V-O），铸膜材料中通常添加溴化环氧树脂（Brom-inated Epoxy，如 Tetrabromobisphenol-A）或氧化锑（Sb_2O_3）以作为阻燃剂。这两种材料亦可混合加入铸膜材料之中，但添加溴化有机物必须注意可能在高温时自塑料中释出的溴离子而导致IC芯片与封装中金属部分的腐蚀。

模具松脱剂则常为少量的棕榈蜡（Carnauba Wax）或合成酯蜡（Ester Wax），添加量宜少，以免影响引脚、导线等部分与铸膜材料间的黏着性。

添加黑色色素是为外壳颜色美观和统一标准，塑料封装外观通常以黑色为标准色泽。

铸膜材料的制作通常采用自动填料的工艺将前述的各种原料依适当比例混合，先使环氧树脂与硬化剂产生部分反应，并将所有原料制成固体硬料，经研磨成粉粒后，再压制成铸膜工艺所需的块状（Pellet）。由于环氧树脂与硬化剂已产生部分反应（B-Stage），故铸膜之前块状材料已有相当的化学活性，一般储存于低温环境中，储存的时间也有限制，以防止变质。

塑料封装使用的树脂类材料的另一选择为硅胶，此材料亦为电子封装的涂封材料，它适用于高耐热性、低介电性质、低温环境应用、低吸水性等需求的封装。由于硅胶中的硅氧键结较树脂类材料中的碳键结强，故硅胶在60~400℃具有相当稳定的性质。

3.4.2 塑料封装工艺

塑料封装可利用转移铸膜（Transfer Molding）、轴向喷洒涂胶（Radial-Spray Coating）

与反应射出成型（Reaction-Injection Molding，RIM）等方法制成，虽然工艺有别，但原料的准备与特性的需求有其共通之处。转移铸膜是塑料封装最常见的密封工艺技术，塑胶封装的转移铸膜设备如图 3-11 所示。已经完成芯片粘结及打线接合的 IC 芯片与引脚置于可加热的铸孔（Cabity）中，利用铸膜机的挤制杆（Ram）将预热软化的铸膜材料经闸口（Gate）与流道（Runner）压入模具腔体的铸孔中，在温度约 175℃，经 1~3 min 的热处理使铸膜材料产生硬化成型反应。封装元器件自铸膜中推出后，通常需要再施予 4~16 h、175℃的热处理以使铸膜材料完全硬化。

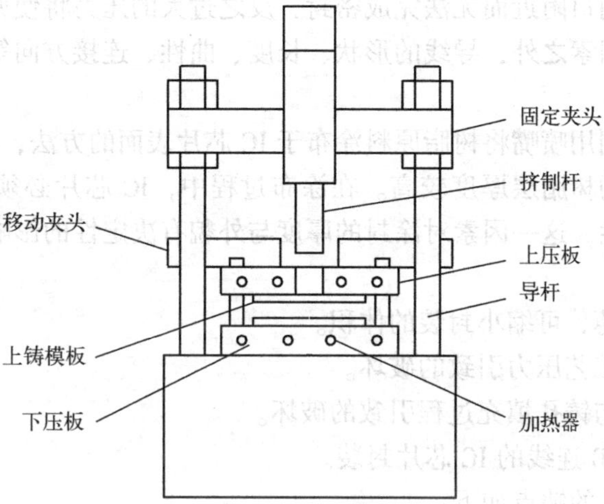

图 3-11　转移铸膜设备

铸膜机中模具的设计为影响成品率与可靠度的重要部件。模具可区分为上、下两部分，接合的部分称为隔线（Paring Line），每一部分各有一组压印板（Platen）与模板（Chase），压印板是与挤制杆相连的厚钢片，其功能为铸膜压力与热的传送，底部的压印板还有推出杆（Ejector Pins）与凸轮（Cams）装置，以供铸膜完成时元器件退出使用。模板为刻有元器件的铸孔、进料口（Gates）与输送道的钢板，模板结构如图 3-12 所示。

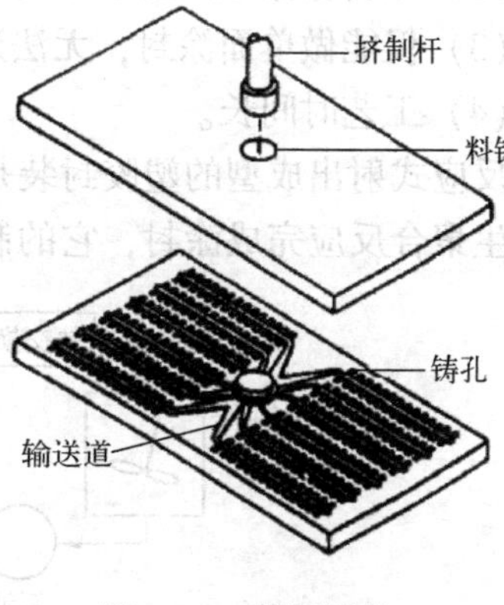

图 3-12　模板结构

软化的树脂原料流入模板而完成铸膜，其表面通常有电镀的铬层或离子注入方法成长的氮化钛（TiN）层以增强其耐磨性，同时降低其与铸膜材料的粘结。模板上输送道的设计应把握使原料流至每一铸孔时有均匀的密度为原则，闸口通常开在分隔线以下的模板，其位置在 IC 芯片与引脚平面之下以降低倒线（Wire Sweep）发生的概率，闸口对面通常又开有泄气孔（Air Vent Slot）以防止填充不均的现象发生。

倒线的现象为塑料封装转移铸膜工艺中最容易产生的缺陷，表面积小、连线密度高的元器件发生的机会更高。原因在于原料流入铸孔中时，引脚架上、下两部分的原料流动速度不同使引脚架产生一弯曲的应力，此弯曲使 IC 芯片与引脚架间的金属连线处于拉应力的状态，因而拉下导线而发生断路，所以模板上铸孔形状的设计必须防止此现象的发生。改变引脚架形状可防止此现象的发生，例如，使用凹陷式引脚架以平衡上、下两部分原料流动的速度为防止倒线发生的措施。

倒线也发生于原料填充（Filling）与密封（Packing）阶段。在原料填充时，挤制杆施予压力的速度控制极为重要，速度太慢使原料在进入铸孔时成为烘烤完成的状态，硬化的材质将推倒电路连线；速度太快，原料流动的动量过大亦使导线弯曲。密封约在铸孔填入90%~95%的原料时发生，密封时树脂逐渐硬化，密度亦提高，此时若压力不足或控制时间过长将使原料凝聚于闸口附近而无法完成密封，反之过大的压力将使原料流动过快而推倒电路连线。除了工艺的因素之外，导线的形状、长度、曲性、连接方向等因素也与倒线的发生有关。

轴向喷洒涂胶是利用喷嘴将树脂原料涂布于 IC 芯片表面的方法，与顺形涂封不同的是，轴向喷洒涂胶所得到的树脂层厚度较高。在涂布过程中，IC 芯片必须加热至适当的温度以调节树脂原料的黏滞性，这一因素对涂封的厚度与外貌有决定性的影响。轴向喷洒涂胶工艺的优点如下：

（1）成品厚度较薄，可缩小封装的体积。

（2）无铸膜成型工艺压力引致的破坏。

（3）无原料流动与铸孔填充过程引致的破坏。

（4）适用于以 TAB 连线的 IC 芯片封装。

轴向喷洒涂胶工艺的缺点如下：

（1）成品易受水气侵袭。

（2）原料黏滞性的要求极苛刻。

（3）仅能做单面涂封，无法避免应力的产生。

（4）工艺时间长。

反应式射出成型的塑胶封装是将所需的原料分别置于两组容器中搅拌，再输入铸孔中使其发生聚合反应完成涂封，它的制作设备如图 3-13 所示。

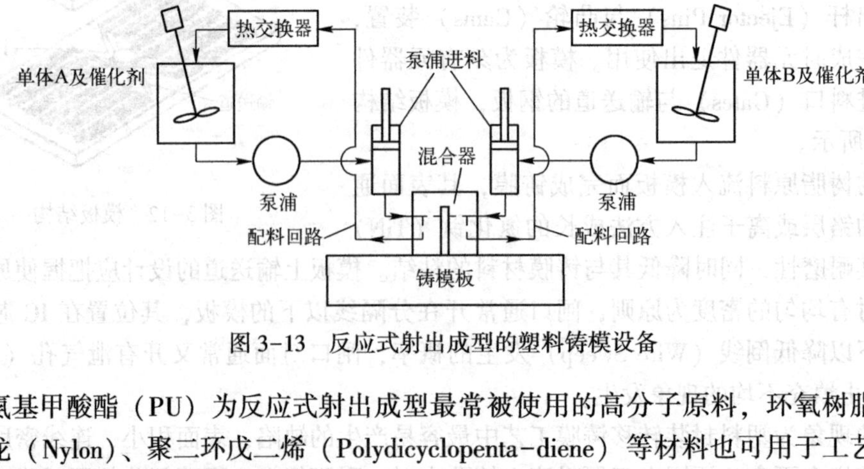

图 3-13　反应式射出成型的塑料铸模设备

聚氨基甲酸酯（PU）为反应式射出成型最常被使用的高分子原料，环氧树脂、多元酯类、尼龙（Nylon）、聚二环戊二烯（Polydicyclopenta-diene）等材料也可用于工艺中。反应式射出成型工艺能免除传输铸膜工艺的缺点，其优点如下：

（1）能源成本低。

（2）低铸膜压力（0.3~0.5 MPa），能降低倒线发生的机会。

（3）使用的原料一般有较佳的芯片表面润湿能力。

（4）适用于以 TAB 连线的 IC 芯片密封。

（5）可使用热同化型与热塑型材料进行铸膜。

反应式射出成型工艺的缺点如下：

（1）原料须均匀地搅拌。

（2）目前尚无一标准化的树脂原料为电子封装业者所接受。

3.5 思考题

1. 什么是陶瓷封装？它的优点和缺点包括哪些？
2. 画出陶瓷封装的工艺流程框图。
3. 说明氧化铝陶瓷封装的步骤。
4. 除氧化铝外，其他陶瓷封装材料有哪些？
5. 画出生胚片刮刀成型的工艺草图，并解释其工艺过程。
6. 什么是塑料封装？简述塑料封装的优缺点。
7. 画出塑料封装的工艺流程框图，并进行说明。
8. 按塑料封装元器件的横截面结构类型，有哪三种形式？
9. 解释塑料封装中转移铸膜的工艺方法。
10. 轴向喷洒涂胶封装工艺的优缺点是什么？
11. 反应式射出成型封装工艺的优缺点是什么？
12. 气密性封装的概念是什么？
13. 气密性封装的作用和必要性有哪些？
14. 气密性封装材料主要有哪些？哪种最好？
15. 玻璃气密性封装的应用途径和使用范围有哪些？

第4章　典型封装技术

4.1　双列直插式封装（DIP）

DIP技术（Dual In-line Package）也称双列直插式封装技术，是一种最简单的封装技术。大多数中小规模集成电路均采用这种封装形式，其引脚数一般不超过100。DIP具有以下特点：

（1）适合PCB（Printed Circuit Board，印制电路板）的穿孔安装。

（2）易于对PCB布线。

（3）操作方便。

DIP芯片有两排引脚，需要插入到具有双列直插式封装结构的芯片插座上。当然，也可以直接插在具有相同焊孔数和几何排列的电路板上进行焊接。DIP封装如图4-1所示。DIP封装的芯片在从芯片插座上插拔时应特别小心，以免损坏引脚。DIP结构形式有多层陶瓷双列直插式DIP、单层陶瓷双列直插式DIP、引线架DIP（含玻璃陶瓷封接式、塑料包封结构式、陶瓷低熔玻璃封装式）等。

图4-1　DIP封装

DIP的特点适合在PCB上穿孔焊接，操作方便。封装面积与芯片面积之间的比值较大，故体积也较大。最早的4004、8008、8086、8088等CPU都采用了DIP技术，通过其上的两排引脚可插到主板上的插槽或焊接在主板上。

4.1.1　陶瓷熔封双列直插式封装（CDIP）

和其他双列直插式封装一样，陶瓷熔封双列直插式封装（Ceramic DIP，CDIP）结构十分简单，只有底座、盖板和引线架三个零件。底座和盖板都是用加压陶瓷工艺制作的，一般是黑色陶瓷，即把氧化铝粉末、润滑剂和粘合剂的混合物压制成所需要的形状，然后在空气中烧结成瓷件。把玻璃浆料印刷到底座和盖板上，然后在空气中烧结（使玻璃和陶瓷粘接）。对陶瓷底座加热，使玻璃熔化，将引线架埋入玻璃中。粘结集成电路芯片，进行引线键合。把涂有低温玻璃的盖板与装好集成电路芯片的底座组装在一起，在空气中使玻璃熔化，达到密封，然后镀Ni-Au或Sn。由于这种方法是靠低熔点玻璃来密封的，因此也常称为低熔点玻璃密封双列直插式封装。用玻璃密封的陶瓷双列直插式封装，用于RAM（Random-Access Memory，随机存取存储器）、DSP（Digital Signal Processing，数字信号处理器）等电路。带有玻璃窗口的CDIP用于紫外线擦除型EPROM（Erasable Programmable Read-Only Memory，可擦写可编程只读存储器）以及内部带有EPROM的计算机电路等。在日本，此封装表示为DIP-G（G即玻璃密封）。图4-2所示为低熔点玻璃密封双列直插式封装的工艺流程。

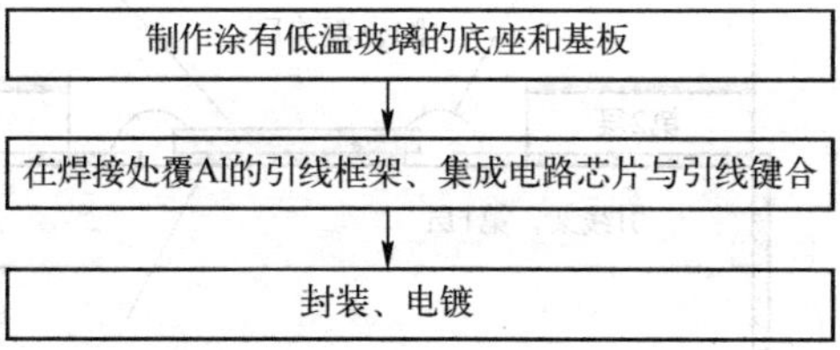

图 4-2 低熔点玻璃密封双列直插式封装的工艺流程

CDIP 不需在陶瓷上金属化，烧结温度低（一般低于 500℃），因此成本很低。在 20 世纪 90 年代前，它曾占据国际集成电路封装市场的很大份额。由于其电性能和可靠性不易提高，体积也大，现已逐渐被多层陶瓷封装和塑料封装所取代。

4.1.2 多层陶瓷双列直插式封装（WLCDIP）

多层陶瓷双列直插式封装（Multilayer Ceramic DIP，WLCDIP）由多层陶瓷工艺制作。多层陶瓷双列直插式封装有黑色陶瓷、白色陶瓷和棕色陶瓷。与前面陶瓷熔封双列直插式封装工艺不同，多层陶瓷工艺的生瓷片由流延法制成。一定厚度的生瓷片落料成一定的尺寸（如 5 in×5 in 或 8 in×8 in），经过冲腔体和层间通孔（若需要），填充通孔金属化。每层生瓷片丝网印刷钨或钼使其金属化，把多层金属化的生瓷片在一定的温度和压力下层压。然后热切成多个单元的 CDIP 生瓷体，若需要可进行侧面金属化印刷。然后进行排胶，并在湿氢或氮氧混合气体中及 1550～1650℃ 温度下烧成 CDIP 的熟瓷体，对其金属化（电镀或化学镀 Ni，在上表面钎焊封口环，在两侧面钎焊引线，然后镀 Au），最后进行外壳检漏和电性能检测。外壳成品再用常规的后道封装工艺，即成为电路产品。典型的多层陶瓷 DIP 的结构以及封装工艺流程如图 4-3 所示。

多层陶瓷 DIP 制作中，流延工艺十分重要，它是多层陶瓷工艺的基础。生瓷片主要由陶瓷粉末、玻璃粉末、粘合剂、溶剂和增塑剂等组成。粘合剂在生瓷片制作过程中起粘合陶瓷颗粒的作用，还可以使生瓷片适于金属化浆料（如 Mo 浆料、W 浆料）印刷；溶剂的作用一是在球磨过程中能使瓷粉均匀分布，二是使生瓷片中的溶剂挥发后形成大量的微孔，这种微孔能在以后的生瓷叠片层压过程中使金属线条的周围瓷片压缩而不损伤金属布线；增塑剂能使生瓷片呈现“塑性”或柔性，这是由于增塑过程中降低了粘合剂的玻璃化温度所致。

还有一种工艺需要提及，这就是钎焊过程。无论是手工焊、浸焊、波峰焊还是再流焊，其焊接过程都要经过对焊件界面的表面清洁，加热，润湿，毛细作用、扩散和溶解、冶金结合形成结合层，冷却等几个阶段。

（1）表面清洁。钎焊焊接只能在清洁的金属表面进行。此阶段的作用是清理焊件的被焊界面，把界面的氧化膜及附着的污物清除干净。表面清洁是在加热过程中、钎料熔化前，通过助焊剂的活化作用使其与焊件界面起反应后完成的。

（2）加热。在一定温度下金属分子才具有动能，才能在很短的时间内完成产生润湿、扩散、溶解、形成结合层。因此加热是钎焊焊接的必要条件。对于大多数合金而言，较理想的钎焊温度是加热到 15.5～71℃。

（3）润湿。熔融的液态钎料在金属表面漫流铺展，金属原子自由接近湿焊件表面，这

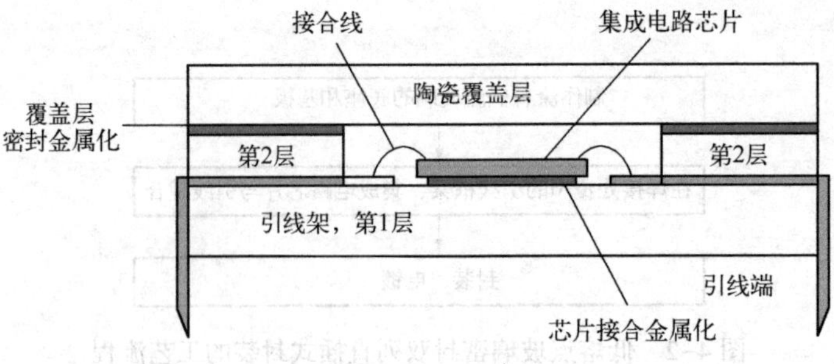

a)

b)

图 4-3 典型的多层陶瓷 DIP 的结构及工艺流程

a) 多层陶瓷 DIP 结构 b) 典型多层陶瓷 DIP（CDIP）的制造和封装工艺流程

是扩散、溶解、形成结合层的首要条件。

（4）毛细作用、扩散和溶解、冶金结合形成结合层。熔融的钎料润湿在毛细现象、扩散和溶解作用下，经过一定的温度和时间形成结合层（焊缝），焊点的抗拉强度与金属间结合层的结构和厚度等因素有关。

（5）冷却。焊接完成，冷却到固相温度以下，凝固后形成具有一定抗拉强度的焊点。

CDIP 有良好的机械性能和电性能，可靠性较高，引脚中心距为 2.54 mm，体积较大。CDIP 的最大优势在于，封装设计者有很大的灵活性，可以充分利用封装布线来提高封装的电性能。例如，在陶瓷封装体内加入电源面和接地面，以减小电感；可以加入接地屏蔽面或线，以减小信号线间的串扰；可以控制信号线的特性阻抗等。

4.1.3 塑料双列直插式封装（PDIP）

塑料双列直插式封装（Plastic DIP，PDIP）具有工业自动化程度高、产量大、工艺简单、成本低廉等特点，虽然这种封装有吸潮的缺点，是非密封性的塑封外壳，不能完全隔断芯片与周围的环境，但在大量民用产品的使用环境中，在一定时期内是能够保证器件可靠工作的。

塑料封装用的树脂（环氧模塑料）要求具备如下特性：

（1）树脂要尽可能与所包围的 PDIP 的各种材料相匹配，即热膨胀系数相近，它们的热膨胀系数分别为：Si 约为 4×10^{-6}/℃，引线架（C194 铜合金等）约为 5×10^{-6}/℃，Au 丝约为 1.5×10^{-6}/℃，而树脂为 $(4.5\sim7)\times10^{-5}$/℃，适当增加添加剂的改性环氧树脂，可使其与封装材料更为接近。

（2）在-65~150℃的环境使用温度范围内能正常工作，要求玻璃化温度大于 150℃。

（3）树脂的吸水性要小，并与引线的粘结性能良好，防止湿气沿树脂引线界面侵入内部。

（4）要有良好的物理性能和化学性能。

（5）要有良好的绝缘性能。

（6）固化时间短。

（7）Na 含量低。

（8）辐射性杂质含量低。

用于连续注塑的热固性环氧材料正具备这些良好的特性，并已成为国际上注塑的通用材料。多年来，在提高耐湿性、降低应力、提高热导率和提高塑封的生产效率等方面均有了长足的进步。为改善塑料封装环氧树脂的性能，还要添加一定的填料。主要填料有石英粉（二氧化硅）、二氧化锆、氧化铝、氧化锌、无机盐或有机纤维等；为使 PDIP 具有一定的颜色，还要添加一些调色素，如黑色（炭黑）、红色（三氧化二铁）、白色（二氧化锆）等。为了塑封后易于脱模，还要加入适量的脱模剂。塑料封装前，在加入各种添加剂的环氧树脂中注入适当比例的固化剂，在常温下均匀地分散到树脂的各部分并与其初步反应，但远不能充分固化，这时的塑封材料只能算作预先凝结的待用坯料。PDIP 的引线架为局部镀 Ag 的 C194 铜合金或 42 号铁镍合金，基材用冲压成形或刻蚀成形。将集成电路芯片用粘结剂粘结在引线架的中心芯片区，此芯片的各焊区与局部电镀 Ag 的引线架各焊区用引线键合连接。然后将载有此芯片的引线架置于塑封模具的下模中，再盖上上模。接着将已预热过并经计量的环氧坯料放入树脂腔中，置于注塑机上，注塑机的作业流程如图 4-4 所示。

加热上、下模具达到 150~180℃，这时的环氧坯料已经软化熔融并具有一定的流动性，注塑机对各个活塞加压，熔融的环氧树脂就通过注塑流道挤流到各个芯片所在的空腔中，保温加压 2~3 min，即可脱模已成形的塑封件，并及时清除塑料毛刺，还要对引线架的引线连接处切肋，并打弯成 90°，就成为标准的 PDIP 了。再对 PDIP 进行高温老化筛选，并达到充分固化，再经测试、分选、打印、包装就可以出厂了。PDIP 的一个突出优点是可根据要求的产量设计模具的容量（腔数），可大可小，省工省时，适于自动化大批量生产。

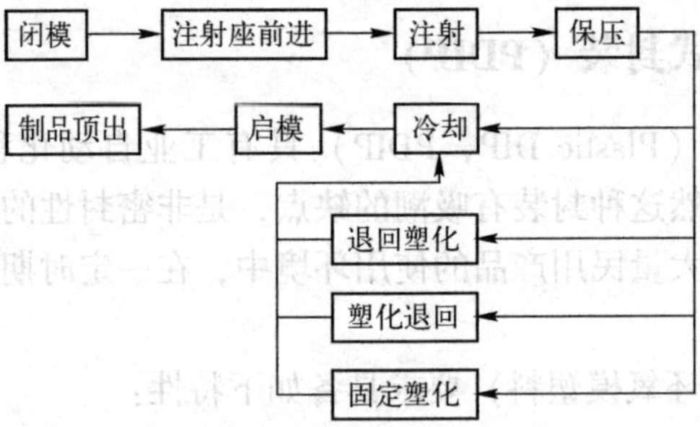

图 4-4　注塑机的作业流程

4.2　四边扁平封装（QFP）

随着集成电路封装技术的发展，为了进一步在不大幅扩大芯片所占面积的基础上增加芯片的输入、输出引脚数目，在小外形封装技术的基础上提出了四边扁平封装（Quad Flat Package，QFP）的概念。其引脚数目一般为 44~208，甚至可以达到 304 之多。QFP 广泛应用于微处理器、通信芯片等复杂芯片，如 ARM9 微处理器 AT91RM9200 采用的就是 QFP208 引脚的封装，嵌入式以太网模块 AX88782 是 QFP80 的封装形式。

4.2.1　四边扁平封装的基本概念和特点

QFP 封装使 CPU 芯片引脚之间的距离很小，引脚很细，一般大规模或超大规模集成电路采用这种封装形式，其引脚数一般都在 100 以上。由于 QFP 形式一般为正方形，其引脚分布于封装体四周，因此非常容易识别，在很多电路中都有 QFP 的芯片存在。

QFP 的引脚从四个侧面引出呈海鸥翼（L）形。基材有陶瓷、金属和塑料三种。从数量上看，塑料封装占绝大部分。当没有特别表示出材料时，多数情况为塑料四边扁平封装。塑料四边扁平封装是最普及的封装形式，不仅用于微处理器、门阵列等数字逻辑电路，而且也用于磁带录像机信号处理、音响信号处理等模拟 LSI 电路。

四边扁平封装引脚中心距有 1.0 mm、0.8 mm、0.65 mm、0.5 mm、0.4 mm、0.3 mm 等多种规格。0.65 mm 中心距规格中最多引脚数为 304。图 4-5 所示为 44 引脚 QFP 的结构图。

QFP 具有以下特点：

（1）适用于 SMD（Surface Mounted Devices，表面贴装器件）表面安装技术在 PCB 上安装布线。

（2）适合高频使用。

（3）操作方便，可靠性高。

（4）芯片面积与封装面积之间的比值较小。

4.2.2　四边扁平封装的类型和结构

四边扁平封装集成电路的封装种类繁多，一般引脚中心距小于 0.65 mm。按照其封装体的厚度可以将其分为三种：普通四边扁平封装，封装体厚度一般为 2.0~3.6 mm；小型四边

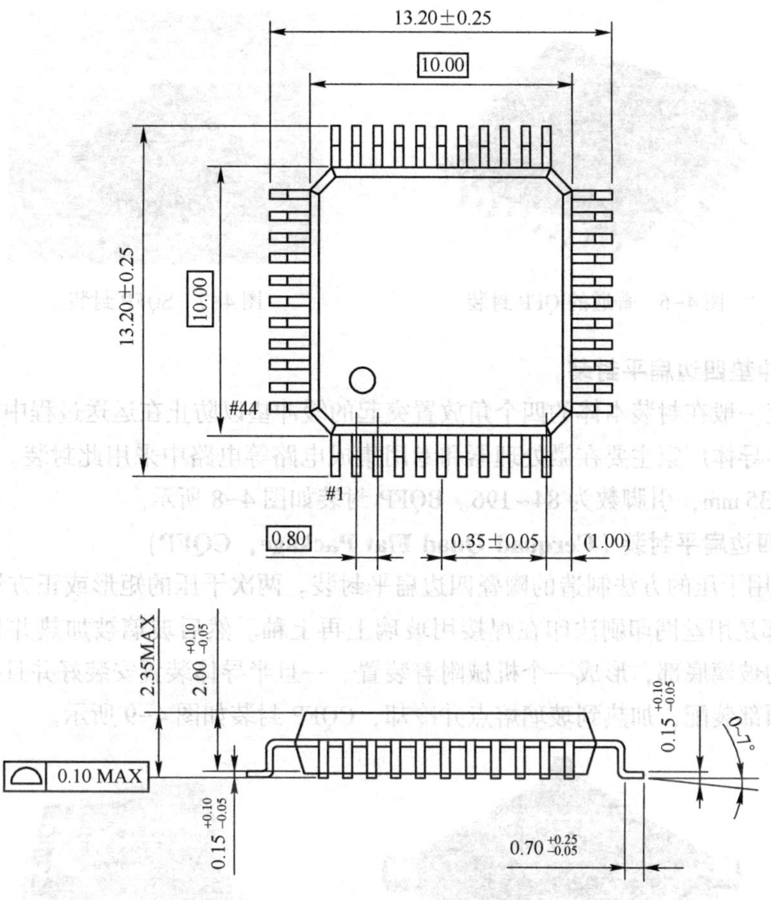

图 4-5　44 引脚 QFP 的结构图

扁平封装（Low-profile Quad Flat Package，LQFP），封装体厚度一般为 1.4 mm；薄型四边扁平封装（Thin Quad Flat Package，TQFP），封装体厚度一般为 1.0 mm。

另外，有的厂家把引脚中心距为 0.5 mm 的四边扁平封装称为收缩型四边扁平封装（Shrink Quad Flat Package，SQFP），有的厂家把引脚中心距为 0.65 mm 及 0.4 mm 的四边扁平封装也称为 SQFP。QFP 的缺点是，当引脚中心距小于 0.65 mm 时，引脚容易弯曲。为了防止引脚变形，出现了几种改进的 QFP，如四个角带有树脂缓冲垫的带缓冲垫四边扁平封装（Quad Flat Package With Bumper，BQFP）等。在逻辑集成电路方面，不少高可靠性产品都封装在多层陶瓷四边扁平封装里。引脚中心距最小为 0.4 mm、引脚数最多为 348 的产品也已问世。此外，也有用玻璃密封的陶瓷四边扁平封装。

1. 普通的 QFP 封装

这种封装多为正方形封装体，其引脚分布于封装体四周，引脚数目为 44~308，甚至可以达到 500。普通的 QFP 封装如图 4-6 所示。

2. 收缩型四边扁平封装

这种封装的引脚中心距离比普通的四边扁平封装要小，所以在封装体的边缘可以容纳更多的引脚个数，SQFP 通常又被称为小引脚中心距四边扁平封装（Fine Pitch Quad Flat Package，FQFP）。SQFP 封装如图 4-7 所示。

图 4-6　普通的 QFP 封装

图 4-7　SQFP 封装

3. 带缓冲垫四边扁平封装

这种封装一般在封装本体的四个角放置突起的缓冲垫以防止在运送过程中引脚发生弯曲变形。美国半导体厂家主要在微处理器和专用集成电路等电路中采用此封装。BQFP 的引脚中心距为 0.635 mm，引脚数为 84~196。BQFP 封装如图 4-8 所示。

4. 陶瓷四边扁平封装（Cerquad Quad Flat Package，CQFP）

CQFP 是用干压的方法制造的陶瓷四边扁平封装。两次干压的矩形或正方形陶瓷片（管底和基板）都是用丝网印刷法印在焊接用玻璃上再上釉。然后玻璃被加热并且引线架被植入已经变软的玻璃底部，形成一个机械附着装置。一旦半导体装置安装好并且接好引线，管底被安放到顶部装配，加热到玻璃熔点并冷却，CQFP 封装如图 4-9 所示。

图 4-8　BQFP 封装

图 4-9　CQFP 封装

5. 薄型四边扁平封装

这种封装相对于普通的 QFP 来说，其厚度要小一些。薄型四边扁平封装对中等性能、低引线数量要求的应用场合而言是最有效利用成本的封装方案，且可以得到一个重量较轻的封装。TQFP 系列支持宽泛范围的印模尺寸和引脚数量，尺寸范围为 7~28 mm。图 4-10 给出了普通 QFP 与 TQFP 外形的比较。

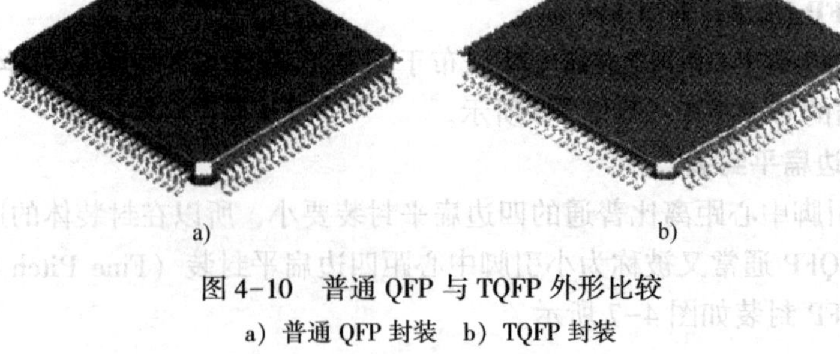

a)　　b)

图 4-10　普通 QFP 与 TQFP 外形比较

a）普通 QFP 封装　b）TQFP 封装

4.2.3 四边扁平封装与其他几种封装的比较

QFP 是在 SOP（Small Outline Package，小外形封装）的基础上发展而来的，它的出现大大提高了芯片的封装效率。但是因为工艺和性能的问题，目前已经逐渐被 TSOP-Ⅱ和 BGA 所取代。下面是 QFP 和其他多种芯片封装技术的比较。

（1）从封装效率进行比较。DIP 最低（2%~7%），QFP 次之（10%~30%），BGA 和 PGA 的效率较高（20%~80%），芯片尺寸封装（Chip Scale Package，CSP）最高（70%~85%）。

（2）从封装厚度进行比较。PQFP 和 PDIP 封装的厚度为 3.6~2.0 mm，TQFP 和 TSOP（Thin Small Outline Package，薄型小外形封装）可减小到 1.4~1.0 mm，UQFP（Ultra QFP，超薄型 QFP）和 UTSOP（Ultra TSOP，超薄型 SOP）可进一步减小到 0.8~0.5 mm。

（3）从引脚间距进行比较。双列直插式封装和针栅阵列（Pin Grid Array，PGA）的典型引脚间距为 2.54 mm，SHDIP（Shrink DIP，收缩型双列直插式封装）和 PLCC（Plastic Leaded Chip Carrier，塑料有引线芯片载体）为 1.27 mm，四边扁平封装可缩小到 0.63 mm 和 0.33 mm，球栅阵列（Ball Grid Array，BGA）的最小引脚间距可缩小到 0.5 mm，芯片尺寸封装可进一步缩小到 0.33 mm 和 0.15 mm。

（4）从引脚数来进行比较。小外形封装的最大引脚数为 40，双列直插式封装为 60，PLCC 可达 400，QFP 的最大引脚数达 500，PGA 和 BGA 中的塑料封装达 500，而陶瓷封装则可达 1000，载带自动焊（Tape Automated Bonding，TAB）和芯片尺寸封装也可达 1000。

除了上述指标外，还有一个封装成本问题。一般来讲，双列直插式封装、小外形封装价格最低，四边扁平封装价格较高，因而对于低、中引脚数的封装，它们是优先考虑的形式，当然它们的封装成本也还取决于引脚数。TAB 的成本较 PQFP 高，但相对 PGA 而言还是低很多。对于高引脚数的封装，针栅阵列和球栅阵列将是优先选择的对象，与四边扁平封装相比，针栅阵列和球栅阵列能在保持较大间距的条件下得到高得多的引脚数。

4.3 球栅阵列封装（BGA）

4.3.1 BGA 的基本概念和特点

多年以来，QFP 技术一直以其成本低、效率高的优点广泛应用于半导体器件与电路的封装，但 QFP 等封装技术仅适用于引脚数不超过 200 的元器件与电路。进入 20 世纪 90 年代以后，由于微电子技术的飞速发展，器件与电路的引脚数不断增加，因此四边有引脚的表面封装技术面临着性能与组装的巨大障碍，为了适应 I/O 数不断增长的趋势，封装人员不得不将 QFP 做得很大或者缩小引脚间距，这就造成封装性能的降低并使制造成本越来越高。在这种进退两难的情形下，以球栅阵列形式出现的球栅阵列式封装技术迅速崛起。

球栅阵列封装（Ball Grid Array，BGA）是约 1990 年初由美国 Motorola 公司与日本 Citizen 公司共同开发的先进高性能封装技术。BGA 意为球形触点阵列，也有人译为“焊球阵列”“网格球栅阵列”和“球面阵”。球栅阵列如图 4-11 所示，它是在基板的背面按阵列方式制出球形触点作为引脚，在基板正面装配 IC 芯片（有的 BGA 的芯片与引脚端在基板的同一面)，是多引脚大规模集成电路芯片封装用的一种表面贴装型技术。

BGA 球栅阵列的优点包括：由于互连长度缩短使封装性能得到进一步提高，互连所占的板面积较小，通常 I/O 间距要求也不太严格，可高效地进行功率分配和信号屏蔽。因此，球栅阵列互连从 20 世纪 90 年代开始逐渐得到广泛应用。早期的针栅阵列（PGA）封装一直用于先进的多 I/O 器件封装，如 80486 微处理器等，但目前 BGA 已逐渐成为这类器件的最佳封装技术。

图 4-11　球栅阵列

目前的许多芯片尺寸封装（CSP）都为 BGA 型，这类封装的最大优点就是可最大限度地节约基板上的空间。BGA 可使用多种材料，其结构形式多种多样，最常见的是芯片向上结构，而对热处理要求较高的器件通常要使用芯片向下结构，一级互连多采用传统芯片键合，一些较先进的器件则采用倒装芯片互连。有多种不同的封装基板材料用于一级互连（芯片-基板）和二级互连（封装-电路板），多芯片模块（Multi Chip Module，MCM）都采用 BGA 形式。

栅格阵列（Land Grid Array，LGA）和焊柱阵列（Column Grid Array，CGA）等封装也与 BGA 有着密切的关系。在 BGA 中，焊料球在基板组装以前就要与封装体连接起来，而在 LGA 中则需要在基板上涂敷焊料。焊柱是由焊球互连发展而来的，其典型特点是要使用陶瓷基板以提高连接的可靠性。

BGA 具有以下特点：

（1）提高成品率。

（2）BGA 焊点的中心距一般为 1.27 mm，可以利用现有的 SMT 工艺设备，而 QFP 的引脚中心距如果小到 0.3 mm 时，引脚间距只有 0.15 mm，这样就需要很精密的安放设备以及完全不同的焊接工艺，实现起来极为困难。

（3）改进了器件引脚数和本体尺寸。例如，边长为 31 mm 的 BGA，当间距为 1.5 mm 时有 400 个引脚，而当间距为 1 mm 时有 900 个引脚。相比之下，边长为 32 mm、引脚间距为 0.5 mm 的 QFP 只有 208 个引脚，BGA 封装缩小芯片面积对比如图 4-12 所示。

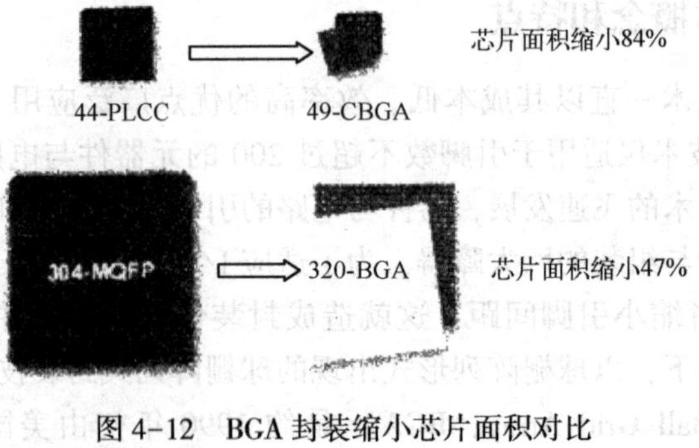

图 4-12　BGA 封装缩小芯片面积对比

（4）明显改善共面问题，极大地减少了共面损坏。

（5）BGA 引脚牢固，不像 QFP 那样存在引脚变形。

（6）BGA 引脚短，使信号路径短，减小了引线电感和电容，增强了节点性能。

（7）球形触点阵列有助于散热。

（8）BGA 适合 MCM 的封装需要，有利于实现 MCM 的高密度、高性能。

4.3.2 BGA 的类型和结构

对于在组件体的底部位置有大量球栅阵列的 BGA 器件而言，有四种主要的类型。这些组件一般的焊球间距为 1.27~2.54 mm，它对贴装精度没有特别的要求。另外，由于 BGA 器件具有自动排列对准的特点，如果任何器件的焊球间距发生大约 50%的失调现象，那么再流焊接器件将会自动纠正。当焊点发生再流时，器件会“浮动”进入自动校准状态，这是因为熔化了的焊料在表面张力的作用下，将表面缩小到最小程度所致。

BGA 的四种主要形式为：塑料球栅阵列（Plastic Ball Grid Array，PBGA）、陶瓷球栅阵列（Ceramic Ball Grid Array，CBGA）、陶瓷圆柱栅格阵列（Ceramic Column Grid Array，CCGA）和载带球栅阵列（Tape Ball Grid Array，TBGA），下面分别进行介绍。

1. 塑料球栅阵列

塑料球栅阵列又常称为整体模塑阵列载体（Over Molded Plastic Array Carriers，OMPAC），它是最常用的 BGA 封装形式，塑料球栅阵列（PBGA）如图 4-13 所示。PBGA 载体所采用的制造材料是 PCB 上所用的材料。管芯通过引线键合技术连接到 PCB 载体的顶部表面上，然后采用塑胶进行整体塑模处理。采用阵列形式的低共熔点合金（37%Pb-63%Sn）焊料被安置到 PCB 载体的底部位置上。这种阵列可以采用全部配置形式，也可以采用局部配置形式，焊料球的尺寸大约为 1 mm，间距范围在 1.27~2.54 mm 之间。

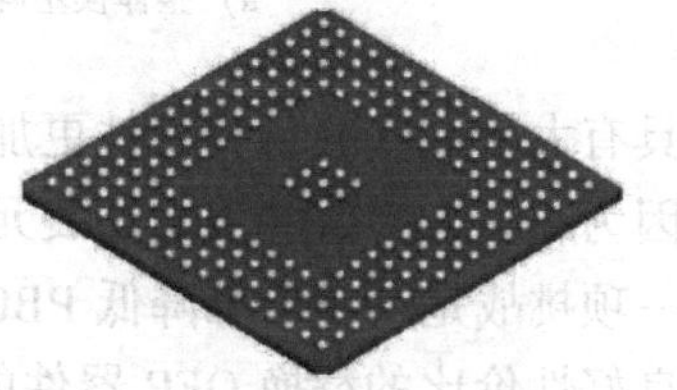

图 4-13　塑料球栅阵列（PBGA）

OMPAC 和 SGA 器件是典型的塑料封装球栅阵列的例子。图 4-14a 所示是整体模塑阵列载体（OMPAC）器件的示意图，该产品的主要供应商为 Motorola 公司和 Citizen 公司；图 4-14b 所示是焊料栅格排列（Solder Grid Array，SGA）器件的示意图，该产品的主要供应商为 Hestia Technologies 公司和 Citizen 公司。

PBGA 器件可以通过使用标准的表面贴装装配工艺进行装配，低共熔点合金焊膏可以通过模板印制到 PCB 的焊盘上面，载体组件上的焊料球被安置在焊膏上面，接着装配工作进入到再流焊阶段。由于在电路板上面的焊膏和载体组件上的焊料球都是低共熔点焊料，在再流焊接工艺连接器件时，所有这些焊料均发生熔化现象。在表面张力的作用下，焊料在器件和电路板之间的焊接点重新凝固，因此它们呈现桶状。

PBGA 器件的优点如下：

（1）制造商完全可以利用现有的装配技术和廉价的材料，从而确保整个封装器件具有较低廉的价格。

（2）与 QFP 器件相比较，很少会产生机械损伤现象。

（3）装配到 PCB 上可以具有非常高的质量。

采用 PBGA 技术所面临的挑战是保持封装器件平面化或扁平化，对潮湿气体的吸收降到最低，防止“爆玉米花”现象的产生，解决涉及较大管芯尺寸的可靠性问题。这些挑战对

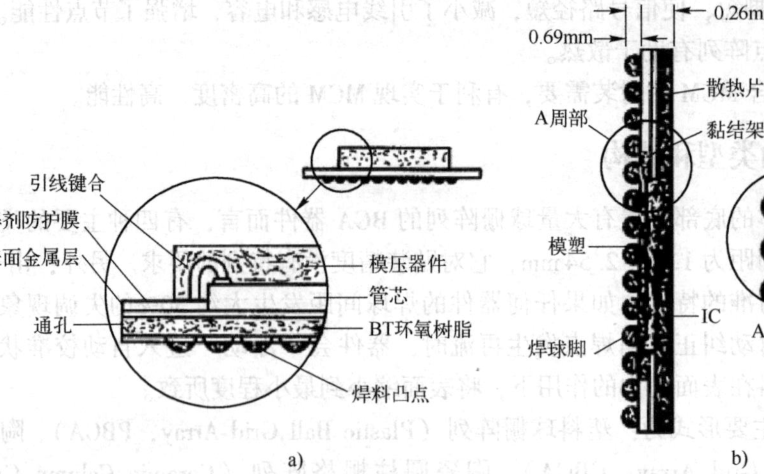

图 4-14 模塑焊盘阵列排列载体及示意图

a) 整体模塑阵列载体（OMPAC） b) 焊料栅格排列（SGA）器件

于具有大量 I/O 的封装器件更加严重。在装配好以后关于焊点的可靠性涉及的问题很少，这是因为和绝大多数的表面贴装元器件不同，PBGA 在热循环器件中没有失效机理。另外增加的一项挑战是持续要求降低 PBGA 封装的成本价格。经过不断努力，PBGA 器件将会成为具有良好性价比的替换 QFP 器件的手段，甚至在 I/O 数量少于 200 时也是如此。

2. 陶瓷球栅阵列

陶瓷球栅阵列器件也称为焊料球载体（Solder Ball Carriers，SBC）。陶瓷球栅阵列（CBGA）如图 4-15 所示，CBGA 是将管芯连接到陶瓷多层载体的顶部表面所组成的。在连接好了以后，管芯经过气密性处理以提高其可靠性和物理保护。在陶瓷载体的底部表面上，安置有采用 90%Pb-10%Sn 的焊料球，底部阵列可以采用全部填满形式，也可以采用局部填满形式，所采用的焊球尺寸为 1 mm，间距为 1. 27 mm。

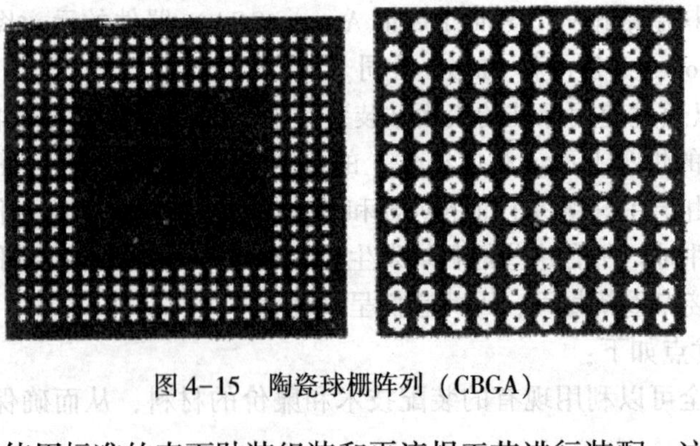

图 4-15 陶瓷球栅阵列（CBGA）

CBGA 器件能够使用标准的表面贴装组装和再流焊工艺进行装配。这种 CBGA 再流焊工艺不同于在 PBGA 装配中所采用的再流焊工艺，然而，这不过是焊球结构变化的结果。PBGA 中的低共熔点合金焊膏（37%Pb-63%Sn）在 183℃ 时发生熔化现象，然而 CBGA 焊球（90%Pb-10%Sn）大约在 300℃ 时发生熔化现象。一般标准的表面贴装再流焊所采用的 220℃ 温度仅能够熔化焊膏，却不能熔化焊球。所以为了能够形成良好的焊点，CBGA 器件与 PBGA 器件相比较，在模板印制期间，必须有更多的焊膏施加到电路板上面。在再流焊过程中，焊料填充在焊球的周围，焊球起到一个刚性支座的作用。因为是在两个不同的 Pb/Sn 焊料结构之间形成互连，焊膏和焊球之间的界面实际上不复存在，所形成的扩散区域具有从 90%Pb-10%Sn 到 37%Pb-63%Sn 的光滑斜度。

CBGA 封装器件不像 PBGA 封装器件，在电路板和陶瓷封装之间存在热膨胀系数不匹配的问题，这类问题会在热循环器件中造成较大封装器件焊点失效的现象。通过大量的可靠性测试工作，已经证明 CBGA 封装器件能够在高达 32 mm^2的区域接受业界的热循环测试标准的考核。当焊球的间距为 1.27 mm 时，I/O 引脚数量限定值为 625。当陶瓷封装体的尺寸大于 23 mm^2时，应该考虑其他可以替换的方式。

CBGA 的优点主要有如下几个：

（1）组件拥有优良的热性能和电性能。

（2）与 QFP 器件相比较，很少会受到机械损坏的影响。

（3）当装配到具有大量 I/O 应用的 PCB 上时（高于 250），可以具有非常高的封装效率。

另外，这种封装可以利用管芯连接到倒装芯片上，比引线键合技术形式具有更高密度的互连配置。在许多场合，具有特殊应用的集成电路的管芯尺寸会受到焊盘的限制，尤其是在具有大量 I/O 的应用场合。通过使用高密度的管芯互连配置，管芯的尺寸可以被缩小，而不会对功能产生任何影响。这样可以允许在每个晶圆上拥有更多的管芯和降低每个管芯的成本费用。

要想成功地实施 CBGA 技术，不存在很重大的技术难题，最大的问题是与现有贴装设备的兼容性。因为存在着价格和复杂性的问题，对于 CBGA 器件来说其所占的市场份额将是高性能、高 I/O 的应用领域。另外，这种封装重量相当大，不太适用于便携式电子产品。

3. 陶瓷圆柱栅格阵列

陶瓷圆柱栅格阵列（CCGA）器件也称为圆柱焊料载体（Solder Column Carriers，SCC），它是陶瓷体尺寸大于 32 mm^2的 CBGA 器件的替代品，陶瓷圆柱栅格阵列（CCGA）如图 4-16 所示。在 CCGA 器件中采用 90%Pb-10%Sn 的焊料圆柱阵列来替代陶瓷底面的贴装焊球。这种阵列可以采用全部填充的方法，也可以采用局部填充的方法，圆柱的直径尺寸为 0.508 mm，高度约为 18 mm，间距为 1.27 mm。目前采用 CCGA 技术的产品很少。

图 4-16　陶瓷圆柱栅格阵列（CCGA）

与 CBGA 器件的焊料球不同，CCGA 器件上的焊料柱能够承受由于电路板和陶瓷封装之间的热膨胀系数不匹配所产生的应力作用。通过大量的可靠性测试工作证明，对于 CCGA 器件而言，在装配时其优点和缺点非常类似于 CBGA 器件的优缺点，仅有一个很大的区别，那就是焊料圆柱比焊球更容易受到机械损伤，CCGA 与 CBGA 的区别如图 4-17 所示。

4. 载带球栅阵列

载带球栅阵列（TBGA）也称为阵列载带自动键合（Array Tape Automated Bonding，ATAB），是一种相对新颖的 BGA 形式。引线键合、再流焊或者热压/热声波内部引线连接等

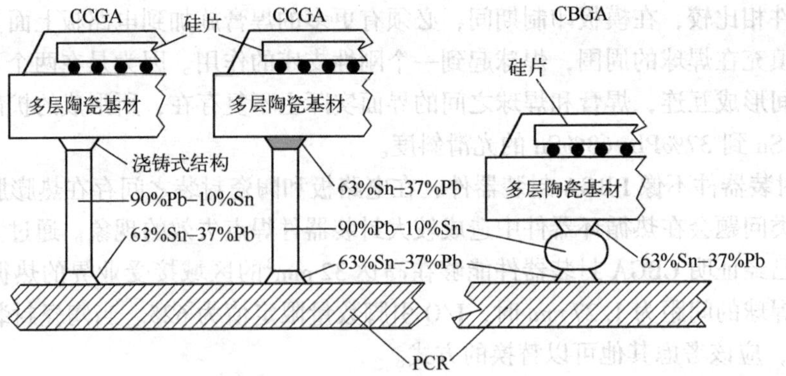

图 4-17　CCGA 与 CBGA 的区别

方法可以用来将管芯与铜线相连接，当连接成功后，对于管芯采用密封处理以提供有效的防护，焊球通过类似于引线键合的微焊（Micro-Welding）工艺处理被逐一地连接到铜线的另外一端。

载带球栅阵列如图 4-18 所示，焊球采用 90%Pb-10%Sn 制造，直径为 0.9 mm，一般用 1.27 mm 间距的阵列配置形式。这种阵列配置总是采用局部配置的形式，因为没有焊球可以连接到安置着管芯的组件中心位置。当焊球和管芯被装配好后，一个镀锡的铜加强肋被安置在载带的顶部表面上，通过它提供刚性效果并且确保组件的可平面化，TBGA 器件也可以通过用于 CBGA 组件的标准表面贴装装配工艺来进行装配。

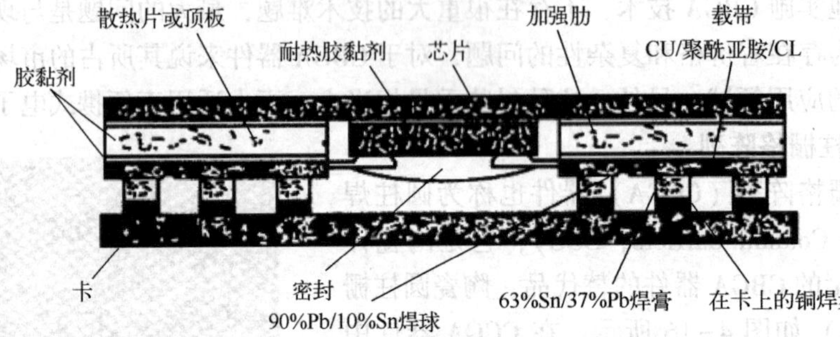

图 4-18　载带球栅阵列

TBGA 具有下述优点：

（1）比绝大多数的 BGA（特别是具有大量 I/O 数量的）要轻和小。

（2）比 QFP 器件和绝大多数其他 BGA 的电性能要好。

（3）装配到 PCB 上具有非常高的封装效率。

另外，这种封装利用比引线键合密度高的管芯互连方案，具有与 CBGA 组件相同的其他优点。

成功地实施 TBGA 技术遇到的技术方面的挑战很少，吸湿是最大问题。与 PBGA 组件一样，在装配好以后，涉及焊点的可靠性问题很少。电路板的热膨胀系数与加强肋是相匹配的。

TBGA 主要的挑战来自市场上如何获得可以接受的组件。由于这个问题，TBGA 的可靠性必须在大规模生产中得到证明，TBGA 组件的价格必须具有竞争性。因为它的复杂程度，TBGA 将在高性能、需要拥有大量 I/O 数量的应用场合使用。

4.3.3 BGA的制作及安装

1. BGA的制作过程

下面以OMPAC为例简要介绍BGA的制作过程，图4-19所示为Motorola公司生产的OMPAC（模压树脂密封凸点阵列载体）结构示意图。制作过程如下：

OMPAC基板为PCB，材料是BT树脂/玻璃。BT树脂/玻璃芯材被层压在两层18 μm厚的铜箔之间，然后钻通孔和镀通孔，通孔一般位于基板的四周；用常规的PCB工艺在基板的两面制作图形（导带、电极以及安装焊料球的焊区阵列），然后加上焊接掩模并制作图形，露出电极和焊区。

基板制备好之后，首先用填银环氧树脂将硅芯片粘到镀有Ni/Au的薄层上，粘结固化后用标准的热声金丝球焊接将IC上的铝焊区与基板上的镀Ni/Au的丝焊电路相连。之后用填有石灰粉的环氧树脂膜压料进行模压密封。固化之后，使用一个焊料球自动捡放机械手系统将浸有焊膏的焊料球（预先制好）安放到各个焊区上，用常规SMT再流焊的工艺在N_2保护下进行再流，焊料球与镀Ni/Au的焊区焊接形成焊料凸点。

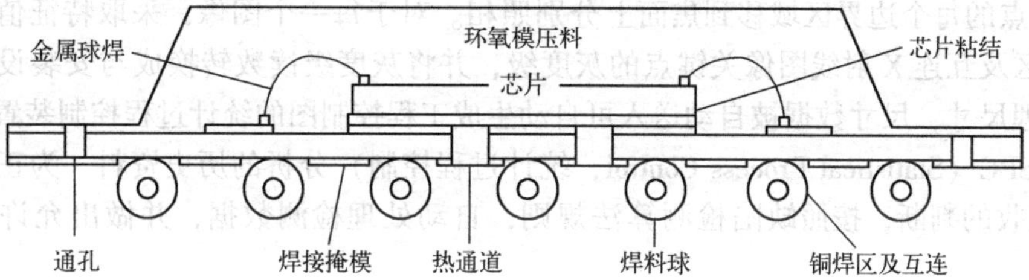

图4-19　OMPAC结构示意图

在基板上装焊料球有两种方法："球在上"和"球在下"，Motorola公司的OMPAC采用前者。先在基板上丝网印刷焊膏，将印有焊膏的基板装在一个夹具上，用定位销将一个带筛孔顶板与基板对准，把球放在顶板上，筛孔的中心距与阵列焊点的中心距相同，焊料球通过孔阵列落到基板焊区的焊膏上，多余的球则落入一个容器中。取下顶板后将部件送去再流，然后进行清洗。

"球在下"方法被IBM公司用来在陶瓷基板上装焊料球，其过程与"球在上"相反。先将一个带有以所需中心距排成阵列的孔（直径小于料球）的特殊夹具（小舟）放在一个振动/摇动装置上，放入焊料球，通过振动使球定位于各个孔，在焊球上印焊膏，再将基板对准印好的焊膏上，送去再流焊之后进行清洗。

焊料球的直径一般是0.76 mm或0.89 mm，PBGA焊料球的成分为低熔点的63%Sn-37%Pb（OMPAC为62%Sn-36%Pb-2%Ag），焊料球的成分为高熔点的10%Sn-90%Pb，上述两种焊料球的引出端有全阵列和部分阵列两种排法，全阵列是焊料球均匀分布在基板整个底面，部分阵列是焊料球分布在基板的靠外部分。对于芯片与焊料球位于基板的同一面（一部分CBGA和MBGA采用的布局）的情况，只能采用部分阵列。有时可以在采用全阵列时采用部分阵列，基板中心部位不设计焊区，这样做是为了提高电路板的布线能力，可减少PCB的层数。

2. 安装与再流焊

安装前需检查BGA焊料球的共面性以及有无脱落，BGA在PCB上的安装与目前的SMT

设备和工艺完全兼容。先将低熔点焊膏丝网印制到 PCB 上的焊盘阵列上，用拾放设备将 BGA 对准放在印有焊膏的焊盘上，然后进行标准的 SMT 再流焊。对于 PBGA 而言，因其焊料球合金的熔点较低，再流焊时焊料球部分熔化，与焊膏一起形成 C4 焊点，焊点的高度比原来的焊料球低；而 CBGA 的焊料球是高熔点合金，再流焊时不熔化，焊点的高度不降低。BGA 进行再流焊时，由于参与焊接的焊料较多，熔融焊料的表面张力有一种独特的“自对准效应”。因此，BGA 的组装成品率很高，而对 BGA 的安放精度允许有一定的偏差。因为安放时看不见焊料球的对位，因此一般要在电路板上做标记，安放时使 BGA 的外轮廓线与标记对准。

3. 焊点的质量检测

对 BGA 而言，检测焊点质量是比较困难的。由于焊点被隐藏在装配的 BGA 下面，因而，通常的目检和光学自动检测不能检测焊点质量，目前，国外采用 X 射线断面自动工艺检测设备进行 BGA 焊点的质量检测。

X 射线断面自动工艺检测设备能用 X 射线切片技术分清 BGA 焊点的边界，因而可以对每一个焊点区域进行精确检测。这种检测设备能用很小的视场景深产生 X 射线焦面，并且将 BGA 焊点的每个边界区域移到焦面上分别照相。对于每一个图像，采取特征值算法规则读出铜焊区及互连 X 射线图像关键点的灰度级，并将灰度级读数转换成与安装设备时校准对应的物理尺寸，尺寸数据被自动送入可自动生成工程控制图的统计过程控制装置，并存储起来作为 SPC（Statistical Process Control，统计过程控制）分析的历史资料。为正确做出焊点允许/拒收的判断，按照缺陷检测算法规则，自动处理检测数据，并做出允许或拒收的结论。

4. 返工

BGA 的返工是人们普遍关心的问题，也是 BGA 封装技术中相对复杂的问题。国外通用的 BGA 返工工艺流程如下：

确认缺陷 BGA 组件→拆卸 BGA→BGA 焊盘预处理→检测焊膏涂敷→重新安放组件并再流→检测。

目前，世界上许多公司都对 BGA 返工进行了成功的研究。IBM 下属公司研究了 CBGA、PBGA 和 TBGA 的返工工艺。关键工艺在于掌握 PCB/BGA 焊位的热分布，并采用如图 4-20 所示的面加热再流喷嘴。AT&T 公司研究了用于 MCM 组装的 BGA 返工工艺。图 4-21 所示为 BGA 返修台。

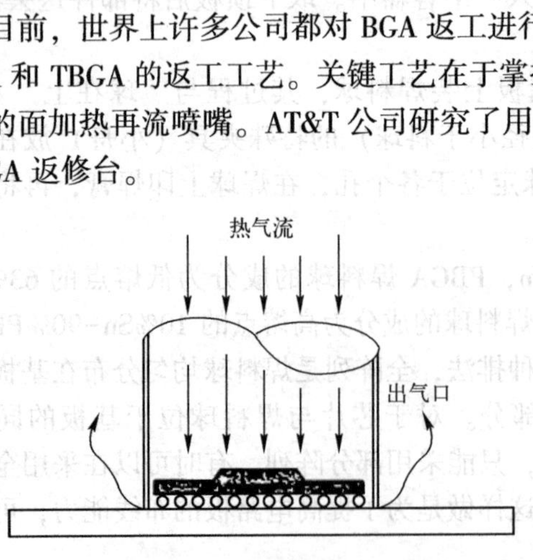

图 4-20　面加热再流喷嘴

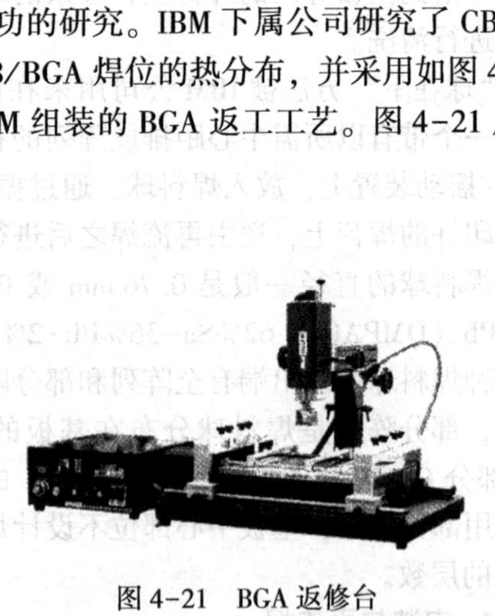

图 4-21　BGA 返修台

4.3.4 BGA检测技术与质量控制

采用BGA技术封装器件的性能优于常规的元器件，但是许多生产厂家仍然不愿意投资开发大批量生产BGA器件，究其原因主要是BGA器件焊接点的测试相当困难，不容易保证其质量和可靠性。

1. 器件焊接点检测中存在的问题

目前，中等规模到大规模采用BGA器件进行电子封装的厂商，主要是采用电子检测的方式来筛选BGA器件的焊接缺陷。在BGA器件装配工艺过程中控制质量和鉴别缺陷的方法包括在焊剂漏印（Paste Screen）上取样测试和使用X射线进行装配后的最终检验，以及电子测试的结果分析。

对BGA器件的电子测试是一项极具挑战性的技术，因为在BGA器件下面定测试点是困难的，在检查和鉴别BGA器件的缺陷方面，电子测试通常是无能为力的，这在很大程度上增加了用于排除缺陷和返修时的费用支出。

根据经验，采用电子测试方式对BGA器件进行测试，从印制电路板装配线上剔除的所有BGA器件当中，50%以上实际上并不存在缺陷，因而也就不应该被剔除掉。对其相关界面的仔细研究能够减少测试点和提高测试的准确性，但是这要求增加管芯级电路以提供所需要的测试电路。在检测BGA器件缺陷的过程中，电子测试仅能确定在BGA连接时，判断导电电流的通、断，如果辅助于非物理焊接点测试，将有助于封装工艺过程的改善和进行SPC（统计工艺控制）。

BGA器件的封装是一种基本的物理连接工艺过程。为了能够确定和控制这样一个工艺过程的质量，要求了解和测试影响可靠性的物理因素，如焊料量、导线和焊盘的定位情况以及润湿性，不能仅基于电子测试所产生的结果就进行修改。

2. BGA焊前检测与质量控制

生产中质量控制非常重要，尤其是在BGA中，任何缺陷都会导致BGA元器件在印制电路板焊装过程中出现差错，将在以后的工艺中引发质量问题。封装工艺中所要求的主要性能有：封装组件的可靠性，与PCB的热匹配性，焊料球的共面性对热、湿气的敏感性，封装体边缘对准性，以及加工的经济性等。需要指出的是，BGA基板上的焊球无论是通过高温焊球（90%Pb-10%Sn）转换，还是采用球射工艺形成，焊球都可能掉下丢失或者形状过大、过小，或者发生焊料桥接、缺损等情况，因此在对BGA进行表面贴装之前需要对其中的一些指标进行检测控制。

英国Scantron公司研究和开发的Procan1000采用三角激光测量法，非接触测量装置由准确度高的激光移动探针、X/Y图表和与之相应的计算机组成，最大采集数据速度为每秒10个。Proscan1000还能计算表面粗糙度参数、体积、表面积和截面积。

3. BGA焊后质量检测

BGA器件给质量检测和控制部门带来了难题，如何检测焊后安装质量将成为难题。由于这类器件焊装后，检测人员不可能见到封装材料下面的部分，从而使目检焊接质量成为空谈。其他如板载芯片（Chips on Board，COB）及倒装芯片（Flip Chip，FC）安装等新技术也面临着同样的问题，而且与BGA器件类似，QFP器件的RF屏蔽也挡住了视线，使目检者看不见全部焊接点。为满足用户对可靠性的要求，必须解决不可见焊点的检测问题。光学与激光系统的检测能力与目检相似，因为它们同样需要通过视线来检测，即使用 QFP 自动检测系统 AOI（Automated Optical Inspection）也不能判定焊接质量，原因是无法看到焊接点，为解决这些问题，必须寻求其他的检测办法。目前的生产检测技术有电测试、边界扫描检测和 X 射线测试。

（1）电测试。传统的电测试是查找开路与断路缺陷的主要办法，唯一的目的是在基板的预置点进行实际的电连接，这样便可以提供一个信号流入测试板、数据流入自动检测设备的接口。如果印制电路板有足够的空间设定测试点，系统就能快速、有效地查找到断路、短路和故障器件。系统也可检查器件的功能，测试仪器一般由计算机控制。在检测每块 PCB 时，需要相应的探针台和软件，对于不同的测试功能，该仪器可提供相应工作单元来进行检测。例如，测试二极管、晶体管时用直流电平单元；测试电容、电感时用交流单元；测试低数值电容、电感及高阻值电阻时用高频信号单元。但当封装密度与不可见焊点数量大量增加时，寻找线路节点则变得昂贵、不可靠。

（2）边界扫描检测。边界扫描技术解决了一些与复杂器件及封装密度有关的问题。采用边界扫描技术，每一个 IC 元器件设计有一系列寄存器，将功能线路与检测线路分离，并记录通过元器件的检测数据，通过测试通路检查 IC 元器件上每一个焊接点的断路、短路情况。基于边界扫描设计的检测端口，通过边缘连接器给每一个焊点提供一条通路，从而免除全节点查找的必要。电测试与边界扫描检测都主要用以测试电性能，却不能较好地检测焊接的质量，为提高并保证生产过程的质量，必须寻找其他方法来检测焊接质量，尤其是不可见焊点的质量。

（3）X 射线测试。换言之，X 射线透视图可显示焊接厚度、形状及质量的密度分布。厚度与形状不仅是反映长期结构质量的指标，在测定断路、短路缺陷和焊接不足方面，也有较好的衡量指标，此技术有助于收集量化的过程参数并检测缺陷。

① X 射线图像检测原理。X 射线由一个微焦点 X 射线管产生，穿过管壳内的一个玻璃管，并投射到实验样品上。样品对 X 射线的吸收率或透射率取决于样品所包含材料的成分与比率。X 射线穿过样品的敏感板上的磷涂层，并激发出光子，这些光子随后被摄像机探测到，然后对该信号进行处理放大，用计算机进一步分析和观察。不同的样品材料对 X 射线具有不同的透明系数，处理后的灰度图像显示了被检测的物体密度或材料厚度的差异。

② 人工 X 射线检测。使用人工 X 射线检测设备，需要逐个检查焊点并确定是否合格。该设备配有手动或电动辅助装置使组件倾斜，以便更好地进行检测和摄像，但通常的目视检测要求培训操作人员并且易于出错。此外，人工设备并不适合全部焊点进行检测，而只适合做工艺鉴定和工艺故障分析。

③ 自动检测系统。全自动系统能对全部焊点进行检测。虽然已定义了人工检测标准，但全自动系统的检测正确度比人工 X 射线检测方法高得多。自动检测系统通常用于产量高且品种少的生产设备上，具有高价值或要求可靠性高的产品需要进行自动检测，检测结果与需要返修的电路板一起送给返修人员。

自动 X 射线分层系统使用了三维剖面技术，该系统能检测单面或双面表面贴装电路板，克服了传统的 X 射线系统的局限性。系统通过软件定义了所要检查焊点的面积和高度，把焊点剖成不同的截面，从而为全部检测建立完整的剖面图。目前主要有以下两种检测焊接质量的自动检测系统：

传输 X 射线测试系统源于 X 射线束沿通路复合吸收的特性，对 SMT 的某些焊接，如单面 PCB 上的 J 形引线与微间距 QFP，传输 X 射线系统是测定焊接质量最好的办法，但它却不能区分垂直重叠的特征。因此，在传输 X 射线透视图中，BGA 元器件的焊缝被其引线的焊球遮蔽，对于 RF 屏蔽之下的双面密集型 PCB 及元器件的不可见焊接，也存在这类问题。

断面 X 射线自动测试系统克服了传输 X 射线测试系统的众多问题，它设计了一个聚焦点，并通过上、下平面散焦的方法，将 PC 的水平区域分开。该系统的成功在于只需要较短的测试开发时间，就能准确检查焊接点。断面 X 射线自动测试系统提供了一种非破坏性的测试方法，可检测所有类型的焊接质量，可获得有价值的调整装配工艺的信息。

（4）BGA 的返修。BGA 返修工艺主要包括以下几步：

① 加热电路板，芯片预热。主要目的是将潮气去除，如果电路板和芯片的潮气很小(如芯片刚拆封)，这一步可以免除。

② 拆除芯片。如果拆除的芯片不打算重新使用，而且电路板可承受高温，拆除芯片可采用较高温度（较短的加热周期）。

③ 清洁焊盘。主要是将拆除后留在 PCB 表面的助焊剂、焊锡膏清理掉，必须使用符合要求的洗涤剂。为了保证 BGA 的焊接可靠性。一般不能使用焊盘上旧的残留焊锡膏，必须将旧的焊锡膏清除掉，除非芯片上重新形成 BGA 焊锡球。由于 BGA 体积小，特别是 CSP 体积更小，清洁比较困难，因此在返修 CSP 时就需使用非清洗焊剂。

④ 涂焊锡膏、助焊剂。在 PCB 上涂焊锡膏对于 BGA 的返修结果有重要影响。通过选用与芯片相符的模板，可以很方便地将焊锡膏涂在芯片上。选择模板时，应注意 BGA 芯片会比 CBGA 芯片的模板厚度薄，使用水剂焊锡膏，回流时间可略长些；使用 RMA 焊锡膏，再流时间可略长些；使用免清洗焊锡膏，再流温度应选得低些。

⑤ 贴片。主要目的是将 BGA 上的每一个焊锡球与 PCB 上每一个对应的焊点对正。由于 BGA 芯片的焊点位于肉眼不能观测到的部位，因此必须使用专门的设备来对正。

4.3.5 BGA 基板

BGA 基板应具有下面几个功能：完成信号与功率分配、进行导热并与电路板的热膨胀系数（Coefficient of Thermal Expansion，CTE）相匹配。在许多情况下，采用叠层基板、增加功率面有助于屏蔽信号并提高导热性能。

CTE 是选择基板时需要考虑的重要因素，Si 的 CTE 约为 $2.8\times10^{-6}/℃$，而常见的层压 PCB 板材料的 CTE 一般在 $18\times10^{-6}/℃$，CTE 约为 $7\times10^{-6}/℃$ 的陶瓷基板与 Si 的匹配不太理想，如果 CTE 不能很好地匹配，就必须使用包封材料、填料、芯片键合材料或其他特殊方法来弥补不足。

多数情况下都采用层压板以简化二级互连，采用芯片键合或填料来解决一级直连的 CTE 不匹配问题。绝大多数有机材料是由 BT 或包含 BT 的玻璃织物制成的。奔腾处理器芯片就采用了在有机基板上使用填料的倒装芯片互连技术。

许多 BGA 芯片常采用载带基板或柔性基板。多数情况下，这类基板是一种带有一层金属层的双层载带。美国 Allied Signal Substrate Technology Interconnects（ASTI）公司目前正在生产一种载带基板，其尺寸为 100 μm，金属线条尺寸为 25 μm。此外，ASTI 公司还可生产一种多层有机基板，层连接为锡-铜点墨技术。

陶瓷材料常用于一级互连，以提高其可靠性。为了实现用铜制作图形并集成无源元件的目的，目前常采用低温共烧陶瓷（Low Temperature Co-fired Ceramic，LTCC）。

通常，尺寸在35 mm以上的陶瓷基板会出现一些可靠性方面的问题，这是由于与电路板CTE不匹配造成的。在某些情况下要使用特殊的电路板，在有机电路板上连接较大的陶瓷封装时，可用焊柱取代焊球以便形成陶瓷柱网格阵列（CCGA），将形状做得较长有助于改善互连的疲劳寿命。Kyocera公司研制成功一种BGA用的陷窝型陶瓷基板，这种基板的特点是采用焊料填充陷窝，有效地增加了高度。

一些业内人士认为，陶瓷材料可以最大限度地提高芯片与基板的可靠性，而有机基板可以最大限度地提高表面安装可靠性，芯片尺寸和互连能力决定了基板的选择。

IBM公司最近成功地开发了一种名为高性能的芯片载体的有机基板。这是目前与Si的CTE最匹配的有机基板材料。美国另一家公司W. L. Gore也开发了一种名为Microlam的基板材料，这是一种由聚四氟乙烯构成的材料，其外部覆有胶和增强型填充材料。这种新型基板材料在三个方向上都与铜的CTE相匹配，因此可以避免应力在基板中形成，该公司已可以在这种基板上制作20 μm的线条、50 μm的间距和尺寸为110 μm的焊点。

西门子公司最近报道了一种类似于BGA的塑料柱形网格阵列封装。将基板和互连柱放在同一块塑料片上之后，在基板上镀铜并用激光制作锡图形，使锡图形可用作铜的腐蚀掩模，在柱上敷上铜实现与电路板的电连接。用激光制作图形的速度很快，也容易制作。

美国X-LAM公司开发了一种薄膜基板工艺，目前可达到54 μm的通孔焊点设计。由于该工艺采用了平板显示制造设备并对基板进行了处理，其特征尺寸可降至16 μm。

Alpine Microsystems公司则采用了Si-Si工艺，封装的一级互连是在Si上倒装芯片实现的，该工艺还可用于MCM，不管它是否为BGA。

4.3.6 BGA的封装设计

封装设计已成为实现高性能BGA的一个重要因素。目前不仅可选择的封装材料越来越多，而且要封装的器件也日益复杂，因此越来越多的设计人员开始意识到将芯片和封装结合起来进行设计的重要性，甚至有些公司在设计芯片时就考虑了电路板。

目前已出现了专门提供BGA设计软件的公司，如美国CAD Design软件公司设计了一种名为电子封装设计者的封装设计软件，它将CAD应用于包括BGA在内的各种封装设计中。PAD软件公司最近开发了一种用于BGA设计的Power BGA产品，Fishers公司的Encore BGA和Encore PQ软件可使芯片设计人员尽快地验证一种新的封装构思的可行性。

BGA设计中的热增强原则包括使用散热片和导热管。多层基板内的铜电源面和接地面对封装的热导率有一定的贡献，因此，如果与之相连的PCB不能处理热负载，使用增强型BGA就无任何意义了。在板上增加层数就意味着复杂程度的提高，但也会大大提高热性能，用四层板取代二层板可使板的热导率提高4倍。设计中要考虑的基本电性能包括基板的介电常数、控制阻抗，与在基板中使用铜电源面和接地面的作用相同，在周围加上一些接地和电源环有助于减小电感，这些结构都可以避免接地振动及一系列相关的问题，通常整个封装中的信号图形的特征阻抗约为50 Ω。

在需要镀金的导体设计中还必须考虑到电镀尾端的电特性，电镀尾端就像天线一样会对高速线路产生额外电容，会造成布线面的浪费，并有可能对电性能产生一定的消极影响。目前国际上有一些公司正在采用一种镀金图形的相减技术来避免这种电镀尾端产生的问题。具体工艺步骤如下：在制作图形之前，在铜上面镀金，其后在金上布线，实际上在工艺过程中金只相当于铜的一层腐蚀掩模。

4.3.7 BGA的生产、应用及典型实例

目前，世界上许多国家都生产BGA，并对外销售。IBM、Motorola、Citizen、LSI Logic、AmkorAnam、Cassia、SAT、AT&T、National Semiconductor、Olin和ASE、Ball等公司都生产BGA产品。

美国两家大的电子封装商Alphatec和IPAC建立了PBGA的生产线，其生产认证范围，从I/O引线数看，已达到352~700。日本NEC公司已批量生产BGA多引脚ASIC，月产量达5万件。欧洲的Blanpunkt公司已研制出汽车娱乐产品的MCM BGA，Valtronic公司已研制用于便携式通信产品的MCM BGA。

目前，BGA已广泛应用到计算机领域（便携式计算机、巨型计算机、军用计算机、远程通信用计算机）、通信领域（寻呼机、调制解调器）、汽车领域（汽车发动机的各种控制器、汽车娱乐产品）。下面介绍BGA应用的典型实例：

（1）美国Pacific Microelectornics Corp（简称PMC公司）研制并生产一种用于AMC微处理器和其他高性能IC的MCM BGA。

PMC公司采用低温共烧陶瓷导带MCM技术，制造带有传输线、埋置电阻和电容的CBGA封装。据该公司介绍，金属化层可配置成50Ω传输线，在25 GHz频率下，插入损耗低于1 dB。

在完成基板组装时，采用QFP封装，I/O端数为1225个，引线间距为0.5 mm，约占基板面积161 cm^2；而采用BGA封装，只占基板面积13 cm^2。

（2）MBGA（微型BGA）也叫Micro BGA，最早由Tessera公司开发，MBGA结构如图4-22所示。它是针对球形阵列面积和芯片类似的多引线I/O、高性能、大功率来研制的，并有可以表面安装到PCB上的柔性引线，柔性引线避免了焊点和芯片之间较大的应力，从而消除了芯片和基板之间的热膨胀。由于MBGA尺寸比通常的BGA更小，因此相应的寄生电感和电容更小，例如，由于引线短、功率/接地层电感典型值可达到0.5 nH的数量级。

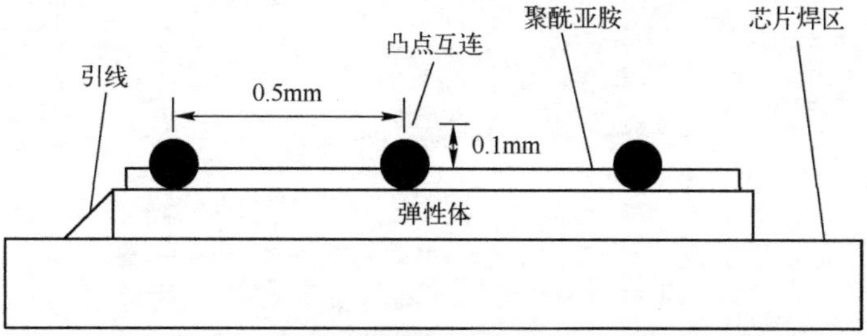

图4-22　MBGA结构

总之，MBGA提供x、y、z三维柔性引线，通过标准表面安装可将其和任何基板相连。封装件可以进行测试，经包封后的封装件还可用拾放机处理。MBGA的尺寸可以减小到芯片

本身的尺寸大小。通过对标准周边焊台的应用，MB-GASK 可以扩展到更细焊台间距和芯片 I/O 数在 1000~1400 个的应用范围；对于面阵列焊台，可以扩展到 4000 个。目前 MBGA 已用于磁盘驱动器、调制解调器、蜂窝式电话和 PCMCIA 卡的制造中。

4.4 思考题

1. DIP 和 SMT 分别是什么？
2. CDIP 和 PDIP 各自的特点是什么？
3. QFP 是什么？它有什么优势？
4. BGA 有哪些分类？各种类别的优点是什么？
5. 简述 BGA 的返修工艺流程。

第5章　几种先进封装技术

5.1　芯片尺寸封装

1994年，日本三菱电机公司研究出一种芯片面积/封装面积=1∶1.1的封装结构，其封装外形尺寸只比裸芯片大一点儿。也就是说，单个集成电路芯片有多大，封装尺寸就有多大，从而诞生了一种新的封装形式，命名为芯片尺寸封装，简称为CSP（Chip Size Package或Chip Scale Package）。

1. CSP封装的特点

（1）满足了LSI芯片引脚不断增加的需要。

（2）解决了集成电路裸芯片不能进行交流参数测试和老化筛选的问题。

（3）封装面积缩小到BGA（Ball Grid Array，球栅阵列封装）的1/10~1/4，延迟时间缩小到极短。

CSP是一种封装外壳尺寸最接近晶粒尺寸的小型封装，其有多种封装形式，它减小了芯片封装外形的尺寸，做到裸芯片尺寸有多大，封装尺寸就有多大。即封装后的集成电路尺寸边长不大于芯片的1.2倍。集成电路面积只比晶粒大一点儿，不超过其1.4倍。CSP封装适用于引脚数少的集成电路，如内存条和便携电子产品。

2. CSP的分类

CSP有两种基本类型：一种是封装在固定的标准压点轨迹内的，另一种则是封装外壳尺寸随芯片尺寸变化的。常见的CSP分类方式是根据封装外壳本身的结构来分的，它分为引线架CSP、柔性CSP、刚性CSP和硅片级封装（Wafer Level Package，WLP）。CSP结构示意图见表5-1。柔性CSP封装和硅片级封装的外形尺寸因芯片尺寸的不同而不同，刚性CSP和引线架CSP则受标准压点位置和大小制约。

表5-1　CSP结构示意图

分　类	芯片焊盘与基片焊盘连接方式	图　例
柔性CSP	TAB/倒装式	
	引线键合式	
刚性CSP	倒装式	
	引线键合式	

（续）

分　类	芯片焊盘与基片焊盘连接方式	图　例
引线架 CSP	TAB/倒装式	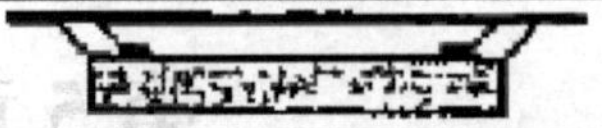
	引线键合式	
硅片级封装	再分布式	
	基板式	

（1）引线架 CSP，代表厂商有富士通、日立、罗姆、高士达（goldstar）等。

（2）柔性 CSP，最有名的是 Tessera 公司的 microBGA，CTS 公司的 sim-BGA 也采用相同的原理。其他代表厂商包括通用电气（GE）和 NEC。

（3）刚性 CSP，代表厂商有摩托罗拉、索尼、东芝、松下等。

（4）硅片级封装：有别于传统的单一芯片封装方式，它是将整片硅片切割为一颗颗的单一芯片，它号称是封装技术的未来主流，已投入研发的厂商包括 FCT、Aptos、卡西欧、EPIC、富士通、三菱等。

5.1.1　CSP 基板上凸点倒装芯片与引线键合芯片的比较

1. 凸点倒装芯片与引线键合芯片的优缺点

高速自动引线键合机能够满足半导体器件与下一级封装互连的大部分要求，如今全球超过 90%的集成电路芯片都使用引线键合技术。

近几年，凸点倒装芯片技术的研发有了迅猛增长，这是因为它具有更小的形状因子、更高的封装密度、更好的性能、更能满足互连要求，也是引线键合技术本身局限性的直接结果。与通行的引线键合技术相比，凸点倒装芯片技术可以提供更高的封装密度（更多的 I/O 端数）、更好的性能（尽可能短的引线、更小的电感和更好的噪声控制）、更小的器件占用 PCB（Printed Circuit Board，印制电路板）面积和更薄的封装外形。凸点倒装芯片与引线键合技术的比较见表 5-2。

2. 凸点倒装芯片与引线键合芯片工艺比较

图 5-1 所示为有机基板上引线键合芯片和凸点倒装芯片的简化组装工艺。

表 5-2　凸点倒装芯片与引线键合技术的比较

	凸点倒装芯片技术	引线键合技术
优点	高密度 高 I/O 端数 高性能 噪声控制 薄外形 SMT 兼容 面阵列技术 器件占用 PCB 面积小 自对准	工艺成熟 已有的设施基础好 容易适应新器件 容易适应新的键合图形

（续）

	凸点倒装芯片技术	引线键合技术
缺点	硅片较难获得 管芯较难获得 优质芯片较难获得 硅片上制作凸焊点 测试和老化困难 需下填料包封 需额外的设备 需额外的工序 包封后返修难 管芯缩小时不易适应	优质芯片较难获得 I/O 端数有限 四周分布技术 连续的工艺 返修难 顶部滴胶包封

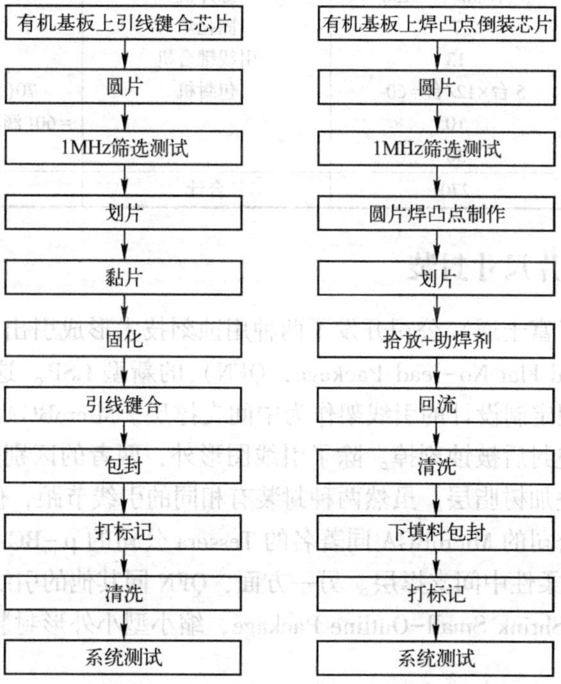

图 5-1　有机基板上引线键合芯片和凸点倒装芯片的简化组装工艺

a）引线键合芯片组装工艺　b）凸点倒装芯片组装工艺

凸点倒装芯片技术的筛选测试有两种方法，一种是在硅片凸点制作前进行，这时在焊盘上将留下探针触痕（损伤），这些触痕会影响焊点下金属的完整性并对长期可靠性有潜在的影响；另一种是在硅片凸点制作后进行，测试会沾污探针头，导致短路，而且也会损坏焊凸点。但探针头和凸点间有更好的电接触，可以保证更好的成品率。对于成熟的硅片焊凸点制作工艺，焊凸点的成品率通常很高（>99%）。

从成本角度看，引线键合芯片和凸点倒装芯片间最重要的区别在于引线键合技术使用金引线，而凸点倒装芯片技术需要在硅片上制作凸点。两种技术间第二个重要的区别在于 1 MHz 筛选测试和速度/老化系统测试对 IC 芯片成品率的影响。

3. 凸点倒装芯片与引线键合芯片设备比较

CSP 有机基板上引线键合芯片和凸点倒装芯片所需的主要设备见表 5-3。需要指出的是，表中并未列出两种技术都需要的设备。而且，假定所有设备一年的正常工作时间为 300 天（每天 24 小时），假定每年的产量为 1200 万块芯片。

由表 5-3 可知，凸点倒装芯片技术必须有昂贵的拾放和涂敷焊剂设备。尽管引线键合机比较便宜，但因为它的产量比拾放机（可在芯片上成排或一次完成键合）要低得多（其产量取决于芯片上的压焊块数量），就需要更多的引线键合机。因此，凸点倒装芯片的主要设备成本要比引线键合的低，而且凸点倒装芯片生产线所占的空间也较小。

表 5-3　CSP 有机基板上引线键合芯片和凸点倒装芯片所需的主要设备

凸点倒装芯片主要设备（价格/美元）		引线键合芯片主要设备（价格/美元）	
拾放+助焊剂	3 台×50/台=150	黏片机	22
回流炉	7	固化炉	2
清洗机	13	引线键合机	35 台×11/台=385
下填料涂布机	5 台×12/台=60	包封机	70(传递模塑)或 5 台×12/台
立式固化炉	10		=60(滴胶灌封机)+10(立式固化炉)
X 射线检测仪	30		
合计	270	合计	479

5.1.2　引线架的芯片尺寸封装

1996 年，Fujitsu（富士通）公司开发了两种用蚀刻技术形成引出端的 MicroBGA 和四边无引线扁平封装（Quad Flat No-lead Package，QFN）的新型 CSP。这两种封装归类于引线架 CSP，因为它们使用定制设计的引线架作为中间支撑层。MicroBGA 和 QFN 的主要特征是它们的引线架在模塑包封后被蚀刻掉。除了引线图形外，两者的区别是 MicroBGA 在引线架的顶部有一层额外的叠加树脂层。虽然两种封装有相同的引线节距，但它们用于不同引出端数目的器件。富士通公司的 MicroBGA 同著名的 Tessera 公司的 μ-BGA 有很大区别，Tessera 公司的 μ-BGA 有一个柔性中间支撑层。另一方面，QFN 同其他的引线架类 CSP 相似，其目的是同传统的 SSOP（Shrink Small-Outline Package，缩小型小外形封装）竞争。

1. 封装结构

用蚀刻法形成引出端是 MicroBGA 和 QFN 共用的核心技术。设计原理是低成本的引线架和传统的引线键合相结合以降低芯片尺寸封装的成本。蚀刻法形成引出端如图 5-2 所示，首先在引线架两面半蚀刻出引出端图形，接着在上部用树脂进行模塑包封，最后对引线架下部进行进一步蚀刻得到分离的引出端。使用这种技术，能同时在封装底部表面形成面阵列或周边分布引线。

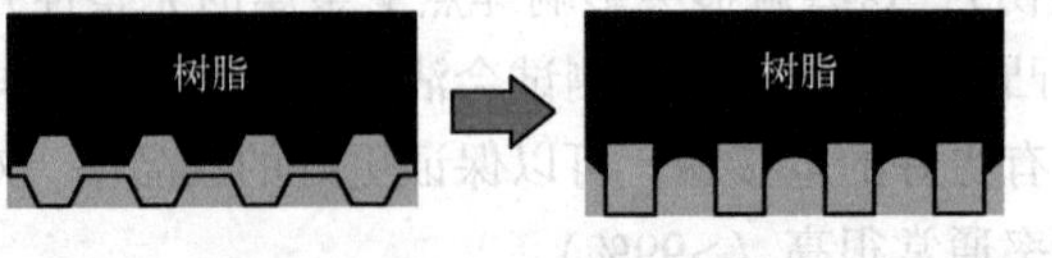

图 5-2　蚀刻法形成引出端

不像其他类型的球栅阵列封装，富士通的 MicroBGA 利用一个金属引线架，引线架作为封装基板。管芯与引线架之间的互连采用金丝键合，键合焊盘是交错排列的，节距为 140 μm。

板级互连是用黏附在蚀刻后引线架上形成的短柱头上的共晶焊凸点，焊点的直径是 0.5 mm（20 mil），节距为 0.8 mm。一层带有镀铜通孔和印制线的叠加树脂层加在引线架的上面，目的是把外围的引线键合焊盘再分布到面阵列的焊凸点上。

MicroBGA 和 QFN 有许多共同的特征，MicroBGA 和 QFN 之间的比较见表 5-4。除了 MicroBGA 有额外的叠加层外，它们之间的主要差别是底部引出端的数量和分布图形，这两种封装的目标是针对不同引出端数目的 IC。

表 5-4　MicroBGA 和 QFN 之间的比较

项　　目	MicroBGA	QFN
引出端数	256（16×16）	24（周围排列）
引出端节距	0.8 mm	0.8 mm
安装面积	14×14	6×8.05
安装后高度	最高 1.2	最高 0.8
中间支撑层	引线架+基板	引线架
一级互连	引线键合	引线键合
包封	模塑	模塑
引出端形状	焊凸点	镀焊料的焊盘

2. 封装材料

MicroBGA 和 QFN 都是基于引线架的塑料封装。除了硅芯片，封装由键合、管芯粘合剂、金属引线架和环氧模塑料（Epoxy Molding Compound，EMC）组成。另外，MicroBGA 还有一层引线架上面的叠加层和引线架下面的焊球。

实现 MicroBGA 和 QFN 的关键技术是形成引出端的蚀刻法。它的主要特征是在模塑包封后通过蚀刻形成底部引出端。引线架由 200 μm 厚的两面镀镍的铜合金制造，镀镍的作用是作为蚀刻时的表面抗蚀层，以便得到所需的引出端图形。

在 MicroBGA 中形成叠加层的基本材料是环氧树脂。为了把四周的键合焊盘再分布成面阵列的底部引出端，必须在树脂叠加层的上部镀敷铜印制线。铜印制线的表面电镀 Ni/Au。

MicroBGA 的封装互连是共晶焊球。这些焊球由底部引出端涂敷上焊膏后回流形成。另一方面，QFN 的底部引出端是平坦的焊盘，焊盘是通过从引线架背面蚀刻形成的，为了得到焊料浸润表面以用于板级组装，其表面涂敷焊料。

3. 制造工艺

MicroBGA 和 QFN 通常的制造过程包括引线架制备、管芯粘结、引线键合、模塑包封、引出端形成和底部引线涂敷。MicroBGA 和 QFN 封装同其他引线键合的塑料封装在管芯粘结、引线键合和模塑包封的操作方面基本上没有什么差别，不过其他的制造步骤是不同的。对于 MicroBGA，在制造方面最重要的一步是引线架的制备，MicroBGA 引线架的制备如图 5-3 所示。

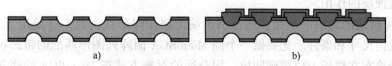

图 5-3　MicroBGA 引线架的制备

a）蚀刻引线架（半蚀刻）　b）电镀和蚀刻图形

引线架是一块厚度为 200 μm 两面镀镍的铜合金薄片。镀镍层是为了形成面阵列排列图形的底部引出端而作为蚀刻的抗蚀层，蚀刻法形成 MicroBGA 引出端如图 5-4 所示，在引线架两边半蚀刻产生短柱，表 5-5 给出了引出端的尺寸。下一步建立叠加层。首先在引线架上表面涂敷一层树脂，接着在每一个引出端的上部用光刻法制造小孔。在叠加树脂层的上表面通过电镀淀积一层铜，然后蚀刻出图形。最后，在铜印制线和焊盘上通过电镀 Ni/Au 形成一个能用金丝键合的表面涂敷层。需要注意的是，引线键合焊盘的位置是交错排列的，它们位于最外面一排和第二排引出端之间。这些焊盘形状是 100 μm×200 μm 的矩形，焊盘节距是 140 μm。表 5-6 给出了与叠加层相关的其他尺寸。

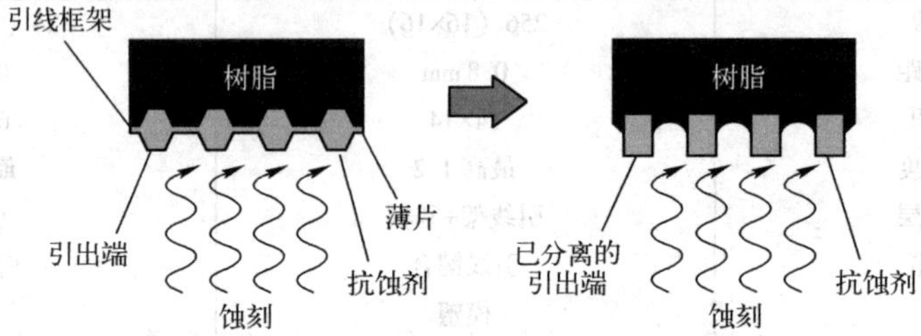

图 5-4　蚀刻法形成 MicroBGA 引出端

表 5-5　MicroBGA 引线架的相关尺寸

引出端直径（上面）	400 μm	引出端直径（下面）	500 μm
蚀刻深度（上面）	50 μm	半蚀刻深度（下面）	100 μm

表 5-6　MicroBGA 引线架叠加层的相关尺寸

叠加层厚度	40 μm
小孔直径	100 μm
镀铜厚度	12 μm
覆盖焊盘直径	250 μm
线宽/间距	60 μm/60 μm
再布线涂敷	Ni(3 μm)+Au(0.3 μm)(电镀)

一旦引线架做好，就可以进行 MicroBGA 的后续封装工序，MicroBGA 封装的组装过程如图 5-5 所示。黏片后完成一级互连的引线键合。因为焊盘是交错的，所以有两种拱高，较低引线拱高和较高引线拱高的最大拱高分别是 150 μm 和 250 μm。两种引线的拱高最小距离为 40 μm，对于 MicroBGA 的引线键合速度能达到每秒 6 根线。

引线键合后下一步就是塑料包封，又称模塑，模塑的环氧树脂厚度是 0.8 mm。接下来就是背面刻蚀分离出的引出端，如图 5-5c 所示。需要注意的是，引出端下表面的镀镍层在背面蚀刻时起抗蚀层的作用。

MicroBGA 制造的最后一步是在底部引出端上制作焊凸点。表 5-7 给出了 MicroBGA 焊凸点制作的几何尺寸和条件。先要做一个同 MicroBGA 面阵列图形匹配的带凹坑的模板，然后把共晶焊膏涂布在模板上以填满凹坑。用合适的对准方式把 MicroBGA 的底部引出端放入填了焊膏的凹坑里浸渍。回流加热后，形成焊凸点并黏附在 MicroBGA 的底部引出端上。MicroBGA 封装外形如图 5-6 所示。

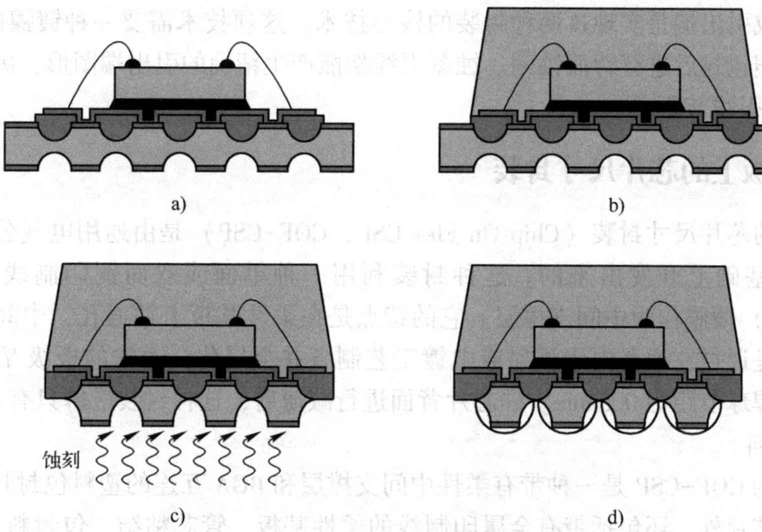

图 5-5　MicroBGA 封装的组装过程

a）芯片黏结和引线键合　b）模塑　c）形成引出端　d）涂焊膏

表 5-7　MicroBGA 焊凸点制作的尺寸和条件

凹坑尺寸	600 μm×300 μm（深），形状：半球
焊膏	共晶焊料（RA 型）
回流条件	225℃（N_2保护气）
焊凸点尺寸	500 μm×250 μm（高），形状：半球

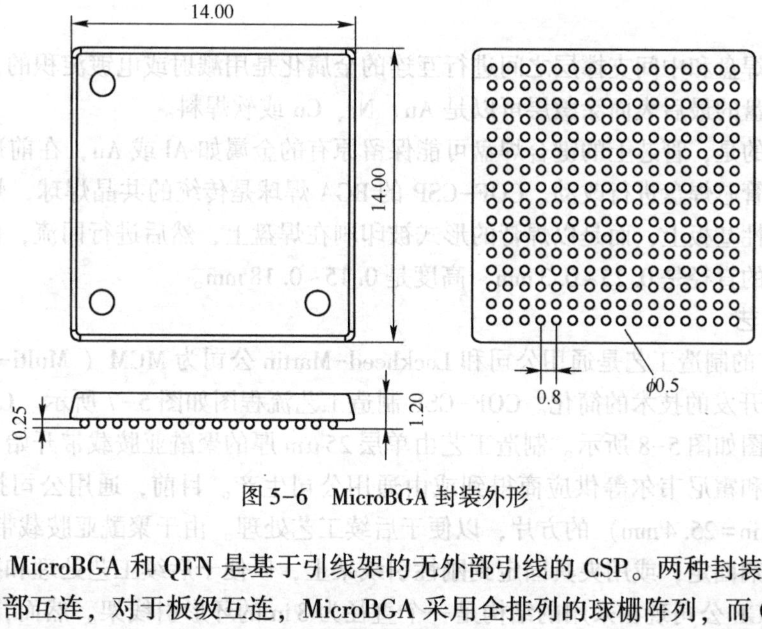

图 5-6　MicroBGA 封装外形

富士通的 MicroBGA 和 QFN 是基于引线架的无外部引线的 CSP。两种封装都采用金丝键合作为一级内部互连，对于板级互连，MicroBGA 采用全排列的球栅阵列，而 QFN 则使用四周排列的镀焊料平坦焊盘。除了在引出端图形方面的差异，MicroBGA 在引线架顶部有一层附加的叠加树脂层，用于把四周引线键合焊盘进行线路再分布，连接到面阵列底部的引出端。虽然两种封装具有同样的引线节距，但它们的引出端数目是针对不同范围的。

蚀刻法形成引出端是实现这两种封装的核心技术。这项技术需要一种镀镍的铜引线架，其特征是在模塑包封后进行背面蚀刻。蚀刻引线架能产生精确的引出端图形，因此可得到小于0.8 mm的窄引线节距。

5.1.3 柔性板上的芯片尺寸封装

柔性板上的芯片尺寸封装（Chip On Flex CSP，COF-CSP）是由通用电气公司在柔性薄膜模块技术的基础上开发出来的。这种封装利用一种单面或双面铜印制线的聚酰亚胺（Polyimide，PI）薄膜作为中间支撑层。它的特点是在柔性基板上钻通孔，中间支撑层和芯片间的互连线是通过在通孔内用溅射或电镀工艺制备并金属化，通常的板级互连采用BGA焊球，标准的焊球节距为0.5 mm。硅芯片背面进行减薄后，这种封装最薄只有0.25 mm。

1. 封装材料

通用公司的COF-CSP是一种带有柔性中间支撑层和BGA互连的塑料包封封装。封装的主要组成除硅芯片外，还包括带有金属印制线的柔性基板、管芯粘结、包封料、键合焊盘、金属化和BGA焊球。COF-CSP用的基板是预制的聚酰亚胺载带，基板厚度是25 μm，根据电路的复杂程度和I/O数，柔性载带通常是单面或双面有铜印制线，通常铜印制线的厚度为4~10 μm。然而，对于较大功率的应用，应该增加其厚度以承载更大的电流。尽管现有技术可做到更小的尺寸，但为了提高成品率和降低成本，铜印制线的线宽和间距使用2/2（50 μm/50 μm）设计规则。管芯粘合剂使用热塑材料，粘合剂用喷涂或旋转涂敷的方法淀积在聚酰亚胺载带上，厚度是10~15 μm。COF-CSP的包封料是符合工业标准的含70%二氧化硅粉填充剂的环氧树脂，如此高百分比的填充剂主要是为了减小内应力。因为柔性基板呈很大的平板状态，包封除了起保护IC的作用外，另一个作用是作为载体，以便于后续工艺处理。

芯片键合焊盘和中间支撑层之间进行互连的金属化是用溅射或电镀淀积的，聚酰亚胺载带上的键合焊盘的最后表面涂敷层可以是Au、Ni、Cu或软焊料。

需要指出的是，管芯上的键合焊盘可能保留原有的金属如Al或Au，在前述的金属化过程中不需要对管芯焊盘进行改动。COF-CSP的BGA焊球是传统的共晶焊球，焊球不是呈球形被淀积在柔性基板上，而是以焊膏的形式被印刷在焊盘上，然后进行回流，由表面张力形成焊球，焊球的直径是0.25~0.3 mm，高度是0.15~0.18 mm。

2. 制造工艺

COF-CSP的制造工艺是通用公司和Lockheed-Martin公司为MCM（Multi-Chip Module，多芯片组件）开发的技术的简化。COF-CSF制造工艺流程图如图5-7所示。COF-CSF制造工艺流程剖面图如图5-8所示。制造工艺由单层25 μm厚的聚酰亚胺载带开始，这种柔性载带可以从杜邦和霍尼韦尔等供应商得到或由通用公司生产。目前，通用公司把卷带裁切成12 in×12 in（1 in=25.4 mm）的方片，以便于后续工艺处理。由于聚酰亚胺载带是柔性基板，它需要用粘合剂固定，或用夹具固定到刚性引线架上，以便于后续工艺处理和提高加工时的尺寸稳定性。GE公司现在采用的结构是一个直径为8 in的环形引线架。然而，COF-CSP的实际加工面积是框内6 in×6 in的方形区。

一旦载带安装到引线架上，就可在柔性材料上制作金属印制线和焊盘的图形。金属化采用的是一层4~10 μm的Cu，对于大功率应用，应该增加其厚度以承载较大的电流。

目前铜印制线的图形线宽和间距使用 2/2（50 μm/50 μm）设计规则，根据 I/O 数目和电路图形的复杂程度，柔性基板可以在单面或双面有铜印制线，如果采用双面都有铜印制线的柔性电路，需在载带的外侧加一层薄聚合物钝化层，以作为后续工艺中表面上金属化的绝缘层。

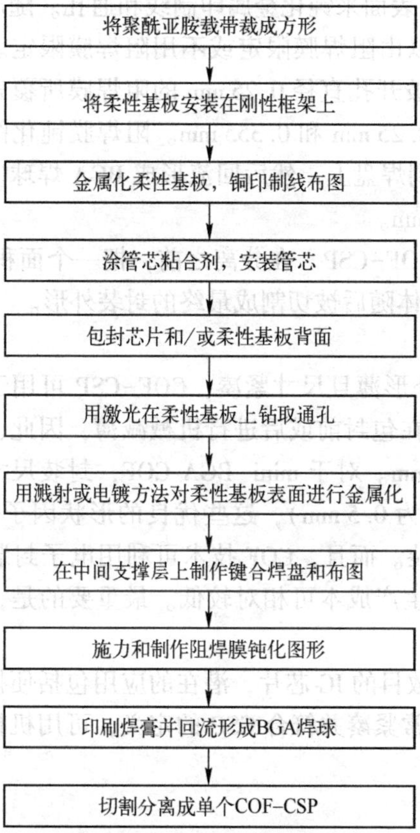
将聚酰亚胺载带裁成方形
将柔性基板安装在刚性框架上
金属化柔性基板，铜印制线布图
涂管芯粘合剂，安装管芯
包封芯片和/或柔性基板背面
用激光在柔性基板上钻取通孔
用溅射或电镀方法对柔性基板表面进行金属化
在中间支撑层上制作键合焊盘和布图
施力和制作阻焊膜钝化图形
印刷焊膏并回流形成BGA焊球
切割分离成单个COF-CSP

图 5-7　COF-CSF 制造工艺流程图

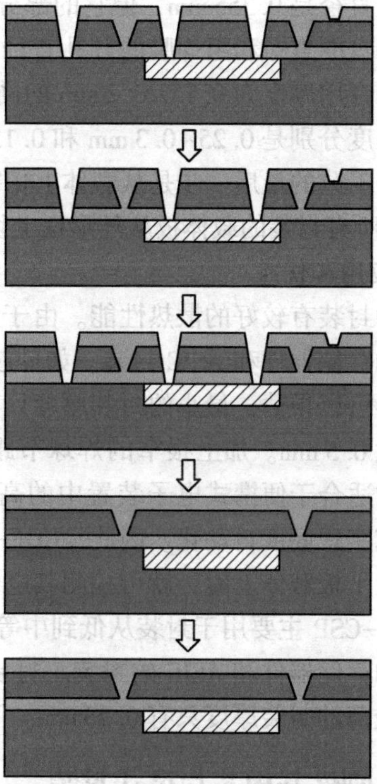

图 5-8　COF-CSF 制造工艺流程剖面图

下一步是在柔性基板的内表面上用喷涂或旋转涂敷的方法淀积管芯粘合剂，这层粘合剂的厚度是 10~15 μm。然后，管芯用倒装芯片拾放机固定在预制有图形的柔性基板上，安放的精确度应在 10~20 μm 之内。芯片键合过程会承受高温和压力。接下来，芯片和柔性基板的背面由含有大量填充剂的环氧树脂包封，并在 100~150℃之间固化。这种包封有两个作用，一个作用是为 IC 芯片提供密封保护，另一个作用是形成一种尺寸稳定和均匀平坦的载体。包封固化之后，在中间支撑层上的硅片用冲制或激光打孔机制作通孔。应该指出，这些通孔包括经过柔性基板和管芯粘结层到达芯片键合焊盘上的孔，以及经过柔性基板（如果使用双面柔性基板的话，还经过钝化层）到达聚酰亚胺载带上金属化焊盘的通孔。经过等离子清洗，在露出的焊盘、通孔侧壁和柔性基板的表面上又用溅射或电镀的方法淀积一层金属。利用光刻技术，刻蚀出新的金属层以形成所需要的布图，去连接管芯上的键合焊盘和中间支撑层上的阵列焊盘。

目前，键合焊盘阵列的标准节距是 0.5 mm，其他结构形式也可以毫无困难地制作。中间支撑层上的金属可以是 Au、Ni、Cu 或焊料，对具有 BGA 结构的 COF-CSP，为了提供可浸润的表面，焊接键合焊盘的标准涂敷层是 Cu/Ni/Au 多层金属层。如果采用单面柔性电路，mini BGA COF 的焊球排列不应超过 6 排，里边的 4 排焊盘应该布置通过聚酰亚胺载带上的铜印制线预制的图形，外边的两排由后续的带有扇入印制线的表面金属化层连接到激光打好的孔上。

光刻形成图形的阻焊膜涂敷在基板的最上层表面来钝化金属印制线和通孔。随后进行钝化层图形化以暴露焊料键合焊盘。键合焊盘可以由阻焊膜限定或不用阻焊膜限定。对于前者，焊盘直径是 0.355 mm，但它的部分区域将被开孔直径 0.25 mm 的阻焊膜所覆盖。对于后者，焊盘的直径和阻焊膜的开孔直径分别是 0.25 mm 和 0.355 mm。阻焊膜钝化图形完成后，将焊膏用厚度为 0.15~0.2 mm 的网板印制到焊盘上，然后回流形成 BGA 焊球。焊球的直径和高度分别是 0.25~0.3 mm 和 0.15~0.18 mm。

制造工艺的最后一步是从载体上切割分离 COF-CSP。在分离之前，把一个面积为 6 in×6 in 包含所有封装的载体板从环形框上切下，载体随后被切割成最终的封装外形。

3. 应用和优点

这种封装有较好的散热性能。由于它们的外形薄且尺寸紧凑，COF-CSP 可用于便携式装置用的存储器件和 ASIC 封装。如硅芯片可以在包封前或后进行机械减薄，因此，这种封装的外形可以很薄，最小的封装厚度只有 0.25 mm。对于 mini-BGA COF，封装尺寸只比芯片尺寸大 0.5 mm。加上很窄的焊球节距（标准为 0.5 mm），这些优良的形状因子使 COF-CSP 非常适合于便携式电子装置中的高密度组装。而且，COF 技术可利用电子封装工艺现有的设施实现高度自动化。因此，COF-CSP 的生产成本可相对较低。最重要的是，当 COF 封装还在平板载体上时，就可检测其电性能。

COF-CSP 主要用于封装从低到中等引出端数目的 IC 芯片，潜在的应用包括便携式电子装置中的存储器件和 ASIC 的封装。封装尺寸非常紧凑并符合 CSP 的定义，可用机械减薄硅芯片，最薄的封装厚度只有 0.25 mm。

5.1.4 刚性基板芯片尺寸封装

此封装类型由日本 Toshiba 公司首次开发，它与柔性基板封装的不同之处在于刚性基板是通过多层陶瓷叠加或经通孔与外层焊球相连，采用的连接方式为倒装式和引线键合。这里介绍 EPS 公司低成本刚性基板芯片尺寸封装 NuCSP。NuCSP 的设计特点如下：

（1）这是一种 LGA（Land Grid Array，栅格阵列）封装，用 0.15 mm 厚的焊膏焊接在 PCB 上，形成的焊接点高 0.08 mm。

（2）PCB 是一个单芯双面布线板。

（3）从管芯下基板上的周边焊盘引出的印制线在基板上向中间进行再分布。

（4）再分布印制线通过通孔和封装基板底层上的铜焊盘相连。

（5）封装铜焊盘是面阵分布，节距为 0.5 mm、0.75 mm、0.8 mm 和 1 mm。

（6）它和 SMT（Surface Mounted Technology，表面贴装技术）兼容。

（7）它具有自对准特性。

（8）采用下填料，倒装芯片上的焊凸点是可靠的。

NuCSP 的封装工艺流程如图 5-9 所示，它是一种非常简单和低成本的封装。

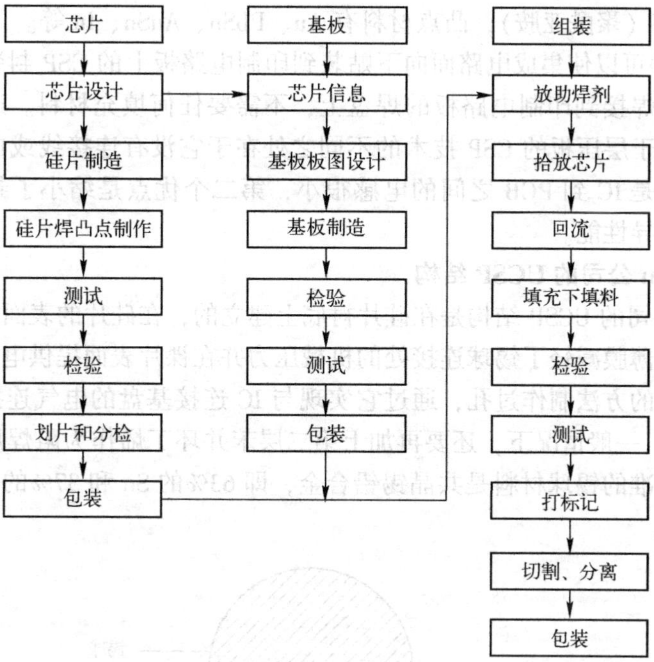

图 5-9　NuCSP 的组装工艺

5.1.5　硅片级芯片尺寸封装

一般，CSP 都是将硅片切割成单个 IC 芯片后再进行后道封装工艺，而 WLCSP（Wafer Level CSP）则不同，它的全部或大部分工艺步骤都是在已完成前道工序的硅片上完成的，最后将硅片直接切割成分离的独立器件。因此，除了 CSP 的共同优点外，它还具有以下独特的优点：

（1）封装加工效率高，可以多个硅片同时加工。

（2）具有倒装芯片封装的优点，即轻、薄、短、小。

（3）与前道工序相比，只是增加了引脚重新布线（Redistribution Layer，RDL）和凸点制作两个工序，其余全部是传统工艺。

（4）减少了传统封装中的多次测试。

因此，世界上各大型 IC 封装公司纷纷投入这类 WLCSP 的研究、开发和生产。WLCSP 的不足是目前引脚数较低、还没有标准化和成本较高。

WLCSP 所涉及的关键技术除了前道工序所必需的金属淀积技术、光刻技术、蚀刻技术等以外，还包括重新布线技术和凸点制作技术。通常芯片上的引出端焊盘是排列在管芯周边的方形铝层，为了使 WLP 适应 SMT 二级封装较宽的焊盘节距，需将这些焊盘重新分布，使这些焊盘由芯片周边排列改为芯片有源面上阵列排布，这就需要重新布线技术。另外，将方形铝焊盘改为易于与焊料粘结的圆形铜焊盘，重新布线中溅射的凸点下金属（Under Bump Metallization，UBM），如 TI-Cu-Ni 中的 Cu 应有足够的厚度（如数百微米），以便使焊料凸点连接时有足够的强度，也可以用电镀加厚 Cu 层。焊料凸点制作技术可采用电镀法、化学镀法、蒸发法、置球法和焊膏印刷法。目前仍以电镀法应用最为广泛，其次是焊膏印刷法。重新布线中 UBM 材料为 Al/Ni/Cu、T1/Cu/Ni 或 Ti/W/Au。所用的介质材料为光敏苯并环丁烯（BCB）或 PI（聚酰亚胺），凸点材料有 Au、PbSn、AuSn、In 等。

WLCSP 是一种可以使集成电路面向下贴装到印制电路板上的 CSP 封装技术，芯片的焊点通过独立的锡球焊接到印制电路板的焊盘上，不需要任何填充材料。这种技术与球栅阵列、引线架型和基于层压板的 CSP 技术的不同之处在于它没有连接线或内插连接。WLCSP 技术最根本的优点是 IC 到 PCB 之间的电感很小，第二个优点是缩小了封装尺寸和生产周期，并提高了热传导性能。

1. 美国 Maxim 公司的 UCSP 结构

美国 Maxim 公司的 UCSP 结构是在硅片衬底上建立的，在硅片的表面附上一层苯并环丁烯树脂薄膜，这层薄膜减轻了锡球连接处的机械压力并在裸片表面提供电气隔离。在苯并环丁烯膜上使用照相的方法制作过孔，通过它实现与 IC 连接基盘的电气连接。过孔上面还要加上一层 UBM 层，一般情况下，还要再加上第二层苯并环丁烯作为阻焊层以确定回流锡球的直径和位置。标准的锡球材料是共晶锡铅合金，即 63%的 Sn 和 37%的 Pb。UCSP 的截面图如图 5-10 所示。

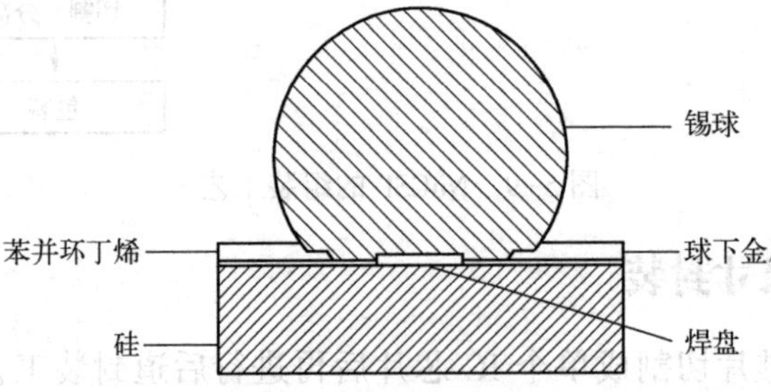

图 5-10　UCSP 的截面图

2. UCSP 包装带

美国 Maxim 公司将所有的 UCSP 元件包装在带盘（T&R）中。UCSP 带盘的制作要求是基于 EIA-481 标准的。典型的 UCSP 包装带结构如图 5-11 所示。

3. 印制电路板布局设计

要在装配中成功地使用 UCSP 元件，需要注意电路板布局的问题。印制电路板的布局与制造将影响 UCSP 装配的产出率、设备性能和焊点的可靠性。UCSP 焊盘结构的设计原则和 PCB 制造规范与引线型器件和基于层压板的 BGA 器件有所不同。用于表面贴装封装元件的焊盘结构有两种，如图 5-12 所示。

阻焊层限定（Solder Mask Defined，SMD）：阻焊层开口小于金属焊盘；电路板设计者定义形状代码、位置和焊盘的额定尺寸；焊盘开口的实际尺寸是由阻焊层制作者控制的。阻焊层一般为可成像液体感光胶（Imaging Liquid Photosensitive Adhesive，LPI）。

非阻焊层限定（Non-solder-mask Defined，NSMD）：金属焊盘小于阻焊层开口。在表层布线电路板的 NSMD 焊盘上，印制电路导线的一部分残留焊锡。

电路板设计者必须考虑到功率、接地和信号走向的要求来选择使用哪种焊盘。一旦选定，UCSP 焊盘类型就不能混合使用。焊盘和与其连接的导线的布局应该对称以防止偏离中心的浸润力。

选择 UCSP 焊盘类型时需要考虑的因素如下：

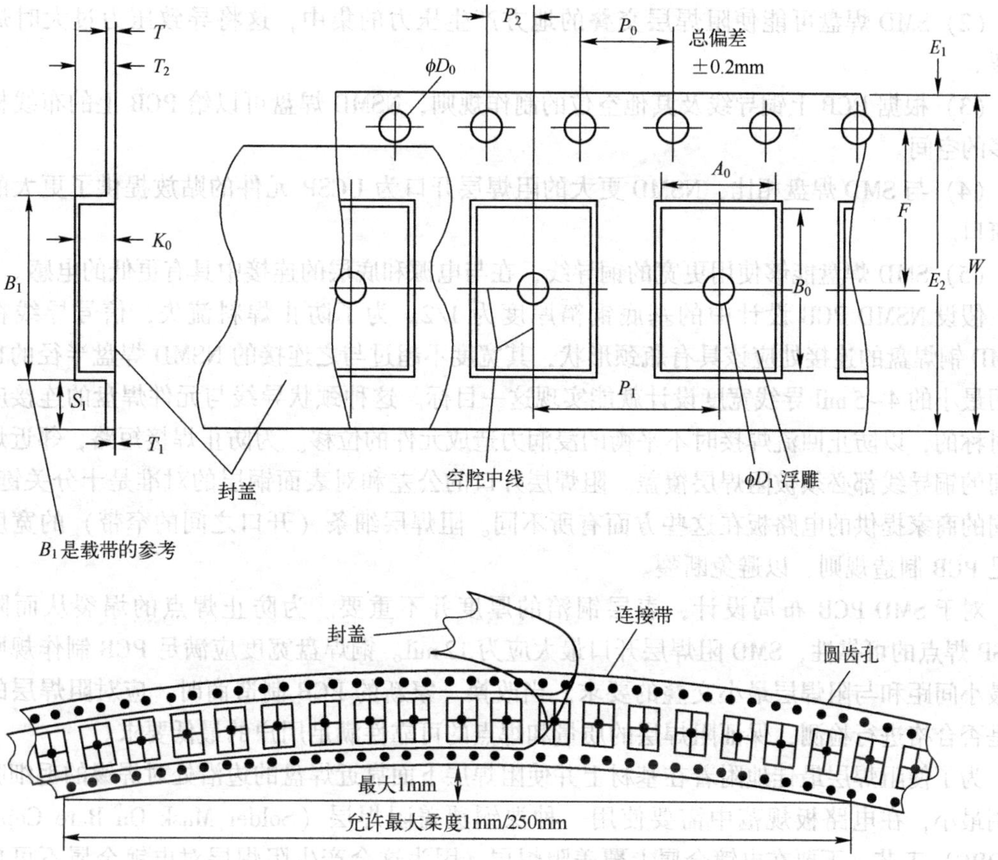

图 5-11　典型的 UCSP 包装带结构

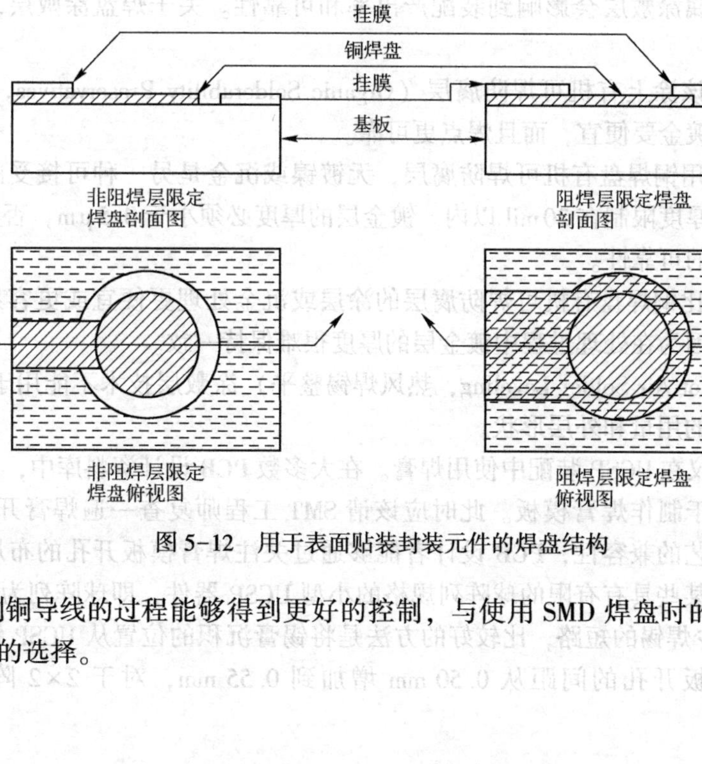

图 5-12　用于表面贴装封装元件的焊盘结构

（1）蚀刻铜导线的过程能够得到更好的控制，与使用 SMD 焊盘时的阻焊层蚀刻相比，NSMD 是更好的选择。

（2）SMD 焊盘可能使阻焊层交叠的地方产生压力的集中，这将导致压力过大时焊点破裂。

（3）根据 PCB 上铜导线及其他空位的制作规则，NSMD 焊盘可以给 PCB 上的布线提供更多的空间。

（4）与 SMD 焊盘相比，NSMD 更大的阻焊层开口为 UCSP 元件的贴放提供了更大的工作窗口。

（5）SMD 焊盘能够使用更宽的铜导线，在与电源和底层的连接中具有更低的电感。

假设 NSMD PCB 设计中的基底铜箔厚度为 1/2。为了防止焊料流失，信号导线在与 NSMD 铜焊盘的连接处应该具有瓶颈形状，其宽度不超过与之连接的 NSMD 焊盘半径的1/2。使用最小的 4~5 mil 导线宽度设计就能实现这一目标。这种颈状导线与元件焊盘的连接应该是对称的，以防止回流焊接时不平衡的浸润力造成元件的位移。为防止焊接短路，邻近焊盘之间的铜导线都必须被阻焊层覆盖。阻焊层开口的公差和对表面铜层的对准是十分关键的，不同的商家提供的电路板在这些方面有所不同。阻焊层细条（开口之间的窄带）的宽度应满足 PCB 制造规则，以避免断裂。

对于 SMD PCB 布局设计，表层铜箔的厚度并不重要。为防止焊点的塌裂从而降低 UCSP 焊点的可靠性，SMD 阻焊层开口最大应为 12 mil。铜焊盘宽度应满足 PCB 制作规则中对最小间距和与阻焊层最小交叠的要求。当改换一家新的 PCB 制造商时，应对阻焊层的制作是否合格进行检测，保证阻焊层的质量和焊点的可靠性满足用户的最低要求。

为了使阻焊层最佳地附着在基材上并使阻焊层下面靠近焊盘的边沿处对焊锡的毛细吸引作用最小，在电路板规范中需要使用一种裸铜覆盖阻焊层（Solder Mask On Bare Copper，SMOBC）工艺。不要在电镀金属上覆盖阻焊层，因为这会产生阻焊层对电镀金属不可预知的附着效果，导致在表面装配回流的过程中软化焊锡，损坏阻焊层边沿。

PCB 焊盘的金属涂敷层会影响到装配产出率和可靠性。关于焊盘涂敷层，需要注意以下几点：

（1）铜焊盘应该涂上有机可焊防腐层（Organic Solderability Preservatives，OSP）。有机可焊防腐层一般比镀金要便宜，而且焊点更可靠。

（2）如果不使用铜焊盘有机可焊防腐层，无镀镍或沉金是另一种可接受的选择，因为它可以把镀金层的厚度限制在 20 mil 以内。镀金层的厚度必须小于 0.5 μm，否则将造成焊点的脆弱，降低焊点的可靠性。

（3）即使镀金比铜焊盘有机可焊防腐层的涂层或沉金处理更便宜或更容易实现，也不要使用这种方法，因为在处理过程中镀金层的厚度很难保持一致。

（4）HASL（Hot Air Solder Leveling，热风焊锡整平）涂敷层技术不能用于 UCSP 元件，因为无法控制焊料的用量和外层形状。

Maxim 公司建议在 UCSP 装配中使用焊膏。在大多数 PCB 设计资料库中，设计者会提供 Gerber 图形文件用于制作焊膏模板。此时应该请 SMT 工程师复查一遍焊膏开孔布局设计，确保与焊膏印刷工艺的兼容性，PCB 设计者能够通过关注焊膏模板开孔的布局帮助优化装配的产出率。对于某些具有有限的球阵列规格的小型 UCSP 器件，即球阵列为 2×2、3×2 和 3×3，为了尽量减少焊锡的短路，比较好的方法是将锡膏沉积的位置从 UCSP 锡球的位置偏移 0.05 mm，将模板开孔的间距从 0.50 mm 增加到 0.55 mm，对于 2×2 阵列要增加到

0.60 mm。焊盘和阻焊层开口不需要任何变动。对于较大的球阵列规格（即 4×3、4×4、5×4 以及更大的尺寸），外围行、列的锡膏开孔需要偏移。可能的话，内部（非最外围）的焊膏沉积开孔要向球阵列节点密度较稀的方向偏移。

4. 典型的 UCSP 表面贴装工艺流程

典型的 UCSP 表面贴装工艺给出了对焊膏印刷、元件贴放、回流焊接、UCSP 返修和封装运输的一些指导性原则。

（1）焊膏印刷工艺是与 PCB 装配产出率相关的最重要的工艺。检查焊膏厚度、焊盘覆盖百分比和与焊盘的对准精度是必须进行的工作。

选择焊膏：应使用 60%Sn~37%Pb 共晶合金第三类（锡球尺寸为 25~45 μm）或第四类（20~38 μm）的锡膏，选择哪一类取决于模板开孔的尺寸。建议使用低卤化物含量（<100 ppm）和免清洗的 J-STD-00 指定的 ROL0/REL0 树脂助焊剂，可以省去回流装配后的清洗工作。

制作模板：使用激光切割不锈钢箔片加电抛光技术或镍金属电铸成形的制作工艺。镍电铸成形工艺虽然比较昂贵，但是对于从超小的开孔进行焊膏沉积的过程最具备可重复性。这种方法还有一个优点，就是可以形成任何用户所需要的厚度。具有梯形截面的模板开口有助于焊膏的释放。

焊锡模板开孔设计：通过将开孔偏移焊盘，使锡膏沉积位置的间距最大，这可以把焊接锡球小于 10 个时 UCSP 元件桥接的可能性降到最低。

开孔面积比定义为开孔的面积除以开孔侧壁的表面积。为了锡膏印刷过程的可重复性，使用面积比大于 0.66 的正方形（25 μm 角径）开孔比矩形开孔的效果要好，使用更大的开孔或更薄的模板可以提高面积比。

（2）元件贴放是将 UCSP 元件从带有凹槽的包装带中取出并贴放到 PCB 上，这一过程使用标准的自动精确定位集成电路拾取/贴放机，拾取/贴放机需要一个固定的带盘送料器。使用机械中心定位方案的系统是不可取的，因为它极有可能伤害到元件。

拾取/贴放系统的贴放精度依赖于它使用的是封装轮廓中心对准还是球栅阵列中心对准的视觉定位技术。对准精度要求较低时，封装轮廓中心对准可以用于高速贴放；球栅阵列中心对准则用于在贴放速率较低时实现最大的对准精度。封装轮廓对准与球栅阵列对准的中心位置坐标值 x、y 最大偏差为±0.035 mm。

锡球贴放位置与 PCB 焊盘中心在 x、y 方向的最大允许偏移均为±0.150 mm，这样可以保证回流过程中的浸润力使锡球自动对准中心。

所有 UCSP 元件的接触力应该小于 5 N，建议元件锡球高度不要超过焊膏高度的 50%，最后需要使用 2D X 射线测量并验证贴放精度。

为了一致、可靠地从包装带拾取裸片，同时把它放在 PCB 上，拾取和贴放操作可能也要求对吸嘴/吸头进行足够的清理。为实现这一目的，建议使用下面方法：

① 在拾取和贴放过程中，频繁地用异丙醇（IPA）或甲醇清理裸片吸头。在最佳的拾放间隔中，通过几次拾放之后检查吸头的杂质来决定清理的频率。

② 使用一个不接触光刻区的吸头。

③ 使用一个较大的吸头可使得放置裸片时间的一致性更好，同时避免了放置后裸片位置没被对准。

（3）焊膏回流要在氮气惰性氛围下进行。推荐使用压力对流气体回流炉，这样可以控制整个过程中的热导率。

额定峰值温度是220±15℃，高于锡球熔点的温度持续60±15 s，使用机器装置内部的热电偶测量和证实这一温度曲线。典型的基于UCSP的共晶锡回流焊温度曲线如图5-13所示。UCSP元件能够经受住三次回流焊循环（峰值温度为235℃）。推荐使用2D X射线分层摄影法作为回流焊之后取样检查焊接短路、焊锡不足、漏焊和潜在开路等问题的方法。

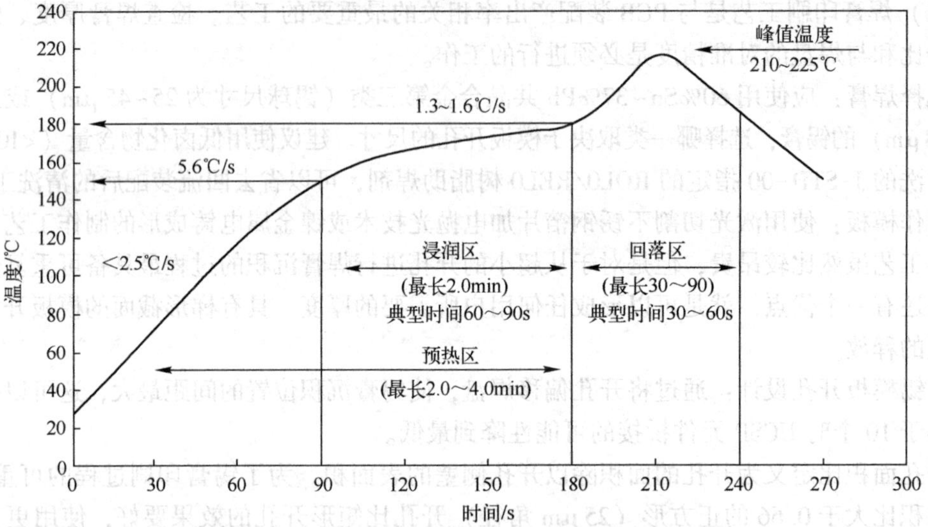

图5-13　典型的基于UCSP的共晶锡回流焊温度曲线

（4）UCSP的返修工艺与一般的球栅阵列返修相同。

① 使用局部加热取走UCSP元件，加热的温度曲线与最初的回流温度曲线类似，使用对流热气体喷嘴和底部预热的方法。

② 当喷嘴温度达到190℃时，使用塑胶镊子或者真空工具取走有缺陷的UCSP元件。

③ 必须使用温度可控的电烙铁除去焊盘上的残留锡料。

④ 将凝胶状助焊剂添加到焊盘上。

⑤ 用真空拾取工具拾取新元件并利用视觉定位贴放夹具，将其精确地放置。

⑥ 用相同的对流热气体喷嘴和底部预热的方法对元件进行回流焊接，使用最初的回流温度曲线。

（5）为了防止损坏UCSP封装元件，包装与运输UCSP封装元件时必须小心。尤其是在不使用底层填料安装UCSP元件的情况下，必须严格遵守装有UCSP元件PCB的包装规范。

5.2　倒装芯片技术

众所周知，常规芯片封装流程中包括粘装、引线键合两个关键的工序，而倒装片（FliP-Chip, FC）则合二为一，它是直接通过芯片上呈阵列排布的凸点来实现芯片与封装衬底（或电路板）的互连。由于芯片是倒扣在封装衬底上，与常规封装芯片放置方向相反，故称为倒装片。

与常规的引线键合相比，FC 由于采用了凸点结构，互连长度更短，互连线电阻、电感值更小，封装的电性能明显改善。此外，芯片中产生的热量还可以通过焊料凸点直接传输至封装衬底。

FC 最主要的优点是拥有最高密度的 I/O 数，这是其他两种芯片互连技术 TAB（载带自动键合）和 WB（引线键合）所无法比拟的，这要归功于 FC 芯片的 Pad（焊盘）阵列排布，它是将芯片上原本是周边排布的 Pad 进行再布局，最终以阵列方式引出。据统计，采用这种方式可获得直径 25 μm、中心间距 60 μm 的 128×128 个凸点，而 TAB 和 WB 中的 Pad 均为周边排布。与 BGA 一样，它要求多层布线封装衬底（或电路板）与之匹配。

FC 的组装工艺与 BGA 类似，其关键是芯片凸点与衬底焊盘的对位。凸点越小、间距越密、对位越困难，通常需要借助专用设备来精确定位，但对焊料凸点而言，由于焊料表面张力的存在，焊料在回流过程中会出现一种自对准现象，使凸点和衬底焊盘自对准，即使两者之间位置有较大的偏差，通常也不会影响 FC 的对位。这也是 FC 封装备受欢迎的一个重要原因。

FC 既是一种高密度芯片互连技术，同时还是一种理想的芯片贴装技术。正因为如此，它在 CSP 及常规封装（BGA、PGA）中都得到了广泛的应用。例如，Intel 公司的 PⅡ及 PⅢ芯片就是采用 FC 互连方式组装到 FC-PBGA、FC-PGA（Pin Grid Array Package，插针网格阵列封装）中的。

严格地讲，FC 技术由来已久，并不是一项新技术。早在 1964 年，为克服手工键合可靠性差和生产率低的缺点，IBM 公司在其 360 系统中的固态逻辑技术（Solid Logic Technology，SLT）混合组件中首次使用了该项技术。但从 20 世纪 60 年代直至 80 年代一直都未能取得重大的突破，直到最近十年随着在材料、设备以及加工工艺等各方面的不断发展，同时随着电子产品小型化、高速化、多功能趋势的日益增强，FC 又再次得到了人们的广泛关注。

5.2.1 倒装芯片的连接方式

与传统的表面贴装元器件不同，倒装芯片元器件没有封装外壳，横穿整个管芯表面的互连阵列替代了周边线焊的焊盘，管芯以翻转的形式直接安置在板上或者向下安置在有源电路上面。由于取消了对周边 I/O 焊盘的需要，互连线的长度被缩短了，这样可以在没有改善元器件速度的情况下，减少 RC 延迟时间。倒装芯片示意图如图 5-14 所示。

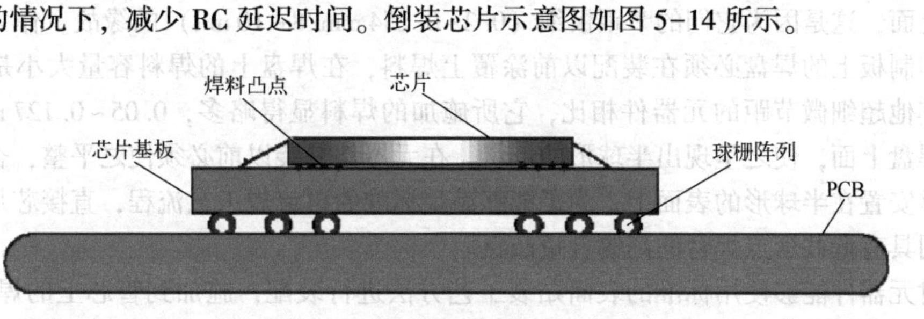

图 5-14 封装体内倒装芯片结构图

倒装芯片有三种主要的连接形式：控制塌陷芯片连接（Controlled Collapse Chip Connection，C4）、直接芯片连接（Direct Chip Attach，DCA）和胶粘剂连接倒装芯片。

1. 控制塌陷芯片连接（C4）

控制塌陷芯片连接技术是一种超精细间距的 BGA 形式。管芯具有 97Pb/3Sn 球栅阵列，在 0.2~0254 mm 的节距上，一般所采用的焊球直径为 0.1~0.127 mm，焊球可以安装在管芯的四周，也可以采用全部或者局部的阵列配置形式。使用 C4 互连技术的倒装芯片，通常连接到具有金或者锡连接焊盘的陶瓷基片上面，这主要是因为陶瓷能够忍受较高的再流焊焊接温度。

这些元器件不能使用标准的装配工艺进行装配操作，因为 97Pb/3Sn 再流焊焊接温度为 320℃，对于 C4 互连而言，尚没有其他的焊料可以用。代替焊膏的高温焊剂被涂敷在基片的焊盘上面或者在焊球上面，元器件的焊球被安置在具有焊剂的基片上，元器件不发生移动现象。装配时的再流焊温度大约在 360℃，此刻焊球发生熔化从而形成互连。当焊料发生熔化时，管芯利用其自身拥有的易于自动对准的能力与焊盘连接，这种方式类似于 BGA 组件。焊料“塌陷”到所控制的高度时，形成了桶型互连形式。

对于 C4 元器件而言，进行大批量生产应用的主要是陶瓷球栅阵列（Ceramic BGA，CBGA）和陶瓷圆柱栅格阵列（Column Ceramic Grid Array，CCGA）组件的装配。另外，有些组装厂商在陶瓷多芯片模块应用中使用这项技术。

C4 元器件具有的主要优点如下：

（1）组件具有优异的热性能和电性能。

（2）在中等焊球节距的情况下，能够支持极大的 I/O 数量。

（3）不存在 I/O 焊盘尺寸的限制。

（4）通过使用群焊技术，进行大批量可靠的装配。

（5）可以实现最小的元器件尺寸和重量。

另外，C4 元器件在管芯和基片之间能够采用单一互连，从而提供最短的、最简单的信号通路。降低界面的数量，可以减小结构的复杂程度，提高其固有的可靠性。

2. 直接芯片连接（DCA）

直接芯片连接技术像 C4 技术一样，是一种超微细节距的 BGA 形式，管芯与在 C4 中所描述的完全一样，C4 和 DCA 之间的不同之处在于所选择的基片不同。DCA 基片所采用的一般为用于 PCB 的典型材料，所采用的焊球是 97Pb/3Sn，与之相连的焊盘采用的是低共熔点焊料（37Pb/63Sn）。为了能够满足 DCA 的应用需要，低共熔点焊料不能通过模板印刷施加到焊盘上面，这是因为它们的节距极细（0.2~0.254 mm/8~10 mil）的缘故。作为一种替代方式，印制板上的焊盘必须在装配以前涂覆上焊料，在焊盘上的焊料容量大小是非常关键的，与其他超细微节距的元器件相比，它所施加的焊料显得略多，0.05~0.127 mm 焊料被释放在焊盘上面，使之呈现出半球形的形状，在元器件贴装以前必须使之平整，否则焊球不能够可靠安置在半球形的表面上。为了能够满足标准的再流焊工艺流程，直接芯片连接技术混合采用具有低共熔点焊膏的高锡含量凸点。

这时元器件能够使用标准的表面贴装工艺方法进行装配，施加到管芯上的焊剂与在 C4 中采用的相同，在 DCA 装配时所采用的再流焊焊接温度大约为 220℃，低于焊球的熔化温度而高于连接焊盘上的焊料熔化温度。在管芯上的焊球起到了刚性支撑作用，焊料填充在焊球的周围，因为这是在两个不同的 Pb/Sn 焊料组合之间形成的互连，在该处焊盘和焊球之间的界面将消失，在互相扩散的区域具有从 97Pb 到 67Sn 形成的光滑的梯度。通过刚性的支撑，管芯不会像在 C4 中那样发生“塌陷”现象，但是特有的趋于自我校准的能力仍然保持不变。大规模的生产应用 DCA 器件的目的，不在于它所具有的较高的 I/O 数量，而主要是在于它的尺寸、重量和价格。

DCA 元器件的优点类似于先前所述的 C4。由于它们能够在标准的表面贴装工艺处理下安置到电路板上面，能够适合这项技术的潜在应用场合数不胜数，尤其在便携式电子产品的应用中更适宜采用该技术。

然而关于 DCA 技术的优点也不能过于夸大，要实现它仍存在一些技术方面的挑战。有经验的封装厂商在生产过程中使用这项技术时，会继续重新处理和改善他们的工艺流程。业界实际上还没有对此项技术广泛的工艺处理经验，出于消除了围绕在管芯周围的封装，所有复杂的高密度连接直接进入 PCB 内，形成了复杂的表面贴装技术。

3. 胶粘剂连接的倒装芯片

胶粘剂连接的倒装芯片（Flip Chip Adhesive Attachment，FCAA）可以具有很多形式，它用胶粘剂来代替焊料，将管芯与下面的有源电路连接在一起。胶粘剂可以采用各向同性导电材料、各向异性导电材料，或者采用根据贴装情况的非导电材料。另外，采用胶粘剂可以贴装陶瓷、PCB 基板、柔性电路板和玻璃材料等，这项技术的应用非常广泛。

5.2.2 倒装芯片的凸点技术

FC 基本上可分为焊料凸点 FC 和非焊料凸点 FC 两大类。尽管如此，其基本结构是一样的，即每一个 FC 都是由 IC、UBM（Under-Bump Metal，凸点下金属）和 Bump（凸点）组成的。如图 5-15 所示为典型的凸点结构示意图。UBM 是在芯片焊盘与凸点之间的金属过渡层，主要起黏附和扩散阻挡的作用，它通常由黏附层、扩散阻挡层和浸润层等多层金属膜组成。现在采用溅射、蒸发、化学镀、电镀等方法来形成 UBM。Bump 则是 FC 与 PCB 电连接的唯一通道，也是 FC 技术中最富吸引力之所在。

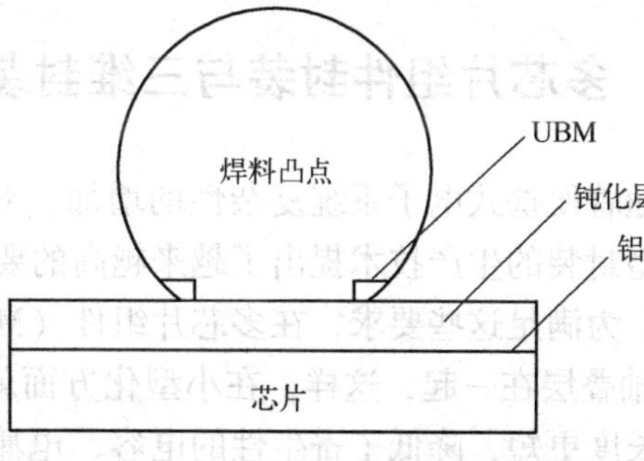

图 5-15　典型凸点结构示意图

1. UBM 的制作

能用来制作 UBM 的材料是很多的，主要有 Cr、Ni、V、Ti/W、Cu 和 Au 等。同样，制作 UBM 的方法也不少，最常用的有溅射、蒸发、电镀和化学镀等几种，其中采用溅射、蒸发、电镀工艺制作 UBM 需要较大的设备投入，成本高，但其生产效率相当高，而采用化学镀方法成本则低得多。目前使用较广泛的 Ni/Au UBM 采用化学镀方法。

2. 凸点分类

由于制作方法不同，凸点大致可分为焊料凸点、金凸点及聚合物凸点三大类。

（1）焊料凸点（Solder Ball Bump）。凸点材料为含 Pb 焊料，一般有高 Pb（90Pb/10Sn）和共晶（37Pb/63Sn）两种。

（2）金凸点（Gold Bump）。凸点材料可以是 Au 和 Cu，通常是采用电镀方法形成厚度为 20 μm 左右的 Au 或 Cu 凸点，Au 凸点还可以采用金丝球焊的方法形成。

（3）聚合物凸点（Polymer Bump）。PFC（Polymer Flip Chip，聚合物倒装芯片）采用导电聚合物制作凸点，设备和工艺相对简单，是一种高效、低成本的 FC。

由于组装工艺简单，焊料凸点技术应用最为广泛。金凸点虽然制作工艺较焊料凸点简单，但组装中需要专门的定位设备和专用粘接材料，如 ACF（Anisotropic Conductive Film，各向异性导电薄膜），因此多用于产品开发阶段；而 PFC 作为一种新兴起的 FC，具有很好的应用前景。

3. 焊料凸点的制作

焊料凸点 FC 因其优良的电、热性能及组装简便等诸多优点，吸引了业界广泛的关注，人们在不断地开发各种各样的凸点制造技术。

（1）电镀凸点。这是最常用的凸点制造技术。

（2）印刷凸点。这种方法实际上就是 SMT 工艺中的丝网印刷技术。众所周知，精密丝网印刷的分辨率一般都在 0.3~0.4 mm，低于 0.3 mm 时会带来许多缺陷，而采用该方法印刷焊料凸点，间距通常为 0.254 mm 和 0.304 mm。这就对丝网、刮刀及印刷机等提出了更高的要求。

（3）喷射凸点。喷射凸点又称 MJT（Metal Jetting Technology），是一种创新的焊料凸点形成技术，它借鉴了计算机打印机技术中广泛使用的喷墨技术，熔融的焊料在一定压力的作用下，形成连续的焊料滴，通过静电控制，可以使焊料微滴精确地滴落在所需位置。该技术制作焊料凸点具有极高的效率，喷射速度可高达 44000 滴/s。

5.3 多芯片组件封装与三维封装技术

随着便携式电子系统复杂性的增加，对超大规模集成电路（VLSI）用的低功率、轻型及小型封装的生产技术提出了越来越高的要求。同样，许多航空和军事应用也正在朝该方向发展。为满足这些要求，在多芯片组件（MCM）X、Y 平面内的二维封装基础上，将裸芯片沿 Z 轴叠层在一起，这样，在小型化方面就取得了极大的改进。同时，由于 Z 平面技术总互连长度更短，降低了寄生性的电容、电感，因而系统功耗可降低约 30%。以上是多芯片组件封装产生的背景及由来，也提出了三维封装的必要性。

5.3.1 多芯片组件封装

MCM 封装使用多层连线基板，再以引线键合、TAB 或 C4 键合方法将一个以上的 IC 芯片与基板连接，使其成为具有特定功能的组件，MCM 多芯片模组实例如图 5-16 所示。它主要的优点包括：

（1）可大幅提高电路连线密度，增进封装的效率。

（2）可完成“轻、薄、短、小”的封装设计，MCM 多芯片模组内部结构如图 5-17 所示。

（3）封装的可靠度可获得提升。

图 5-16 MCM 多芯片模组实例

MCM 封装与 SMT 封装信号传输经过的导线数目的比较如图 5-18 所示。与 SMT 封装比较，采用 MCM 封装时两个相邻 IC 元器件之间的信号传输仅经过 3 根导线，而使用 SMT 封装则需经过 9 根导线，减少信号经过的导线数目可以降低封装连线缺陷发生的机会，可靠度因此获得提升。MCM 封装通常使用裸芯片键合，因此比 SMT 元器件的高度低，在基板上所占有的面积亦可同时降低，因此可提高封装的效率，符合“轻、薄、短、小”的趋向。由于具有这些优点，MCM 封装成为近年来高密度、高性能电子封装重要的技术之一。

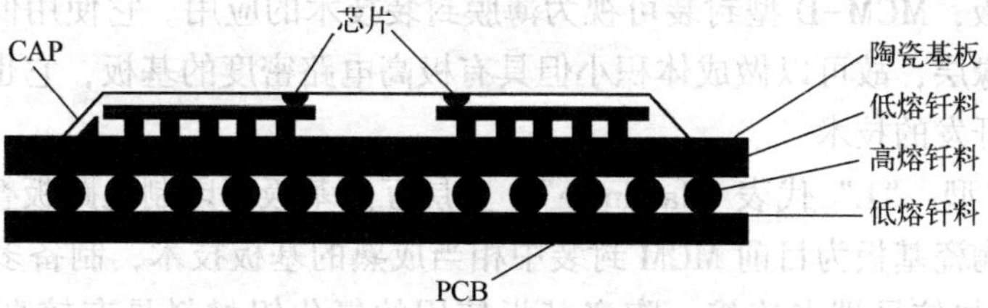

图 5-17　MCM 多芯片模组内部结构

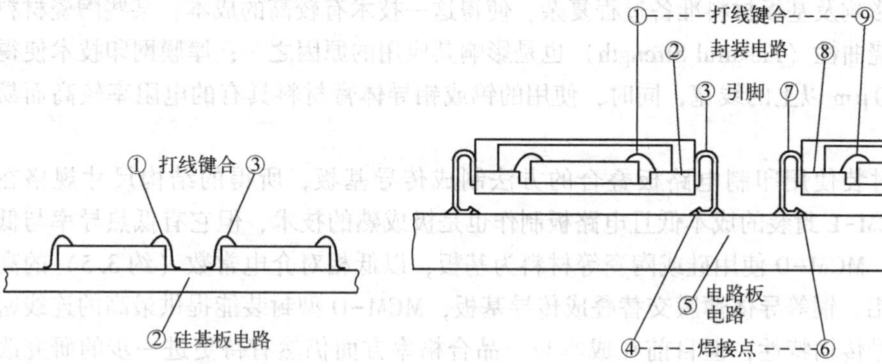

a)　　　　　　　　b)

图 5-18　MCM 封装与 SMT 封装信号传输经过的导线数目比较

a）MCM 封装　b）SMT 封装

MCM 封装技术的思想可溯源自混合集成电路封装，这一技术在先进电子封装技术的应用以美国 IBM 公司在 1980 年初期开发的热传导组件（Thermal Conduction Module，TCM）为著名的例子，它利用 C4 接合将约 100 枚 IC 芯片组合于具有多层传导电路的陶瓷基板上，应用在大型高速处理器的封装中。以后美、日等国主要电子公司，如 AT&T、Honeywell、Rockwell、Alcoa、GE、Tektronix、DEC、Hitachi、NTT、NEC、Mitsubishi 等公司相继开发了 MCM 封装技术，制作出体积更小、重量更轻且功能与可靠度更为优良的电子产品，如 NEC 公司当时推出他们的 SX 型超级计算机。目前，许多使用厚膜混合技术的封装产品逐渐被 MCM 封装技术所取代，在小型计算机工作站、通信产品里都可见到该项技术的应用，MCM 封装几乎已被视为电子封装进入芯片整合型（Wafer Scale Integration，WSI）封装技术之前电子封装的主流。

5.3.2　多芯片组件封装的分类

MCM 封装技术可概括为多层互连基板的制作（Substrate Fabrication）与芯片连接（Chip Interconnection）技术两大部分。芯片连接可以用引线键合、TAB 或 C4 等技术完成；基板可以陶瓷、金属及高分子材料为基材，利用厚膜、薄膜或多层陶瓷共烧等技术制成多层互连结构。按工艺方法及基板使用材料的不同，MCM 封装可区分为下列三种：

（1）MCM-C 型：“C”代表“ceramics”，基板为绝缘层陶瓷材料，导体电路则以厚膜印制技术制成，再以共烧的方法制成基板。

（2）MCM-D 型：“D”代表“deposion”，以淀积薄膜的方法将导体与绝缘层材料交替叠成多层连线基板，MCM-D 型封装可视为薄膜封装技术的应用。它使用低相对介电常数的高分子材料为绝缘层，故可以做成体积小但具有极高电路密度的基板，它也是目前电子封装行业所极力研究开发的技术。

（3）MCM-L 型：“L”代表“laminate”，多层互连基板以印制电路板叠合的方法制成。

共烧型多层陶瓷基板为目前 MCM 封装中相当成熟的基板技术，制备多达数十层的陶瓷基板以供 IC 芯片与信号端点连接。陶瓷基板使用的氧化铝材料具有较高的相对介电常数（通常约为 10），对基板的电气特性（尤其高频电路）有不良的影响；氧化铝烧结过程中的收缩对成品率的影响及基板材料准备过程复杂，使得这一技术有较高的成本；某些陶瓷材料的低热导率与低挠曲性（Flexural Strength）也是影响其应用的原因之一；厚膜网印技术使得电路至少具有 100 μm 以上的线宽，同时，使用的钨或钼导体膏材料具有的电阻率较高而易导致信号漏失。

MCM-L 型封装使用印制电路板叠合的方法制成传导基板，所得的结构尺寸规格在 100 μm 以上，MCM-L 封装的成本低且电路板制作也是极成熟的技术，但它有低热导率与低热稳定性的缺点。MCM-D 使用硅或陶瓷等材料为基板，以低相对介电常数（约 3.5）的高分子绝缘材料与铝、铜等导体薄膜交替叠成传导基板，MCM-D 型封装能提供最高的连线密度以及优良的信号传输特性，但目前在成本与产品合格率方面仍然有待更进一步的研究改善，有许多开发研究的空间。MCM-L、MCM-D、MCM-C 三种技术的电路结构与优缺点的比较分别见表 5-8 和表 5-9，实际上这三种不同的技术常被混合使用以制成高性能、高可靠度且能符合经济效益的 MCM 封装，图 5-19 为各个公司所开发的 MCM 封装结构。

表 5-8　MCM-L、MCM-D、MCM-C 封装基板的电路结构比较

实用技术	互连密度/in^2	信号层数（总层数）	总长/(in/in^2)	通孔密度/in^2
MCM-L	30	12（12）	360	100
MCM-C	50	20（42）	1000	2500
MCM-D	350	4（8）	1400	33000

表 5-9　MCM-L、MCM-D、MCM-C 封装的优缺点比较

技术类别	工艺技术	基板种类	优点	缺点
MCM-L	COB TOB（TAB on Board）	印制电路板	价位低 设备与技术成熟	热传导性不佳 热稳定性不佳 组装困难
	金属夹层技术	铝	热稳定性好 低价位单层基板	难以制成多层结构
MCM-C	薄膜技术	硅芯片陶瓷金属 共烧陶瓷	最高的互连密度 低电路层数 电性能优异 低相对介电常数材料	新型技术 工艺烦琐 设备成本高 成品率低、成本高

（续）

技术类别	工艺技术	基板种类	优点	缺点
MCM-D	厚膜混合技术	氧化铝	设备与技术成熟 高互连密度	材料成本高 烧结步骤烦琐
	薄膜混合技术	氧化铝	更高互连密度 热膨胀系数低	价位高 难以制成多层结构
	高温共烧技术	氧化铝陶瓷	高互连密度 热与机械性质好	有基板收缩的困难 需电镀保护 高介电常数材料
	低温共烧技术	玻璃陶瓷	高互连密度 银金属化工艺 低介电系数材料	有基板收缩的困难 热传导性不佳

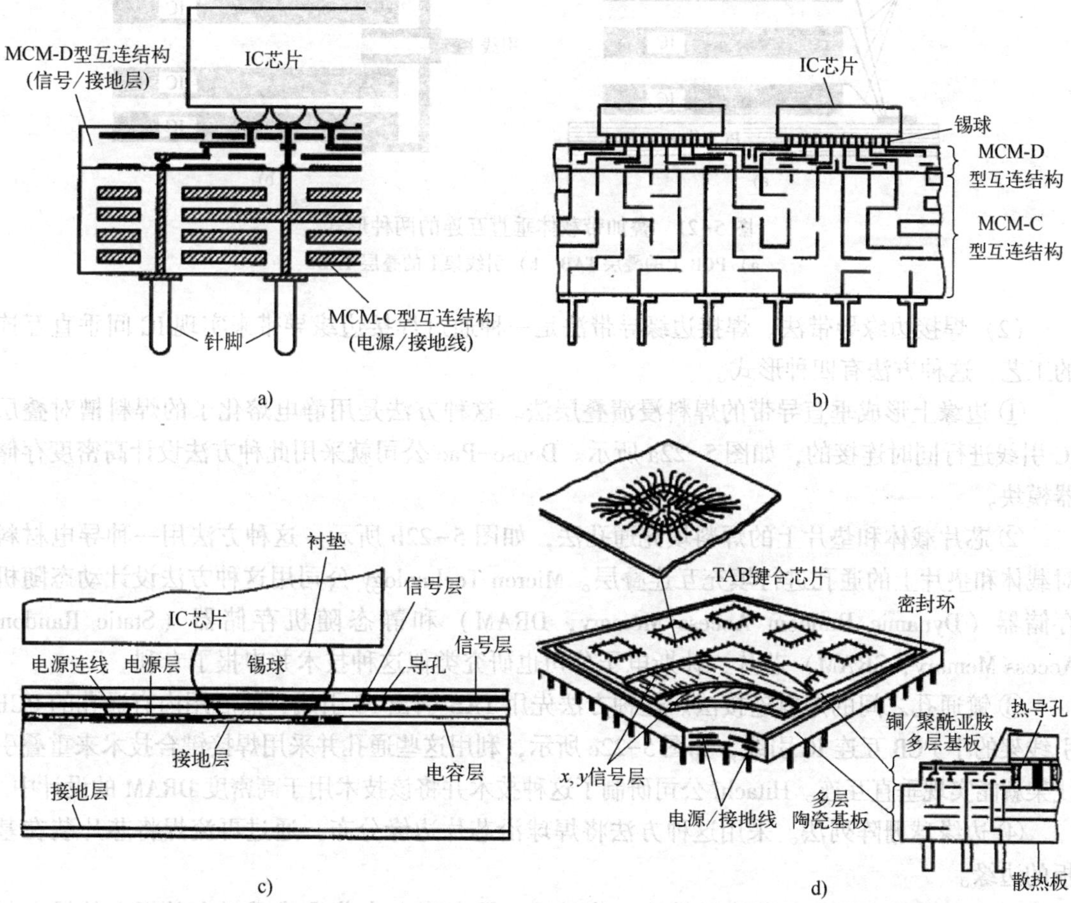

图 5-19　各个公司所开发的 MCM 封装结构

a）NEC　b）Hitachi　c）AT&T　d）Honeywell

5.3.3　三维（3D）封装技术

3D 封装模块是指芯片在 Z 方向垂直互连结构，6 芯片的堆叠 3D 封装如图 5-20 所示。

1. 叠层集成电路间的外围互连

采用叠层的外围互连叠层芯片的互连技术主要有以下几种：

(1) 叠加带载体法。叠加带载体法是一种采用TAB技术互连IC芯片的方法，这种方法进一步可分为PCB上的叠层和TAB两种方法，叠加带载体垂直互连的两种形式如图5-21所示。第一种方法被松下公司用来设计高密度存储器，第二种方法被富士通公司用来设计DRAM芯片。

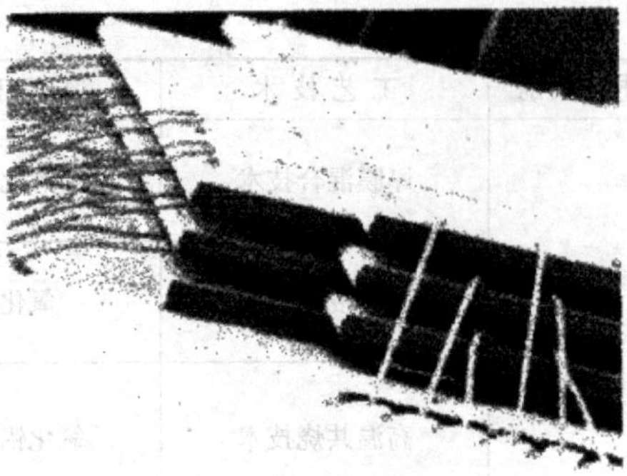

图5-20　6芯片的堆叠3D封装

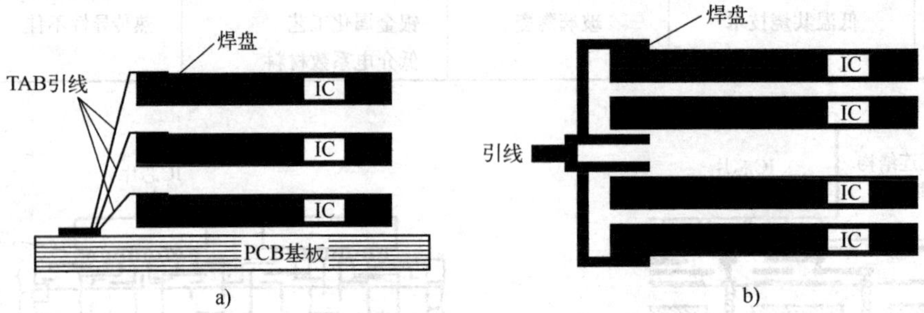

图5-21　叠加带载体垂直互连的两种形式

a）PCB上的叠层TAB　b）引线架上的叠层TAB

(2) 焊接边缘导带法。焊接边缘导带法是一种通过焊接边缘导带来实现IC间垂直互连的工艺，这种方法有四种形式。

① 边缘上形成垂直导带的焊料浸渍叠层法。这种方法是用静电熔化了的焊料槽对叠层IC引线进行同时连接的，如图5-22a所示。Dense-Pac公司就采用此种方法设计高密度存储器模块。

② 芯片载体和垫片上的焊料填充通孔法，如图5-22b所示。这种方法用一种导电材料对载体和垫片上的通孔进行填充互连叠层。Micron Technology公司用这种方法设计动态随机存储器（Dynamic Random Access Memory，DRAM）和静态随机存储器（Static Random Access Memory，SRAM）芯片，休斯电子公司也研究类似这种技术并申报了专利。

③ 镀通孔之间的焊料连接法。这种方法先用TAB引出IC引线，然后用内有通孔的PCB引线架的小PCB互连IC引线，如图5-22c所示，利用这些通孔并采用焊接键合技术来重叠引线架就能实现垂直互连。Hitachi公司研制了这种技术并将该技术用于高密度DRAM的设计中。

④ 边缘球栅阵列法。采用这种方法将焊球沿芯片边缘分布，通过再流焊将芯片装在基板的边缘。

(3) 立方体表面上的薄膜导带法。薄膜是一层在真空中蒸发或溅射在基板上的导电材料（在此基础上形成导带），立方体表面上的薄膜导带法如图5-23所示，立方体表面的薄膜导带是一种在立方体表面形成垂直互连的方法，这种方法有以下两种形式：

① 薄膜T形连接和溅射金属导带法。I/O信号被重新布线到芯片的一侧后，在叠层芯片的表面形成薄膜金属层的图形，然后，在叠层的表面进行剥离式光刻和溅射淀积两种工艺形成焊盘和总线，形成了T形连接。

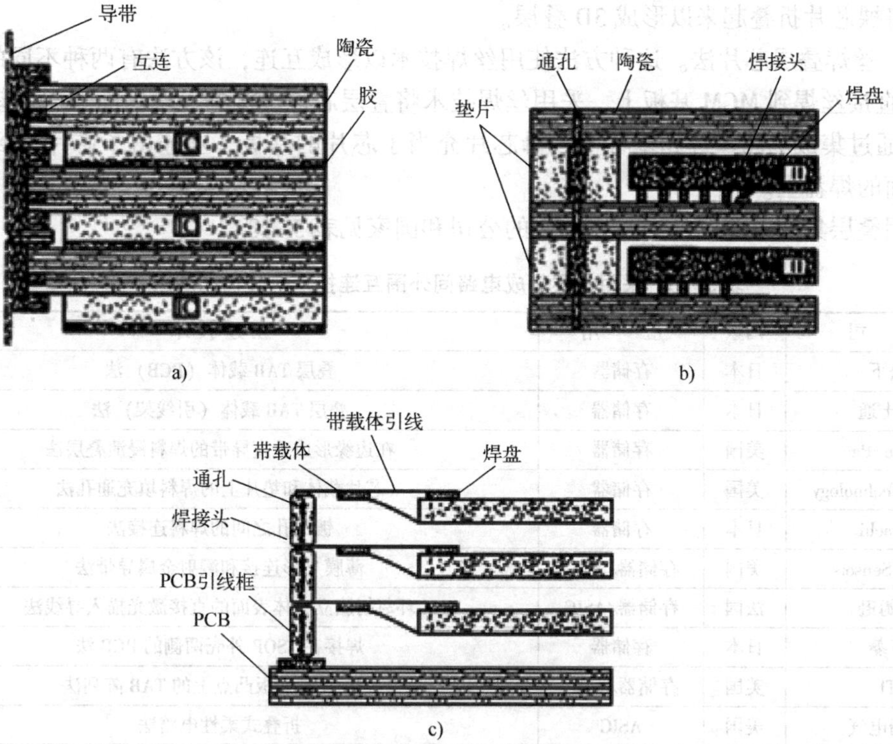

图 5-22　焊接边缘导带垂直互连的三种方式

② 环氧树脂立方体表面的直接激光描入导线法。这种方法用激光调阻在立方体的侧面形成互连图形，互连图形和集成电路导带截面交叉在立方体的表面上，汤姆逊公司用这种方法来制作高密度存储器、微型相机、医疗用品及军事装备。

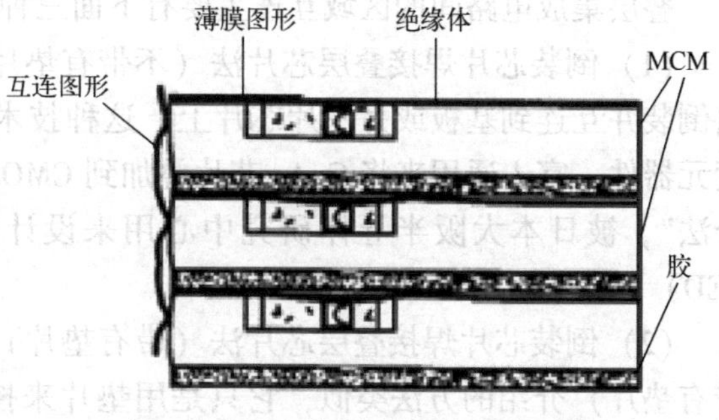

图 5-23　立方体表面上的薄膜导带法

（4）立方体表面的互连线基板法。这种方法将一块分离的基板焊接在立方体的表面，具体有下列三种形式：

① 焊接在硅基板凸点上的 TAB 阵列法。TI 公司研制了这种方法并将其用于超高密度存储器的设计中，通过重新布线 TAB 键合的存储器芯片上的 I/O 就可以实现垂直互连，然后将一组（4~16 个）芯片进行叠层以形成三维叠层，再将这些叠层贴放在硅基板上并排成一行，使叠层底部的 TAB 引线与基板上焊料凸点焊盘连接在一起。

② 键合在叠层表面的倒装芯片法。这种方法在对 MCM 叠层前就将其互连引线引到各个金属焊盘的侧面，然后用倒装焊技术将集成电路键合到金属焊盘上。

③ 焊盘在 TSOP 外壳两侧的 PCB 法。这种方法将两个 PCB 焊接在叠层 TSOP 外壳的两侧以形成垂直互连，然后使 PCB 引线成形以形成双列直插式组件。三菱公司用这种方法设计了高密度存储器。

（5）折叠式柔性电路法。在折叠式柔性电路中，先将裸芯片安装互连到柔性材料上，然后再将裸芯片折叠起来以形成3D叠层。

(6) 丝焊叠层芯片法。这种方法使用丝焊技术以形成互连，该方法有两种不同的形式。

① 直接丝焊到MCM基板上，采用丝焊技术将叠层芯片焊接到一块平面MCM基板上。

② 通过集成电路丝焊到基板上，母芯片充当子芯片的基板，互连由子芯片接到母芯片基板表面的焊盘上。

采用叠层集成电路间外围互连技术的公司和国家见表5-10。

表5-10 采用叠层集成电路间外围互连技术的公司和国家

公　司	国家	应　用	互连技术
松下	日本	存储器	叠层TAB载体（PCB）法
富士通	日本	存储器	叠层TAB载体（引线架）法
Dense-Pac	美国	存储器	在边缘形成垂直导带的焊料浸渍叠层法
Micron Technology	美国	存储器	芯片载体和垫片上的焊料填充通孔法
Hitachi	日本	存储器	镀通孔之间的焊料连接法
Irvine Sensors	美国	存储器/ASIC	薄膜T形连接和溅射金属导带法
汤姆逊	法国	存储器/ASIC	环氧树脂立方体表面的直接激光描入寻线法
三菱	日本	存储器	焊接在TSOP外壳两侧的PCB法
TI	美国	存储器/ASIC	焊接在硅基板凸点上的TAB阵列法
通用电气	美国	ASIC	折叠式柔性电路法

2. 叠层集成电路间的区域互连

叠层集成电路间的区域互连主要有下面三种形式：

(1) 倒装芯片焊接叠层芯片法（不带有垫片）。这种方法用焊接凸点技术将叠层集成电路倒装并互连到基板或另一片芯片上。这种技术为许多公司采用，如IBM用来设计超高密度元器件，富士通用来将GaAs芯片叠加到CMOS芯片上，松下研制出一种新的“微凸点键合法”，被日本大阪半导体研究中心用来设计热敏头和发光二极管（Liquid Emit Diode, LED）打印头。

(2) 倒装芯片焊接叠层芯片法（带有垫片）。这种方法与倒装芯片焊接叠层芯片法（不带有垫片）介绍的方法类似，它只是用垫片来控制叠层芯片间的距离。这种技术是由美国科罗拉多大学、加州大学研究并用在VLSI芯片上部固定含有铁电液晶显示的玻璃板上。

(3) 微桥弹簧和热迁移通孔法。微桥弹簧法使用微型弹簧以实现叠层IC间的垂直互连。休斯公司研制了这种方法并将这种方法用于3D并行计算机的设计中实时数据及图像的处理，并用于F-14、F-I5、A-18、AV-8B、B-2飞机的电子设备中，同样的技术可用于MCM。表5-11说明了采用叠层IC间的区域互连技术的公司和国家。

表5-11 采用叠层IC间的区域互连技术的公司和国家

公　司	国家	应　用	互连技术
富士通	日本	ASIC	倒装芯片焊接叠层芯片法（不带有垫片）
科罗拉多大学 加州大学	美国	光电子	倒装芯片焊接叠层芯片法（带有垫片）
休斯	美国	ASIC	微桥弹簧和热迁移通孔法

3. 叠层 MCM 间的外围互连

叠层 MCM 间的外围互连方法指的是叠层 MCM 间的垂直互连在叠层的外围实现，主要有下面五种形式：

（1）焊接边缘导带法。这种方法与叠层集成电路间的外围互连中的焊接边缘导带法的方法类似，所不同的是，它的垂直互连是在 MCM 间而不是在 IC 间实现，这种方法有两种不同形式。

① 在边缘上形成垂直导线的焊料浸渍叠层法。这种技术使用 MCM 形成叠层。Trymer 公司将这项技术用于研制超高速导弹的导航系统。

② 叠层 MCM 的焊接引线法。每个 MCM 单独封装以后，用引线将其叠加起来待安装，松下电子元器件公司就采用这种方法通过 2~8 个叠层来设计高密度 SRAM 和 DRAM。由于基板底部的引线像一个四边引出扁平封装（QFP），这种方法又称为“叠层 QFP 式 MCM”。

（2）立方体表面的薄膜导带法。叠层边的高密度互连器（High Density Interconnector，HDI）薄膜互连法是指在基板上采用的同样高密度互连器工艺沿叠层的两边实现垂直互连，将两边叠层，然后用“电镀光刻胶”的化学工艺形成图形。通用电气公司研制了这种技术并将其用于设计高密度存储器和其他专用集成电路（Application Specific Integrated Circuit，ASIC）。汤姆逊公司研制的这种方法既用于 MCM 又用于 IC 叠层，并将其称为“MCM-V”。

（3）齿形盲孔互连法。这种方法在半圆形或皇冠形金属化表面（齿形）制造 MCM 间的垂直互连，Harris 和 CTS 微电子公司用这种方法设计高密度存储器模块。

（4）弹性连接器法。这种方法使用弹性连接器来实现叠层 MCM 的垂直互连，JET Propulsion 试验室近来用这种方法实现了一种太空立方体（一种采用 3D MCM 的多个处理器结构）。采用外围互连叠层 MCM 技术的公司和国家见表 5-12。

表 5-12　采用外围互连叠层 MCM 技术的公司和国家

公　司	国家	应　用	互 连 技 术
松下	日本	存储器	叠层 MCM 的焊接引线法
通用电气	美国	ASIC	叠层边的 HDI 薄膜互连法
Harris	美国	存储器	齿形盲孔互连法
CTS 微电子	美国	存储器	齿形盲孔互连法
Trymer	美国	导航系统	在边缘上形成垂直导线的焊料浸渍叠层法

4. 叠层 MCM 间的区域互连

采用叠层 MCM 间的区域互连方法，叠层元器件间的互连密度更高，叠层 MCM 之间的互连没有键合在叠层周围，MCM 通孔连接法是区域互连的一种具体方法，这种方法主要有四种不同形式。

（1）塑料垫片上的模糊按钮和基板上的填充通孔法。这种方法用一层被称为垫片或模糊按钮的过渡层将 MCM 叠层加起来，它由一个精确的塑料垫片让出芯片和键合的缝隙，模糊按钮通过叠层 MCM 上的接合力实现互连。模糊按钮的材料是优良的金导线棉，两个丝棉区结合非常牢固。这种方法由 E-Systems 公司研制，该公司和 Norton 金刚石膜公司采用该方法将 MCM 和金刚石基板叠层在一起，Irvine Sensors 公司还将这种技术用在小型、低成本的数字信号处理器（Digital Signal Processing，DSP）中。

（2）带有电气馈通线的弹性连接器法。这种方法通过连接电气馈通线和弹性连接器来实现垂直互连，电气馈通线预加工过的元器件，用一种埋置技术安装在激光结构的基板上。这种方法已被柏林理工大学技术研究中心研制出，此外，TI 公司已将类似方法用于设计一种被称为 Aladdin 并行处理器的高性能并行计算机。

（3）柔性各向异性导电材料法。各向异性导电材料厚度方向导电，但长度方向和宽度方向不导电，用垫片进行更多互连，让出键合环高度和冷却通道高度。AT&T 公司使用 3D MCM 技术设计每秒十亿浮点运算（Floating-point Operations Per Second，GFLOP）的多处理器阵列。

（4）基板层上下部分球栅阵列法。这种方法采用基板上下部分的球栅阵列实现垂直互连，通过给叠层施加压力，利用下部焊球将叠层 MCM 互连到 PCB 上，而上部焊接点用于叠层 MCM 间的互连。该技术已被 Motorola 公司申请专利。

5.3.4 三维（3D）封装技术的优点和局限性

1. 三维封装技术的优点

（1）在尺寸和重量方面，3D 设计替代单芯片封装缩小了器件尺寸、减轻了重量。尺寸缩小及重量减轻的那部分取决于垂直互连的密度。和传统的封装相比，使用 3D 技术可缩小尺寸、减轻重量达 40~50 倍。相对 MCM 技术，3D 封装技术可缩小体积 5~6 倍，减轻重量 3~19 倍。

（2）在硅片效率方面，封装技术的一个主要问题是 PCB 芯片焊区，MCM 和 3D 技术间的硅片效率比较如图 5-24 所示，MCM 由于使用了裸芯片，焊盘减小了 20%~90%，而 3D 封装则更有效地使用了硅片的有效区域，称为硅片效率。硅片效率是指叠层中总的基板面积与焊区面积之比，因此与其他 2D 封装技术相比，3D 技术的硅片效率超过 100%。

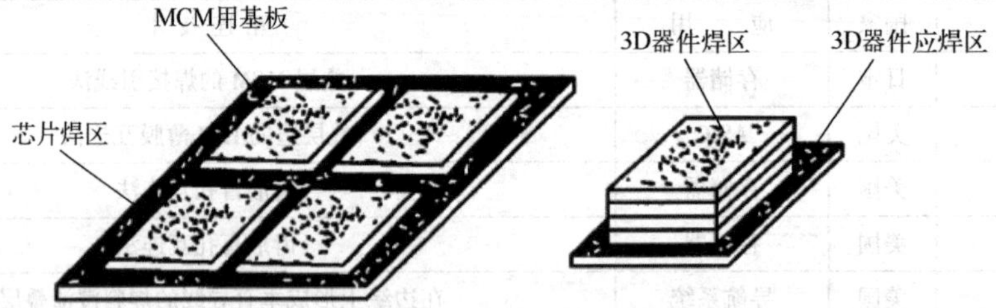

图 5-24　MCM 和 3D 技术间的硅片效率比较

（3）延迟小。延迟指的是信号在系统功能电路之间传输所需要的时间。在高速系统中，总延迟时间主要受传输时间限制，传输时间是指信号沿互连线传输的时间，传输时间与互连长度成正比，因此缩短延迟就需要用 3D 封装缩短互连长度。缩短互连长度降低了互连伴随的寄生电容和电感，因而缩短了信号传输延迟。例如，使用 MCM 技术的信号延迟缩短了约 300%，而使用 3D 技术由于电子元器件相互间非常接近，延迟则更短，2D 和 3D 结构的导线长度比较如图 5-25 所示。

（4）噪声小。噪声通常被定义为夹杂在有用信号间不必要的干扰，是影响信号的信息。在高性能系统中，噪声处理主要是一个设计问题，噪声通过降低边缘比率、延长延迟及降低噪声幅度限制着系统性能，会导致错误的逻辑转换。噪声幅度和频率主要受封装和互连限制。

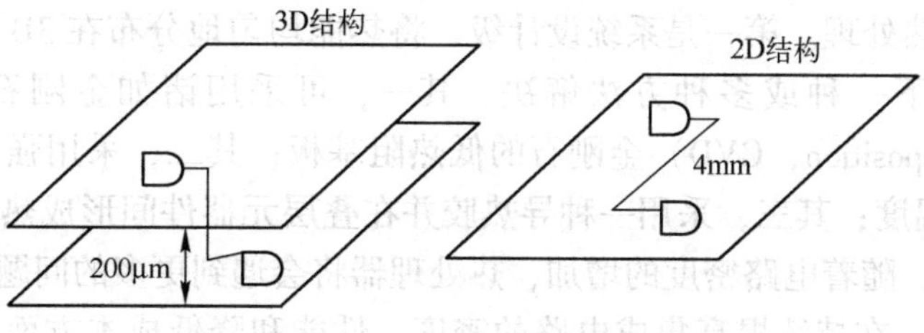

图 5-25　2D 和 3D 结构的导线长度比较

在数字系统中存在四种主要噪声源：反射噪声、串扰噪声、同步转换噪声、电磁干扰（Electro Magnetic Radio interference，EMR）。所有这些噪声源的幅度取决于信号通过互连的上升时间，上升时间越快，噪声越大。3D 技术在降低噪声中起着缩短互连长度的作用，因而也降低了互连伴随的寄生性。另一方面，如果使用 3D 技术没考虑噪声因素，那么噪声在系统中会成为一个问题。如果互连沿导线的阻抗不均匀或其阻抗不能匹配源阻抗和目标阻抗，那么就潜在存在一个反射噪声；如果互连间距不够大，也会潜在存在串扰噪声。由于缩短互连、降低互连伴随的寄生性，同步噪声也被减小，因此对于同等数目的互连，产生的同步噪声更小。

（5）对于功耗而言，由于寄生电容和互连长度成比例，因此，由于寄生性的降低，总功耗也降了下来。例如，10%的系统功耗散失在 PCB 上的互连中，如果采用 MCM 技术，产品的功耗小 8%。如果采用 3D 技术制造产品，由于缩短了互连长度，降低了互连伴随的寄生性，功耗则会更低。

（6）从速度方面，3D 技术节约的功率可以使 3D 元器件以每秒更快的转换速度（频率）运转而不增加功耗，此外，寄生性电容和电感的降低，3D 元器件尺寸和噪声的减小使每秒的转换率更高，这使总的系统性能得以提高。

（7）互连适用性和可接入性好。假定典型芯片厚度为 0.6mm，在 2D 封装图形中，距叠层中心等互连长度的元器件有 116 个，而采用 3D 封装技术，距中心元器件等距离的元器件只有 8 个，因而，叠层互连长度的缩短降低了芯片间的传输延迟。此外，垂直互连可最大限度地使用有效互连，而传统的封装技术则受诸如通孔或预先设计好的互连限制。由于可接入性和垂直互连的密度（平均导线间距的信号层数）成比例，因此，3D 封装技术的可接入性依赖于垂直互连的类型。外围互连受叠层元器件外围长度的限制，与之相比，内部互连要更适用、更便利。

（8）带宽大。在许多计算机和通信系统中，互连带宽（特别是存储器的带宽）往往是影响计算机和通信系统性能的重要因素。因而，降低延迟、增大母线带宽是有效的措施。例如，Intel 公司将 CPU 和 2 级存储器用多孔 PGA 封装在一起以获得大的存储器带宽。3D 封装技术可能被用来将 CPU 和存储器芯片集成起来，避免了高成本的多孔 PGA。

2. 三维封装技术的缺点

3D 封装技术的缺点分析主要有以下几点：

（1）散热系统复杂。随着高性能系统建设要求的提高，电子封装设计正朝向芯片更大、I/O 端口更多的方向发展，这就要求提高电路密度和可靠性。提高电路密度意味着提高功率密度，功率密度在过去的 15 年内已呈指数增长，在将来仍将持续增长。

采用 3D 技术制造元器件，功率密度高，因此，就得认真考虑热处理问题，3D 技术需要在两个层次进行热处理。第一是系统设计级，将热能均匀地分布在3D元器件表面；第二是封装级，可用以下一种或多种方法解决。其一，可采用诸如金刚石或化学气相淀积（Chemical Vapor Deposition，CVD）金刚石的低热阻基板；其二，采用强制风冷或冷却液来降低3D元器件的温度；其三，采用一种导热胶并在叠层元器件间形成热通孔来将热量从叠层内部排到其表面。随着电路密度的增加，热处理器将会遇到更多的问题。

（2）设计复杂。在持续提高集成电路的密度、性能和降低成本方面，互连技术的发展起着重要作用，在过去的20年内，电路密度提高约10000倍，据英特尔前首席执行官Gordon Moore说，IC的集成度将每年翻一番，后来修改为IC的集成度每1.5年翻一番。所以，芯片的特征尺寸、几何图形分辨率也向着不断缩小的方向发展。同时功能集成度的提高使芯片尺寸更大，这就要求增大硅片尺寸的材料，研制处理更大的硅片制造设备。

采用2D技术已实现了许多系统，然而，采用3D技术只完成了少量复杂的系统及元器件，还要采取设计和研制软件的方法解决系统复杂性不断增加的问题。

（3）成本高。任何一种新技术的出现，其使用都存在着预期高成本问题。3D技术也是这样，这是由于缺乏基础设施、生产厂家不愿冒险更新技术的原因。此外，高成本也是器件复杂性的要求。影响叠层成本的因素有以下几个：

① 层高度及复杂性。

② 每层的加工工序数（例如，对于裸芯片叠层，目前生产厂家工序数为5~50）。

③ 叠层前在每块芯片上采用的测试方法。

④ 块芯片是否老化（漏电流测试通常是一种低成本的替代方法）。

⑤ 片后处理（例如，焊盘走线、硅片修磨、通过基板和通过基板通孔等处理是非常昂贵的）。

⑥ 叠层每层要求的好芯片（Known Good Die，KGD）的数目（取决于3D生产厂家，在3~20个之间不等，如果修磨硅片，3D生产厂家可能要求每叠层两块硅片，这使成本过高）。

此外，非重复性工程（Non Recurring Engineering，NRE）成本也是很高的，这使采用3D技术难度更大。严重影响NRE的因素有以下几个：

① 批量叠层试验品的试验范围（例如，热测试、应力表测试及电测试等）。

② 要求的样品叠层数（通常在20~50个之间不等）。

③ 单个裸芯片系统级设计的3D生产厂家应用水平（例如，不同的3D生产厂家在模拟热和串扰方面的能力大大不同）。

（4）交货时间长。交货时间指的是生产一个产品所需要的时间，它受系统复杂性和要求的影响。3D封装技术比2D封装技术的交货时间要长，一份调查表明，根据3D元器件的尺寸和复杂性，3D封装厂家的“交货时间”为6~10个月，这比采用MCM-D技术所需的时间要长2~4倍。

5.3.5 三维（3D）封装技术的前景

三维封装技术改善了电子系统的许多方面，例如，尺寸、重量、速度、产量及耗能。此外，由于在3D元器件的组装过程中系统消除了有故障的集成电路，其终端器件的成品率、可靠性及牢固性比分立形式的元器件要高。当前，3D封装受若干因素的限制，其中诸如热处理等一些限制是密度高的原因，其余的则是技术限制，如通孔直径线宽、通孔间距。预计随着封装技术的进步，将会减小这些限制的影响。

3D 封装的主要问题有质量、垂直互连的密度、电特性、机械特性、热特性、设计工具的可利用性、可靠性、测试性、返工、NER 成本、封装成本、芯片（KGD）的可利用性及生产时间。这些因素决定着 3D 封装的选用，在许多情况下，这些因素是相互关联的，至于应用，则要综合考虑上述因素，选择最合适使用的技术。另一个重要的问题是 3D 技术厂家的使用能力，尽管许多公司在 3D 技术的研究方面都很积极，但真正有标准的 3D 产品的公司却很少。

5.4 思考题

1. CSP 的定义是什么？其特点有哪些？
2. 倒装芯片有几种连接方式？FC 芯片的凸点结构是怎样的？
3. WLP 芯片的两种基本工艺是什么？WLP 有什么优缺点？
4. 列举 3D 封装垂直互连技术的种类和特点。

第6章 封装性能的表征

封装材料通常针对特定的应用和工艺选用一组性能参数来表征，封装材料的性能可以分为四类：工艺性能、湿-热机械性能、电学性能和化学性能。表6-1给出了几种由生产商和供应商提供的封装材料的主要典型性能。

从工艺的角度来看，黏度和流动特性、凝胶化时间、固化与后固化时间、固化温度都是决定选择何种封装材料和封装技术的重要性质。

从性能和功能的角度来看，弯曲模量和强度等机械性能，介电常数和损耗因子等电学性能，以及吸潮率和潮气扩散系数等吸湿性能是主要的性能参数。

表6-1 供应商提供的封装材料的典型性能

类 别	性能和特征	单 位
工艺性能	螺旋流动长度	cm
	胶凝时间	s
	黏度	P①
	剪切速率	次/s
	固化温度	℃
	热硬化	—
	后固化时间	h
湿-热机械性能	热膨胀系数	10^{-6}/℃
	玻璃化转变温度	℃
	弯曲强度	MPa
	弯曲模量	GPa
	伸张性	%
	吸潮率	%
	潮气扩散系数	cm^2/s
	热导率	W/(m·K)
电学性能	体积电阻率	Ω·cm
	介电常数	—
	击穿强度	MV/m
	损耗因子	%
化学性能	离子杂质	$\times10^{-6}$
	易燃性	UL等级

① $1\,P=10^{-1}Pa\cdot s$。

6.1 工艺性能

针对特定的封装技术或封装设计，制造和封装工艺过程中的材料性能是决定材料应用的关键。制造性能主要包括螺旋流动长度、渗透和填充、凝胶时间、聚合速率、热硬化以及后固化时间和温度。

6.1.1 螺旋流动长度

ASTM D-3123 或 SEMI G11-88 试验是让流动的塑封料穿过横截面为半圆形的螺旋管直到停止流动，它不是测定黏度的试验，而是用来测量在一定压力、熔融黏度及凝胶化速率下的熔融情况。螺旋流动试验不仅用来比较不同的塑封料，而且还用来检验塑封料的质量，但是它不能区分黏性以及运动对螺旋流动长度的影响。较高的黏度及较长的凝胶化时间能相互补偿以获得理想的螺旋流动长度。试验中使用的注塑模具如图 6-1 所示。

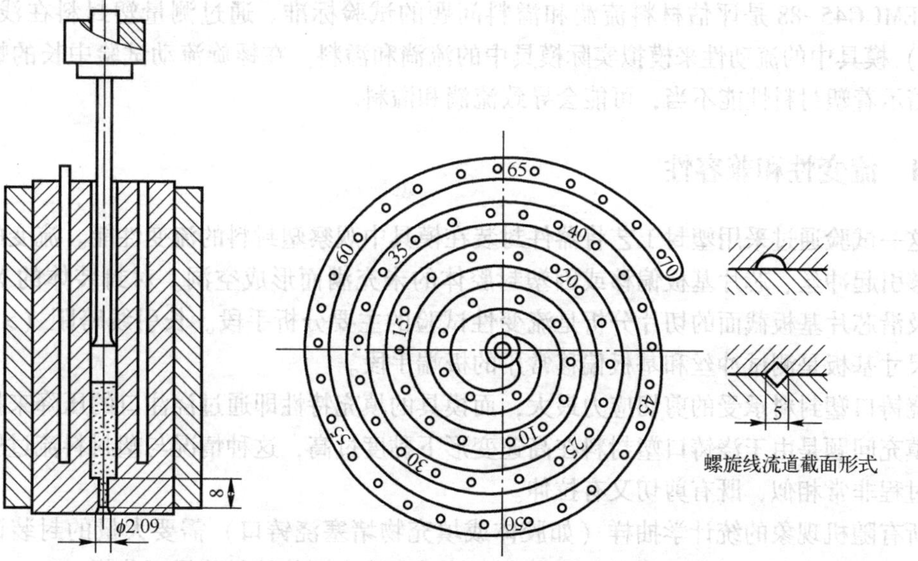

图 6-1　ASTM D-3123 螺旋流动长度试验用注塑模具

注：数据单位为 mm。

在 SEMI G11-88 中规定用一个“推杆随动”装置测量推杆的先行速度，它能记录推杆随时间的位移。它能在塑封料的整个螺旋长度成型时间内区分塑封料的流动时间和凝胶时间。螺旋流动试验中使用的注塑模具涉及的剪切速率范围是每秒数百次，因而试验结果对成品率及生产率没有影响。通过设定注塑流的流动长度和时间以满足特定的成型工具，SEMI G11-88 的试验结果可以用来提高成型过程的质量。

6.1.2 凝胶时间

凝胶时间是指塑封料由液相转变为凝胶所需的时间，凝胶态封装材料属于高黏度材料，本身不再具有流动性，无法涂覆成为薄层。热固性塑封料的凝胶时间通常用凝胶板测量。测量凝胶时间时，少量塑封料粉末软化在可精确控制的热板上（温度通常设定为170℃）形成黏稠的流动状态，定时用探针探测是否凝胶。

SEMI G11-88 标准推荐使用螺旋流动性试验作为比较评定法。凝胶时间体现了模塑料的产出能力，较短的凝胶时间促使较快的聚合速率和较短的模塑周期，提高了产量。

6.1.3 流淌和溢料

树脂的流淌和溢料是成型中的问题，塑封料从腔体挤出到达注塑模具边缘的引线框。树脂流淌只包括挤出的树脂，而飞边是由所有注塑料的溢出造成的。尽管造成这两个问题的根本原因是由于注塑的工艺条件、成型设计和缺陷的影响，但流淌与注塑化合物本身的关系更大，低黏度树脂和大填充颗粒的塑封料配方在高封装压力和低的模具夹钳压力下更可能发生流淌。

SEMI G45-88 是评估材料流淌和溢料问题的试验标准。通过测量塑封料在浅沟（6~75 μm）模具中的流动性来模拟实际模具中的流淌和溢料。在螺旋流动试验中长的螺旋流动长度暗示着塑封料性能不当，可能会导致流淌和溢料。

6.1.4 流变性和兼容性

这一试验通过采用塑封工艺将器件封装在模具中观察塑封料的流变性能。流变的不兼容性能够引起冲丝、芯片基板偏移或因塑封腔体的未充满而形成空洞。对封装体的 X 射线分析以及沿芯片基板截面的切片分析是流变性试验的主要分析手段。长引线跨距（>2.5 mm）和大尺寸基板是测试冲丝和基板偏移常用的极端手段。

浇铸口塑封料承受的剪切应力最大，而模具的填充特性即通过浇注口的压降来控制。不完全填充问题是由于浇铸口塑封料在高速变形下黏度过高，这种情况与塑封料流过骤然收缩口的过程非常相似，既有剪切又有拉伸。

所有随机现象的统计学抽样（如胶体或填充物堵塞浇铸口）需要大量的封装试样。注塑试验结果的分析应该着重塑封料的密度和针对空隙率评价的封装界面分析。

仅仅少量空洞造成的不完全填充（由于注塑压力过低）会导致封装体中空隙率的上升，从而导致过量的潮气侵蚀，造成器件的严重损坏。在多型腔模具、大体积封装如 PQFP、大芯片基板以及四周引脚的封装体中，这种现象更为普遍。

湿度对环氧塑封料的黏度有重要影响，其影响与不同配方中使用的添加剂及固化剂有关。与干燥的情况相比，在潮气质量比约为 0.2%或更大的情况下，熔融塑封料的黏度会下降 40%甚至更大。

湿度对剪切辨析行为的影响如图 6-2 所示。黏度随切应力的增加而减少，并呈幂函数规律降低。尽管潮气导致的熔融黏度降低会对克服流动应力及塑封填充问题有好处，但是，过多的潮气含量会产生过量的树脂漏出和空洞。因此，塑封料的吸湿性和湿气对剪切辨析的影响程度是选择塑封料重要的影响因素。

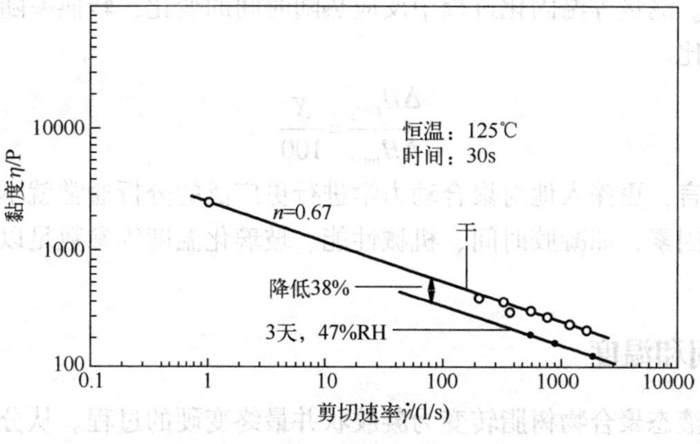

图 6-2　潮气对剪薄特性的影响

6.1.5 聚合速率

密封材料的聚合反应包括在三种或四种反应物间的几种竞争性反应，其反应链段的形成比较复杂且难以预测。因此，对那些高密度填充的不透光系统，通常采用热分析法，该方法假设反应过程中释放的总热量与完成化学转变呈正比。对环氧树脂塑封料，已有多种符合实际转化数据的经验公式，这些公式虽不反映化学反应的分子动力学过程，但是在没有反应机理和反应顺序的理论基础的前提下，它们能代表反应动力学中的相行为。Hale 等人提出了其中最著名的公式之一：

$$\frac{dX}{dt}=(k_{r1}+k_{r2}X^{m_r})(1-X)^{n_r} \tag{6-1}$$

这里用四个拟合参数来描述环氧化物类的转变，X 是反应时间的函数，m_r和 n_r是虚拟反应系数，k_{r1} 和 k_{r2} 是比例常数，对典型的环氧树脂塑封料：$m_r=3.33$，$n_r=7.88$，$k_{r1}=\exp(12.672-7560/T)$，$k_{r2}=\exp(21.835-8659/T)$，其中，$T$ 表示处理温度。图 6-3 给出了环氧化合物组分的等温部分转换与反应速率急剧下降的完全转换。转换常数随塑封料而异，从

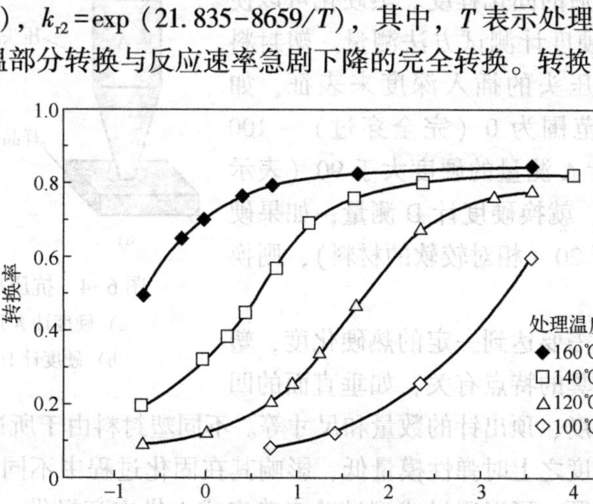

图 6-3　环氧塑封料在固化过程中的转换率与时间的关系曲线

而形成了化合物聚合率问题的计算理论基础。差示扫描量热法（DSC）已用来获取填充塑封料聚合程度的测定。测量等温固化过程中反应热随时间的变化，转换率随时间的变化等于反应热与总反应热之比。

$$\frac{\Delta H_{t=t_1}}{\Delta H_{\text{total}}}=\frac{X}{100} \tag{6-2}$$

就材料选择而言，更深入地对聚合动力学进行更广泛的分析通常就不必要了。固化动力学的一些二级影响因素，如凝胶时间、机械性能、玻璃化温度等参数足以有效地比较不同塑封料性能。

6.1.6 固化时间和温度

固化和变硬是液态聚合物树脂转变为凝胶状并最终变硬的过程。从分子的层面来看，固化状态下聚合物链互相交联、互相束缚不能移动，塑封成型的生产能力取决于交联和化学转换的速率。

在150~160℃下，模具的填充能在短达10s内完成，在从模具中取出封装件之前，所需要的固化时间可达1~4min，固化时间大约占总成型时间的70%，缩短固化时间通常要缩短凝胶前进入模型腔体的流动时间。多注塑头设备能缩短流动时间和固化时间，从而提高塑封成型的生产能力。多数塑封设备要求塑封料流动时间为20~30s，然后在另外小于1min的时间内固化到一个可挤出的状态。

高温硬度也称为热硬度，是固化过程的一个重要参数，热硬度是指固化过程结束后塑封料的刚度（Stiffness）。部分已经成型的模塑件安全从特定模具中挤出之前，模塑料必须有一定的热硬度。

6.1.7 热硬化

高温硬化也称热硬化，是封装材料与固化过程相关的一个重要参数，热硬化可能表征着封装材料在固化周期最后的固化程度。热硬化可以使用标准化ASTMD2240硬度计测试方法测量。塑封料的抗压痕能力由锥形压头的插入深度来表征，如图6-4所示，硬度值范围为0（完全穿过）~100（未穿过）。如果硬度计A测量的硬度大于90（表示一种相对较硬的材料），就换硬度计D测量；如果硬度计D测量的硬度小于20（相对较软的材料），则换由硬度计A测量。

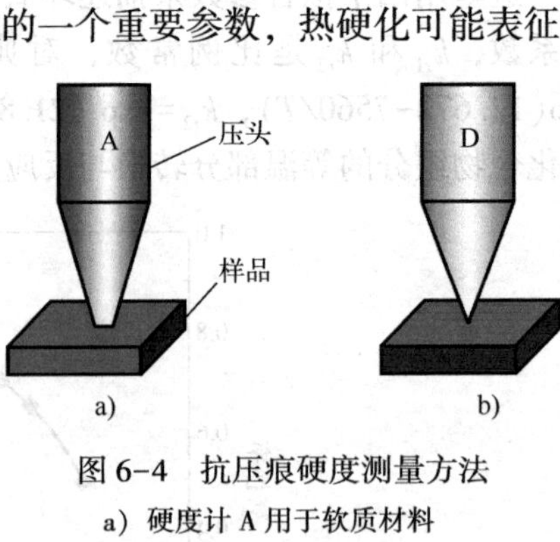

图6-4 抗压痕硬度测量方法

a）硬度计A用于软质材料

b）硬度计D用于硬质材料

封装料挤出模具前需要达到一定的热硬化度，塑条从模具中挤出也与模具的特点有关，如垂直面的凹模倒角、模具表面粗糙度、顶出针的数量和尺寸等。不同塑封料由于所达到的转换百分率不同，或在玻璃化转变温度之上时弹性模量低，影响其在固化过程中不同点的热硬度。因此，这是一个生产能力的问题，可以通过成型试验来确定或由供应商提供。打开模具10s之内，热硬度值达到邵氏D级硬度约80就认为可接受。

6.1.8 后固化时间和温度

后固化是在固化工艺之后的再次加热，以确保聚合物链的完全交联，使与聚合物交联相关的特性（如玻璃化转变温度 T_g）稳定。在 T_g 温度之上，交联速度更快，而在 T_g 温度附近或低于 T_g 温度，交联速度非常慢。这就是为何通常采用较高温度下的后固化工艺确保环氧组分的完全交联。大部分环氧塑封料需要在 170~175℃之间进行 1~4 h 的后固化工艺以实现完全固化。

6.2 湿-热机械性能

湿-热机械性能指的是塑封料的吸湿、热和热机械性能，塑封料的湿-热机械性能通常由热膨胀系数（CTE）、T_g、热导率、弯曲强度和模量、拉伸强度、弹性模量、伸长率、黏附强度、潮气吸收系数、潮气扩散系数、吸湿膨胀、潮气透过和放气作用来表征。

6.2.1 热膨胀系数和玻璃化转变温度

材料的热膨胀系数指单位温度变化时材料尺寸的变化，尺寸可以是体积、面积或长度。热膨胀系数因材料和温度而异，因此，相同的温度变化时，各种材料的热膨胀有所不同，紧密结合在一起的材料间需要有相同或类似的热膨胀系数，以避免材料结合界面的分层。玻璃化转变温度是膨胀随温度变化曲线的拐点，当温度高于玻璃化转变温度时，热膨胀系数上升 3~5 倍。

热膨胀系数（CTE）和玻璃化转变温度 T_g 是热机械分析（TMA）测量的两个主要参数，试验方法在 ASTMD-696 或 SEMIG 13-82 标准中都有介绍，ASTMD-696 采用熔融石英膨胀仪测量 CTE，样品放置在外部膨胀仪管的底部，内部的膨胀仪管放置在样品上。测量装置紧固在外部膨胀仪管上，并与内管顶部接触，显示样品长度随温度的变化。温度变化通过将外管浸入液体槽内或保持在设定温度的温控环境中实现。

图 6-5 给出了一个样品的 CTE 和 T_g 曲线。一般情况下，热膨胀量与温度的关系以曲线图的形式画出，曲线斜率即是膨胀率。玻璃化转变温度是低温热膨胀系数（CTE_1）和高温热膨胀系数（CTE_2）的交点。玻璃化转变温度把玻璃态温度和无定形聚合物的胶化温度区别开来。

玻璃化转变温度成为聚合物材料整个黏弹性对所施加应变响应的一种象征，它取决于应变速率、应变程度及加热速率。不适当的成型和二次固化条件都会影响热膨胀系数和玻璃化转变温度，因此，多数 PEM 厂家会按照事先制定的质量控制程序重新检测上述两个参数。

测量 T_g 的技术很多，如热机械分析（TMA）、差示扫描量热法（DSC）、动态机械分析（DMA）和介电方法等。T_g 和 CTE 的测试对测量技术、冷却或加热速率等试验因素非常敏感。

测量 T_g 的常用方法是 TMA（图 6-6），测试样品置于探针下方样品台上，样品和探针尖端四周的炉体密封，当炉子内的温度上升或下降时，塑料样品相应地跟着膨胀或收缩。样品的体积变化由线性可变差动变压器测量，温度的变化由热电偶测试。

测量 T_g 的另一种方法是 DSC，差示扫描量热仪示意图如图 6-7 所示，测试样和参考样

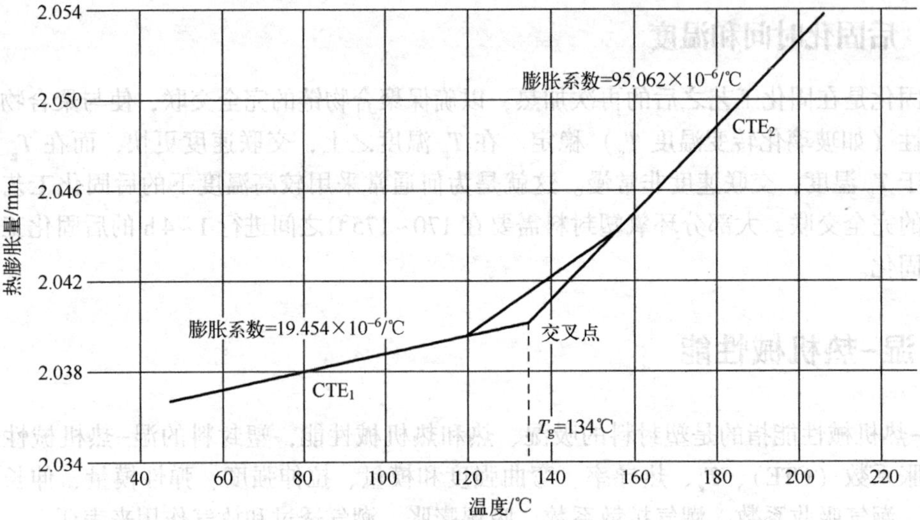

图 6-5　使用热机械分析仪的热膨胀曲线上 CTE 和 T_g 的计算

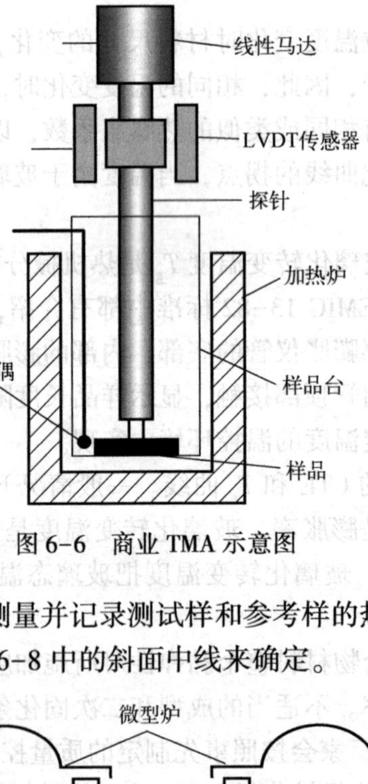

图 6-6　商业 TMA 示意图

置于微型炉内，加热微型炉时，测量并记录测试样和参考样的热流变化，热流的台阶式变化表示材料的玻璃化转变，T_g 由图 6-8 中的斜面中线来确定。

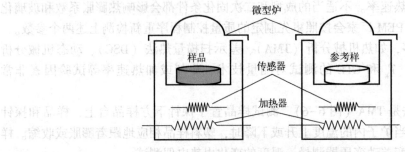

图 6-7　差示扫描量热仪示意图

影响塑封料 T_g 的材料和工艺因素很多，交联密度是影响 T_g 的材料参数之一。当聚合物发生交联时，其局部流动性受限，T_g 上升。图 6-9 是 T_g 与交联密度变化关系曲线，集成电路塑封过程中发生交联的概率达到 95%。

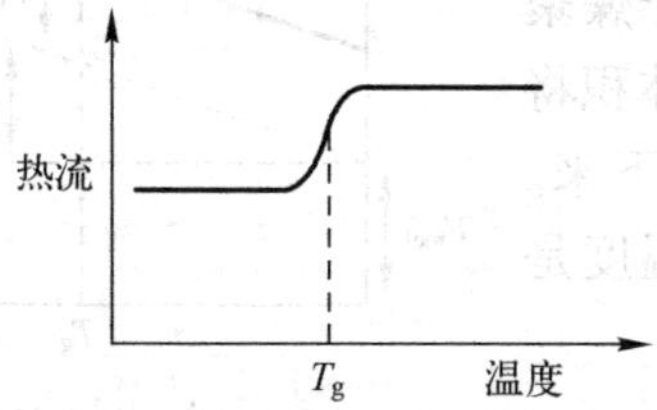

图 6-8　采用差示扫描量热仪确定 T_g

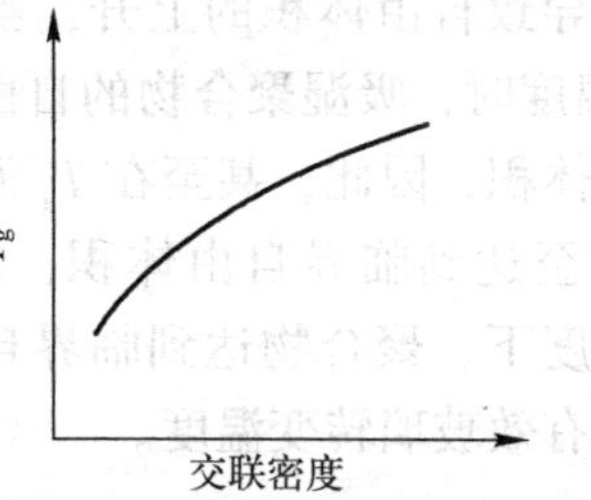

图 6-9　聚合物材料交联密度对 T_g 的影响

塑封料的组成和化学性质也影响着 T_g 和 CTE。由于填料的 CTE 要比树脂小得多，因此会降低塑封料的 CTE。后成型固化时，额外的塑封料的热处理能形成额外的交联，提高了塑封料的 T_g，后成型固化对 T_g 的影响取决于温度、时间和化学类型。

影响 T_g 的另一个因素是加热和冷却速率，通过加热或冷却塑封料都可以测定 T_g，低的冷却和加热速率可以保证更加稳定和精确的测量，DSC 和 TMA 试验中典型的加热和冷却速率为 5~20℃/min。相比加热测试，冷却测试获得的 T_g 可重复性更好，该现象可以解释如下：冷却过程的测量是从平衡态（液态或者橡胶态）开始，并最终达到一个非平衡态（玻璃态）；相反，对加热过程的测量是从非平衡态开始，而该非平衡态必须首先进行表征。

聚合物材料的 T_g 会吸潮而降低，这一现象可以用“自由体积理论”来解释。聚合物材料的体积由“占据体积”和“自由体积”组成。“占据体积”由分子的实际体积和热振动体积组成（图 6-10）。假设分子的空间域相互紧密排列，聚合物材料的体积即等于“占据体积”。但这不是真实的情况。“自由体积”是因堆积的不规则导致的空洞或孔隙。

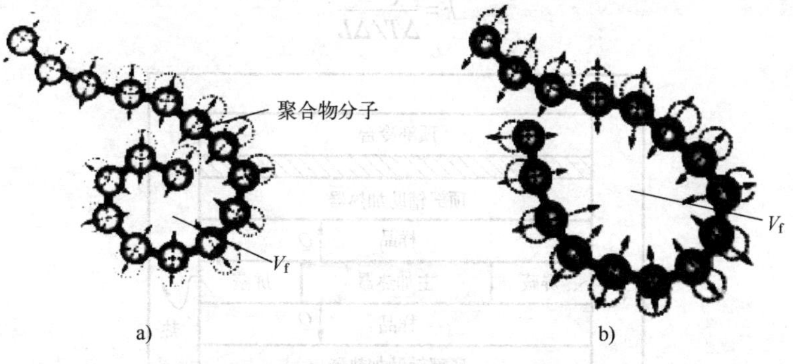

图 6-10　由于聚合物分子的热振动和热振动及相对位移导致的体积膨胀

a）聚合物分子的热振动导致的体积膨胀　b）热振动及相对位移导致的体积膨胀

当聚合物从 T_g 点以上开始冷却时，自由体积和占据体积分别下降，占据体积由于分子热振动减小降低，自由体积也因为分子热运动（平动和转动）的减缓而降低。在 T_g 点，自由体积太小，以致分子无法改变其相对位置，因此，自由体积“冻结”了。在 T_g 点以下，聚合物材料的体积由于分子热振动的减慢而继续下降，聚合物的 CTE 会出现剧烈降低（图 6-11）。

当水分在聚合物材料间扩散时，水分子在聚合物链之间的润滑导致自由体积的上升，当温度达到干燥固体树脂的 T_g 温度时，吸湿聚合物的自由体积要大于干燥聚合物的自由体积，因此，甚至在 T_g 温度以下自由体积将继续降低直至达到临界自由体积，聚合物链固定下来。在更低的温度下，聚合物达到临界自由体积，该温度是吸湿树脂的有效玻璃转变温度。

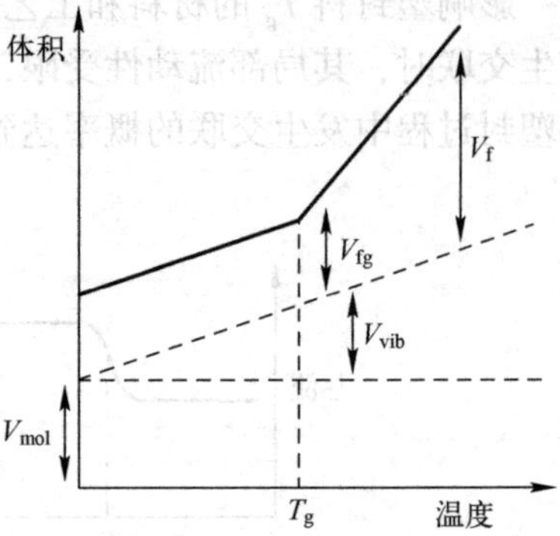

图 6-11　自由体积理论

6.2.2　热导率

热导率是材料传递热量的本征能力。同样，在常用电学分析中，热导率的倒数（即热阻率）是材料阻止热流扩散的能力。更加正式地，热导率可由稳态热传导 Fourier 定律表示（沿 x 轴一维方向）：

$$Q=kA\frac{\mathrm{d}T}{\mathrm{d}x} \tag{6-3}$$

式中，Q 为热流量（W）；k 为热导率[W/(m·K)]；A 为垂直于热流通过的截面积；T 为温度。同时做一个静电学推导，Q 表示电流，温度的微分表示势能变化，$\mathrm{d}x/kA$ 是材料电阻（热流）。

ASTM C177 标准中的屏蔽热台方法是测量热导率的常用方法，在屏蔽热台设备中，两个相同的样品放在主加热器的两边（图 6-12），主加热器和屏蔽加热器保持相同的温度，辅助加热器温度较低，屏蔽加热器的作用是尽量减少主加热器上热量的横向传递，热流量 Q 可以直接测定，在主加热器两边的平面上均放置热电偶来监测温度，因此，可以测定温度 ΔT 随样品长度 ΔL 的变化，当温度和电压值稳定时，达到热平衡，塑料样品的热导率由下式给出：

$$k=\frac{Q/A}{\Delta T/\Delta L} \tag{6-4}$$

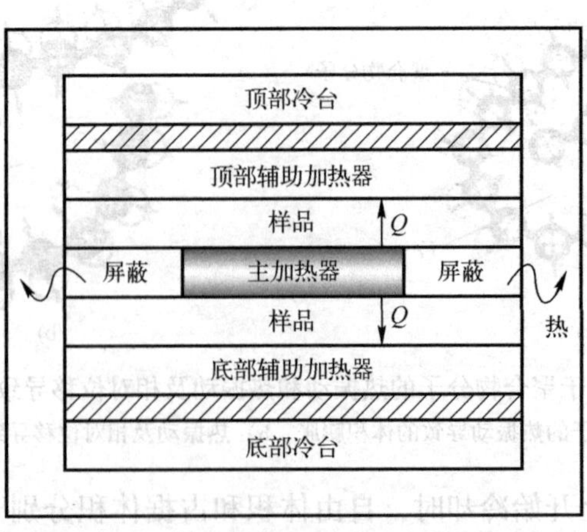

图 6-12　测量热导率的屏蔽热台方法

对高热量耗散或长时间工作的器件来说，热导率是一个重要的塑封料性能。对于具体的电子系统或封装，当设计并确定适合的热管理系统时，塑封料往往处于热扩散通道，因此，塑封料的性能对热管理系统的总体设计至关重要。尽管大家都希望热导率值越高越好，但是对大多数聚合物材料来说，塑封材料的热导率非常低［大约0.2W/(m·K)，而Cu约为385W/(m·K)］。

6.2.3　弯曲强度和模量

塑封料的机械性能包括弹性模量（E）、伸长率（%）、弯曲强度（S）、弯曲模量（EB）、剪切模量（G）和开裂势能。封装应力中机械性能有着重要作用。降低应力因子，如弹性模量、应变、CTE，可以减少应力，提高可靠性。例如，根据Young方程，塑封体中的拉伸应力取决于弹性模量和拉伸应变。

$$\sigma=E\varepsilon \tag{6-5}$$

弯曲强度和弯曲模量按标准ASTM D-790-71和ASTM D-732-85来测定，并由供应商提供，ASTM D-790建议使用两个试验程序来确定弯曲强度和弯曲模量。

建议的第一种方法是三点载荷系统（图6-13），即在一个简单的被支撑试样的中间加载应力作用，此方法主要适用于那些在相对较小弯曲形变下就发生断裂的材料。被测试样放置在两个支撑点上，并在两个支撑点的中间施加负荷。第二种方法是四点加载系统，所使用的两个加载点离它们相邻的支撑点距离是支撑跨距的1/3或1/2。此方法主要设计用于在试验过程中形变较大的材料。上述任意一种方法，样品被弯曲形变直到外层纤维发生断裂，弯曲强度等于外层纤维破裂时的最大应力，计算公式如下：

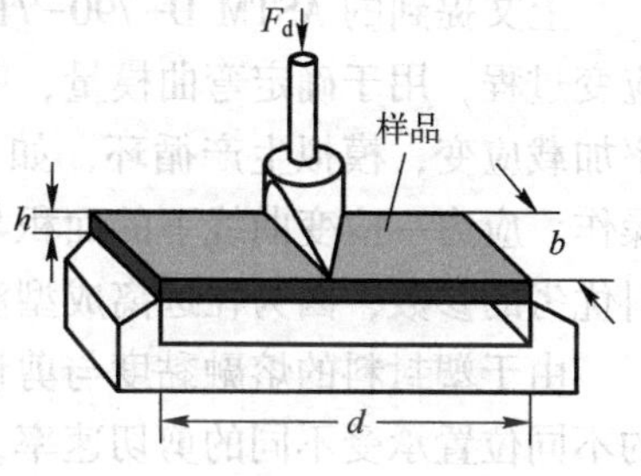

图6-13　三点弯曲试验示意图

$$S=\frac{3P_{\text{rypture}}l}{2b_{\text{beam}}^{3}d} \tag{6-6}$$

式中，S为弯曲强度；P_{rypture}为断裂时的负载；l为支撑跨度；b_{beam}是样品的宽度；d为样品弯曲深度。弯曲模量通过在加荷变形曲线的初始直线部分作正切计算求得，计算公式如下：

$$E_{\text{B}}=\frac{l^{3}m}{4b_{\text{beam}}d^{3}} \tag{6-7}$$

式中，m为加载变形曲线上初始直线部分切线的斜率，E_{B}为弯曲模量。

6.2.4　拉伸强度、弹性与剪切模量及拉伸率

拉伸模量、拉伸强度及百分伸长率可按ASTM D-638和D2990-77试验方法测试。采用哑铃型或特定尺寸的样品，根据ASTM D-638试验方法确定塑封化合物的拉伸性能。要注意的是使样品的长轴向与两端夹具对准。在任意给定温度下逐渐加载负荷，获得应力—应变数据，典型曲线如图6-14所示。

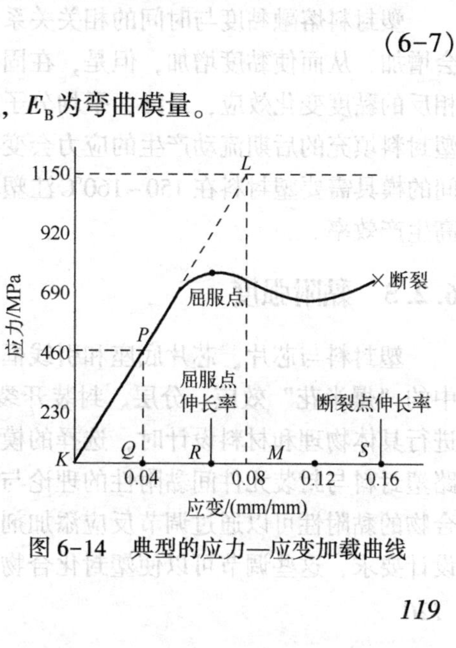

图6-14　典型的应力—应变加载曲线

拉伸强度的计算是用最大负荷（单位为N）除

以样品的初始最小截面积（单位为 m^2）。伸长率的计算是断裂时的延伸长度除以初始的测量长度，用百分率表示。弹性模量通过计算应力—应变曲线初始直线部分的斜率获得。如果材料的泊松比已知或单独通过测量拉伸形变来确定，那么，塑封料的切变模量就可计算。需要特别指出的是，塑封器件中遇到的应力实际上是拉伸和剪切应力的综合。

对于那些芯片较大而封装体较小的器件，如存储器、SOP（小外形封装）器件和超薄封装器件等，估算塑封料的断裂势能非常重要。在没有估算标准方法的情况下，常常采用 ASTM D-256A 和 D-256B 悬臂梁式冲击试验方法测定。在 ASTM D-256A 试验方法中，样品固定作为一个垂直悬臂梁，受到摆锤的单摆冲击，初始接触线与样品夹具和刻痕的中心线保持固定距离，并在刻痕的同一面上。ASTM D-25613 是上述试验的改进，样品作为一个简易水平梁被支撑起来，用摆锤单摆冲击样品，冲击线位于两支撑点的中央，并且正对着刻痕。这种过应力试验适用于环氧塑封化合物在极端的热—应力条件下的断裂势能，而非试验黏弹性区域的特性。但是它们可以用来模拟加工和成型，以及处理由冲击导致的开裂敏感性。

上文提到的 ASTM D-790-71 三点弯曲试验模拟了由热—应力导致失效的封装体的实际应变过程，用于确定弯曲模量，中心刻痕直径为 0.05 mm（约 2 mil）的矩形样品上以一定速率加载应变，模拟生产循环，如 20%/min 的液体—液体热冲击，空气中 0.1%/min 的开关操作。应力—应变曲线下的面积与试验温度下的断裂能量成正比。低温数据通常是鉴别塑封料优劣的参数，因为在远离成型温度的低温区封装体经受的应力最大。

由于塑封料的熔融黏度与剪切速率有关，同时，典型的塑封料将在塑封化合物流动通道的不同位置承受不同的剪切速率，因而对于具体的塑封工具所要求的剪切速率，首先需要在无滑动边界条件下进行计算，通常的剪切速率范围在浇道内为百分之几秒，穿过浇口为千分之几秒，在行腔内为十分之几秒。同时必须考虑与剪切速率相关的模塑料熔融黏度的时间及温度关系。

根据黏度的切变关系选择塑封料时，首先要明确：对引线容易弯曲和芯片载体容易偏移的器件以及在固化前要将腔体内完全填充的多型腔模具，低剪切速率和高的型腔温度对应的黏度要低。黏度受温度影响较大的材料不适于设计最优的模具。

塑封料熔融黏度与时间的相关关系有两种截然相反的现象。树脂固化过程中平均分子量会增加，从而使黏度增加，但是，在固化初期成型温度的增加会导致黏度的下降，形成完全相反的黏度变化效应，最终，平均分子量和黏度在凝固时达到最大。特别是远距离的腔体，塑封料填充的后期流动产生的应力会变得非常重要，因此，要求较长流动长度及较长流动时间的模具需要塑封料在 150~160℃ 注塑填充温度下具有较长的凝胶化时间，这样可以有效提高生产效率。

6.2.5 黏附强度

塑封料与芯片、芯片底座和引线框架间较差的黏附性会导致缺陷或失效，比如贴装过程中的“爆米花”效应、分层、封装开裂、芯片断裂、芯片上金属化变形等。因此，对封装进行具体物理和材料设计时，选择的模塑料的黏附性是最重要的判别特性之一。有关集成电路塑封料与封装元件间黏附性的理论与实践已由 Kim 和 Nishimura 等做了全面论述。塑封化合物的黏附性可以通过调节反应添加剂、聚合物黏性和聚合物反应速率等来达到器件的具体设计要求，这些调节可以使塑封化合物对具体的基板材料的黏性大幅度提高。

测量塑封料黏性的方法包括冲压剪切、硬模剪切、180℃剥落和引线框凸点拉脱试验。工业中采用的标准方法是冲压剪切试验，冲压剪切试验示意图如图 6-15 所示。通常，由于硅材料的刚性，塑封料在硅材料上的剪切试验容易发生开裂，因此，硅材料上的开裂塑封料必须检查并剔除后才能对剩余材料进行剪切试验。黏附性的另一种检测方法是硬模剪切试验，剪切应力的作用原理与冲压剪切试验方法类似，图 6-16 是经过修改的硬膜剪切实验示意图。

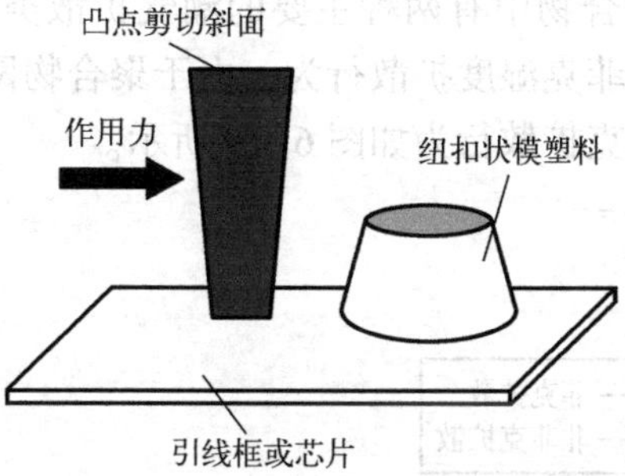

图 6-15　用于黏性测试的冲压剪切试验

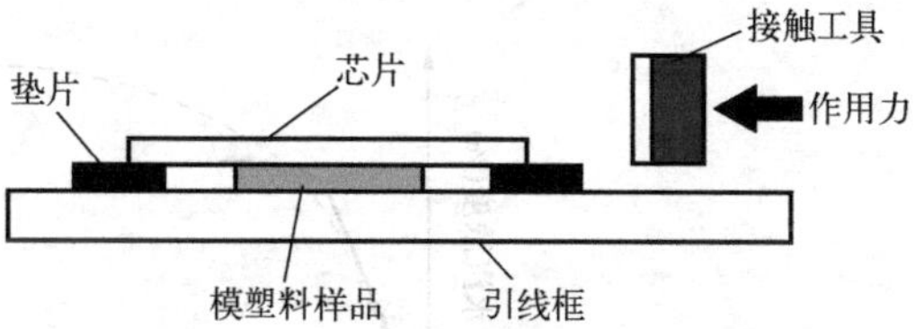

图 6-16　修改后的硬模剪切试验示意图

另一种常用的黏附性测试方法是引线框凸点拉脱试验，主要测试引线框架凸点相对模塑料的黏附性。图 6-17 是引线框拉脱试验示意图。模塑料与一侧的引线框锥形凸点和另一侧的两个锚型凸点注塑在一起，采用拉伸测试方法进行拉脱，测试其黏附强度。测试中的注塑过程必须要与生产中保持一致，为了最大限度地模拟生产条件，使用特定设计的引线框架来制作黏附性测试样品。

黏附强度的另一种测试方法是 180℃剥落试验。测试中，将密封材料注塑在另一种材料的平滑表面，将其拉脱所需加载的力如图 6-18 所示，测试中另一种材料可以是引线框材料、芯片材料或者是塑料包覆材料（如聚酰亚胺和硅树脂）。

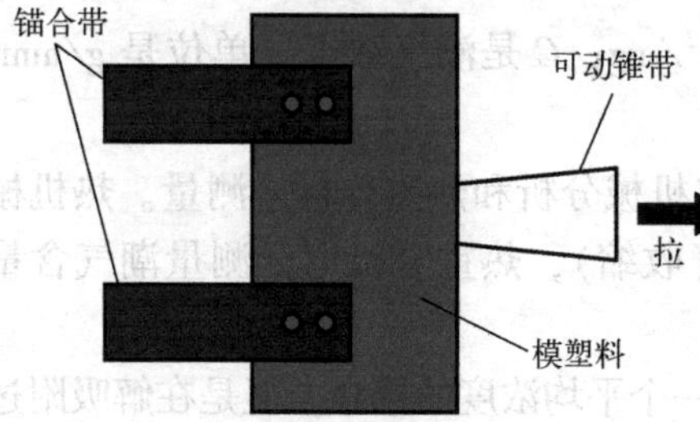

图 6-17　引线框拉脱试验示意图

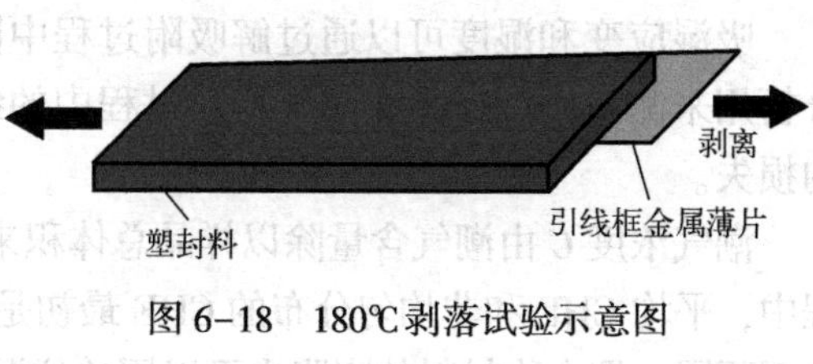

图 6-18　180℃剥落试验示意图

6.2.6　潮气含量和扩散系数

由于潮气对塑封器件可靠性的不利影响（即腐蚀、T_g 下降、膨胀失配），对塑封材料潮气含量和扩散的精确测试对于封装设计和材料选择是必要的。与聚合物材料中的潮气吸收有关的两个重要参数是潮气含量和扩散系数。

潮气含量可以通过将塑封样品暴露在一定湿度的环境内放置特定的时间来测定。潮气含量评估的常用条件是在沸水中浸泡 24h，这也常常被塑封供应商所采用。潮气扩散系数测定的常用条件是在85℃/85%RH环境中暴露1周（168h），这主要是依据IPC/JEDEC标准（IPC/JEDEC J-STD-20，IPC国际电子工业联接协会，JEDEC即固态技术协会）中的潮湿敏感等级1确定的。潮气含量是用增加的重量（湿重减去干重）比干重计算所得，并乘上100。

生产商常用的另一种塑封料潮气吸收性能的测试方法是将塑封料浸泡在蒸馏水中，水温保持在恒定值，通常采用室温23℃或73.4℉，24h或质量不再增加后（饱和潮气含量）测定增加的质量百分比。

聚合物材料具有不同的潮气扩散特征，本质上，聚合物中有两种主要的潮气扩散类型：菲克扩散和非菲克扩散。单一的聚合物体系通常表现为菲克湿度扩散行为，由于聚合物网络复杂的湿热特性，在树脂注塑料中已观察到潮气的非菲克扩散行为如图6-19所示。

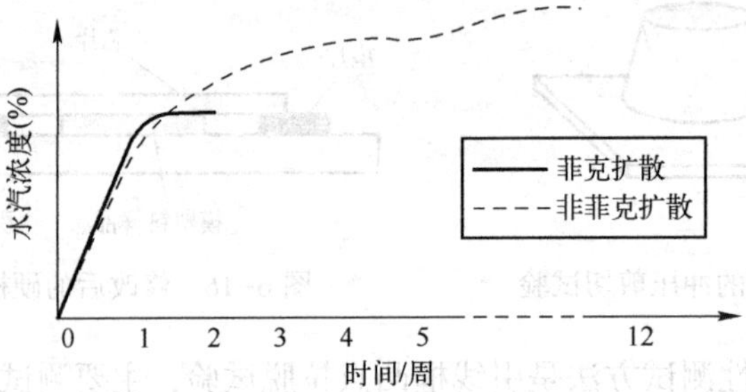

图6-19　菲克和非菲克潮气扩散

6.2.7　吸湿膨胀系数

潮气扩散进入封装材料可以导致材料的膨胀，通常表示为吸湿膨胀系数（Hygroscopic Swelling or Expansion）。材料的吸湿膨胀特性称为吸湿膨胀系数（CHE）或者湿气膨胀系数，与热膨胀系数类似，CHE由下式决定：

$$\varepsilon_h = \beta C \tag{6-8}$$

式中，ε_h为吸湿应变；β为CHE，单位是mm^3/g或mm^3/mg；C是潮气浓度，单位是g/mm^3或mg/mm^3。

吸湿应变和湿度可以通过解吸附过程中同步进行热机械分析和热重分析来测量。热机械分析用来测量潮湿样品在潮气释放过程中的线性形变（收缩），热重分析用于测量潮气含量的损失。

潮气浓度C由潮气含量除以样品总体积来计算，是一个平均浓度的概念。但是在解吸附过程中，平均CHE和非均匀分布的CHE最初是相同的，但是当湿气浓度变得不均匀时，CHE值出现不同。聚合物材料的膨胀也可以用单位湿气含量（质量分数）的吸湿应变来表征。

测量吸湿膨胀的各种技术方法汇总见表6-2，膨胀系数随材料的变化而变化，同时随温度的升高而上升。

表6-2　几种聚合物材料膨胀研究

测试材料	测试项目	膨胀系数或CHE
铜箔上的环氧-玻璃层压板	采用目镜带刻度的显微镜进行弯曲测试	0.31%线性应变/质量分数

（续）

测 试 材 料	测 试 项 目	膨胀系数或 CHE
环氧树脂	阿基米德方法	0.3%~0.6%体积膨胀/体积分数
聚酰亚胺	Michelson 干涉材料法进行弯曲测量	0.024%平面外最大线性压力/%RH 0.0039%平面内最大线性压力/%RH
电子封装底部填充料	热机械分析和热重分析	0.17~0.63 线性应变/潮气浓度（mm^3/mg）
环氧塑封料	热机械分析	85℃下 0.3~0.6 线性压力/质量分数
环氧塑封料	莫尔干涉测量法	85℃下 0.19~0.26 应变/水分质量分数
环氧塑封料	热机械分析和热重分析	110～220℃下 129～168 应变/潮气浓度（mm^3/mg）

可以这样来解释吸湿膨胀机理：当水渗透进入聚合物材料时，部分水分子在聚合物链上形成氢键，成键可以导致聚合物链的展开或膨胀，最终整个塑封体膨胀。图 6-20 描述了由于水分子成键导致的聚合物链膨胀。非菲克湿气扩散与聚合物中的吸湿膨胀机理有关。当水分子与聚合物链形成氢键时，成键水分子和随后的分子上的膨胀变形导致异常的或非菲克的扩散行为。

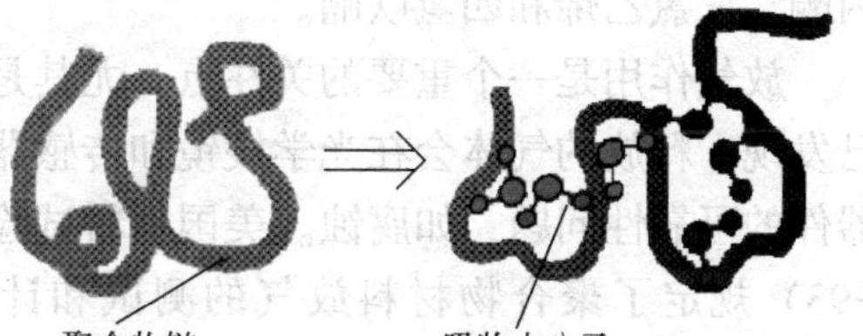

图 6-20　聚合物链的潮气膨胀机理

电子封装中所关注的封装材料的吸湿膨胀问题主要是，封装材料与其相邻的无渗透性材料之间由于膨胀而不匹配的问题，这些不匹配的材料包括铜引线框架、中间焊盘和硅芯片。吸湿膨胀失配导致的应力对封装可靠性是有害的。研究表明密封材料的吸湿失配应变可以比热失配应变大 3 倍。

吸湿应变的测量与计算和热机械应力相似。在热-湿分析的基础上，吸湿应力可以通过商业有限元模拟软件来模拟，潮气浓度和吸湿扩散系数分别替代温度和热扩散系数。封装中的潮气浓度同样可以用商业有限元模拟软件的热-湿分析来模拟。潮气浓度在材料的两相界面的非连续变化可以用“分压”或“湿度”连续场变量来解决。

6.2.8　气体渗透性

除了潮气外，氢气、氧气、氮气和二氧化碳也能渗透并扩散进入塑封材料。腐蚀性气体对微电子封装可靠性是有害的。测试渗透性的技术分为两大类：称重池和隔离池。例如，潮气渗透可以采用称重池方法测定，此方法中，采用聚合物膜密封盛有加湿溶液或干燥剂的浅器皿，封装材料在干燥剂或潮气容器中保持恒温。潮气的扩散速率通过定时称重获得。

渗透性也可以通过隔离池方法测定。将被测聚合物干燥膜嵌入两个腔体之间，进行完全脱气。然后，一定压力的扩散潮气快速被引入其中一个腔体，并测定渗透通过聚合物膜的潮气数量随时间的变化。试验装置设计成两个腔体间保持恒定的潮气压力。在给定时间内通过单位面积聚合物膜的潮气量随时间的变化曲线称为渗透曲线。ASTM D1434 标准试验给出了基于压力差的气体渗透性的测量方法。

假设厚度为 l 的膜层两侧的气体或潮气压力分别为 p_1、p_2，扩散速率为 F，渗透系数为 P，那么

$$F=\frac{P(p_1-p_2)}{l} \tag{6-9}$$

单一气体如氢气、氧气、氮气和二氧化碳通过聚合物的扩散呈单一菲克扩散。这些气体的分子尺寸远小于聚合物单体的尺寸，气体分子与单体之间的作用很弱，扩散分子可以在间隙位置跳跃扩散，而不至于出现大的扩散分子与高分子链形成键的复杂情况。

6.2.9 放气

放气是塑封料中捕获气体的缓慢释放，捕获气体来源于封装和组装过程的环境中，吸收的气体通常有氮气、氧气、氩气、二氧化碳、氢气、甲烷、氨气和水蒸气。捕获气体的另一来源是工艺残留和材料成型、封装和组装过程中的化学反应。工艺残留的气体包括异丙醇、丙酮、三氯乙烯和四氢呋喃。

放气作用是一个重要的关注点，尤其是在真空环境中，与空间相关的放气问题在过去就已发现，释放的气体会在光学棱镜和传感器上液化，影响器件的功能。污染性气体也会导致器件的可靠性问题，如腐蚀。美国材料试验学会（ASTM）标准中的测试方法（ASTM E 595-93）规定了聚合物材料放气的测试和计算技术。有两个重要的除气参数：总质量损失（TML）和可凝挥发物（CVCM），第三个可选参数为水蒸气恢复（WVR）。

放气测试装置的关键部位示意图如图 6-21 所示。测试装置包括两根通过电阻加热的铜棒、样品腔和收集腔。铜棒总长 650 mm，截面积为 25 mm²，收集腔中包含一个保持恒温 25℃的可拆卸镀铬收集盘。

放气测试之前，样品在 50%RH、23℃条件下预处理 24 h 并称重，样品称重时与铝盆一起称，测试前对收集盘也进行称重，然后将塑封材料放在 125℃、$<7\times10^{-3}$ Pa（5×10^{-5} Torr）的条件下静置 24 h。从样品中释放出的蒸汽进入收集盘，样品和收集盘移出后放入干燥剂，冷却至室温后称重，可以测定 TML 和 CVCM。对于可选的 WVR 的测定是将样品放回 50% RH、23℃条件下静置 24 h 后称重。

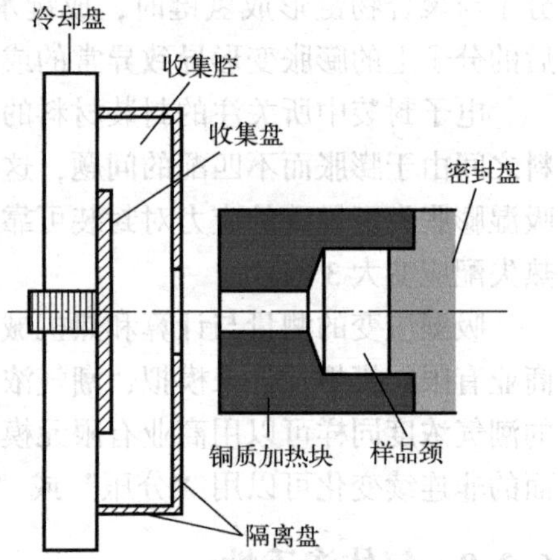

图 6-21 放气测试装置

总质量损失（TML）由下式计算：

$$\%TML=(L/S_1)\times100 \tag{6-10}$$

式中，S_1 是样品原有质量；L 是样品损失质量。由于样品是和铝盆（载体）一起称重的，因此原有质量和最终质量都包含了铝盆的质量 B_1，为了计算样品的质量，要把原有质量减去铝盆的质量。

可凝挥发物（CVCM）由下式计算：

$$\%CVCM=(C/S_1)\times100 \tag{6-11}$$

式中，C 是凝聚物的质量（收集盘的最终质量 C_F 和收集盘的初始质量 C_I 的差）。

第三个可选择放气参数水蒸气恢复（WVR）由下式计算：

$$\%WVR=(S'_F-S_F)/S_1\times100 \tag{6-12}$$

式中，S'_F 是样品放回 50%RH、23℃条件下静置 24 h 后的质量。

6.3 电学性能

为了获得好的性能，塑封料的电学性能必须得到控制。电学性能包括介电常数和损耗因子、体积电阻率以及介电强度。

绝缘常数（也叫相对介电常数）ε 由下式给出：

$$\varepsilon = C_s / C_v \tag{6-13}$$

式中，C_s 为密封材料作为介质的电容容量；C_v 为真空情况下的电容。对于在电子元器件中起绝缘作用的材料，其介电常数应该较低。

损耗因子是损耗功率与被测样品上加载功率间的比值，同时和损耗角 δ 及相位角 θ 有关：

$$D = \tan\delta = \cot\theta = l/(2\pi f R_p C_p) \tag{6-14}$$

式中，f 是频率；R_p 是等效并联电阻；C_p 是等效并联电容。

体积电阻率是塑封材料抵抗漏电流的能力，体积电阻率越大，漏电流越低，传导性能越差。可以采用不同电极系统、通过在特定条件下测量不同样品材料的电阻和一定环境、样品和电极尺寸下测量电压或电流下降来决定体积电阻率。试验试样可以是平板型、带状或管状。图 6-22 所示为平板型样品和电极排布。图中的圆形几何图形尽管用起来较方便，但不是必需的。实际测量点均匀分布在测量电极覆盖的区域。

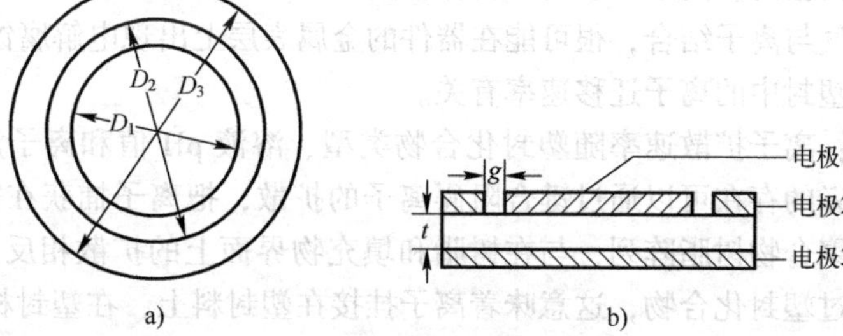

图 6-22　测量平板样品体积电阻率的电极排布

测量电极尺寸、电极间隙宽度和电阻等的仪器必须满足一定的灵敏度和精确度。充电时间通常是 60 s，外加电压为(500±5) V。体积电阻率由下式决定：

$$p_v = \frac{A_{elec}}{t} R_v \tag{6-15}$$

式中，A_{elec} 为测量电极的有效面积；R_v 为所测量的体电阻；t 为样品平均厚度。

封装材料的介电强度是介电击穿的最大电压值，介电强度越高，绝缘性能越好。施加到测试样品的市电交流电压频率为 60 Hz。电压从零或从略低于击穿电压开始升高至试验样品产生绝缘失效为止。绝缘强度表示为单位厚度上的电压。试验电压用简单的测试电极加在样品的两个对应表面。样品可以是模型、浇铸或从平整板材或片材上剪下的。施加电压的方法包括瞬间测试法、步进测试法、慢速升压测试法等，后两种方法通常得到一致的结果。

在干燥环境和室温下的环氧树脂组分有相似的电学特性，但某些材料在潮湿高温环境下存储后性能会退化。

6.4 化学性能

封装材料的化学性能包括反应化学元素（或离子）或涉及化学反应（可燃性）的性能，包括离子杂质、离子扩散和易燃性。

6.4.1 离子杂质（污染等级）

塑封料的污染程度最终决定了其制成品在恶劣使用环境下的长期可靠性。SEMI G 29 标准规定了环氧塑封料中的水溶性离子的水平。水提取物先测定电导率，然后用柱色谱法进行定量分析。分别测定可水解卤化物（树脂、阻燃剂以及其他杂质添加物中）对保证塑封电路的长期可靠性至关重要。在长期（48 h）、高压、热水（达 100℃）环境下塑封料中提取物及元素分析对这些评定非常必要。最新的塑封料组分中腐蚀性离子的含量已小至 10×10^{-6}。Na、K、Sn、Fe 等其他污染离子通常采用原子吸收光谱和 X 射线荧光技术来分析。对存储器件使用的塑封料，其硅土填充物中的 α 辐射产生杂质的单粒子触发翻转必须降至最小，需要确定铀和钍的含量。

6.4.2 离子扩散系数

塑封料中包含离子污染物，包括来自用于树脂环氧化过程中的环氧氯丙烷中的氯离子、作为阻燃剂添加入树脂的溴离子。氯离子的存在会击穿铝金属化表层的钝化氯化物层，加速腐蚀。当吸收的潮气与离子结合，很可能在器件的金属表层上出现电解腐蚀，然而，塑封电路中的腐蚀速率与塑封中的离子迁移速率有关。

早期研究表明：离子扩散速率随塑封化合物类型、溶液 pH 值和离子浓度不同而不同。模塑料中离子捕获者的存在可以通过键合阻碍离子的扩散，把离子捕获在密封块体材料中。离子扩散主要通过聚合物树脂阵列，与在树脂和填充物界面上的扩散相反。在常规环境下，离子趋向于扩散通过塑封化合物，这意味着离子挂接在塑封料上，在塑封材料中可用非菲克扩散来建模。

6.4.3 易燃性和氧指数

塑封材料和塑封制品必须符合 Underwriters 实验室的阻燃参数（UL 94 V0，UL 94 V1，UL 94 V2），塑封材料的阻燃性测定由 UL 94 立式燃烧或 ASTM D-2863 氧指数试验来完成。表 6-3 列出了三种 UL 94 垂直燃烧试验的总结。

表 6-3 UL 垂直燃烧试验总结

UL 94 试验	试验总结
V0	• 移除试验火后，燃烧（发光燃烧）必须在 10 s 内停止，辉光燃烧在 30 s 内停止 • 燃烧火焰不允许掉落，否则会引燃下部棉花
V1	• 移除试验火后，燃烧（发光燃烧）必须在 30 s 内停止，辉光燃烧在 60 s 内停止 • 燃烧火焰不允许掉落，否则会引燃下部棉花
V2	• 移除试验火后，燃烧（发光燃烧）必须在 30 s 内停止，辉光燃烧在 60 s 内停止 • 燃烧火焰允许掉落

在 UL 94 试验中，一个事先确定厚度 127 mm×12.7 mm（5 in×1/2 in）的固化环氧树脂试验棒多次用气体火焰点燃，如图 6-23 所示。记录下 5 个样品在 10 次点燃过程中每次燃烧时间、总燃烧时间及燃烧程度，作为 UL 参数。在 ASTM D 2863 氧指数试验中，一根 0.6 cm×0.6 cm×8 cm 的环氧塑封材料垂直放置在透明的试验管中，如图 6-24 所示，氧气和氮气混合物通入试验管中，得到环氧塑封料燃烧所需的氧在氧-氮混合气中所占的最小体积比。

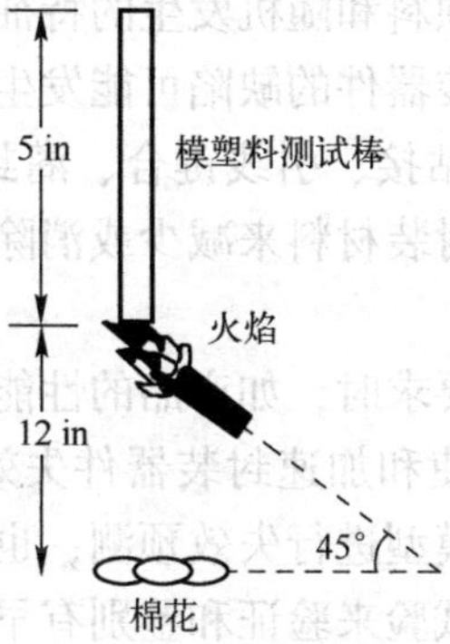

图 6-23　UL 垂直燃烧试验

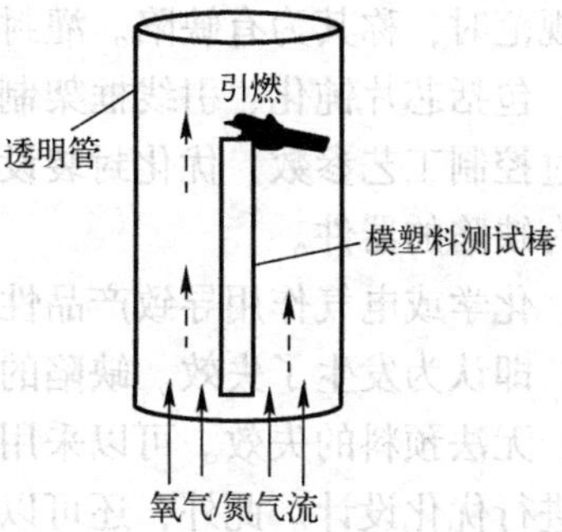

图 6-24　ASTM D2863 氧指数试验装置

6.5　思考题

1. 封装材料的性能分为哪几类？
2. 封装材料的制造性能包括哪些？
3. 封装材料的湿-热机械性能包括哪些？
4. 封装材料的电学性能包括哪些？
5. 封装材料的化学性能包括哪些？
6. 为什么封装材料的性能是可以用来评价材料是否符合电子应用和制造工业的要求？

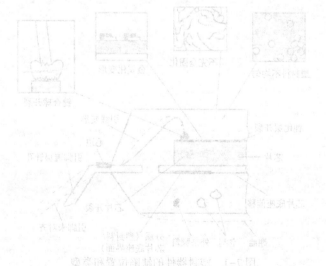

第7章 封装缺陷与失效

封装缺陷是在制造和组装过程中产生的，具有难以预料和随机发生的特征。当一种封装产品不符合产品规范时，称其为有缺陷。灌封微电子封装器件的缺陷可能发生在制造和组装工艺的任何阶段，包括芯片钝化、引线框架制作、芯片粘接、引线键合、灌封和引脚成型。这些缺陷可以通过控制工艺参数、优化封装设计和改进封装材料来减少或消除。在某些情形下，可以筛选出有缺陷的器件。

当机械、热、化学或电气作用导致产品性能不符合要求时，如产品的性能参数和特征超出了可接受范围，即认为发生了失效。缺陷的出现会促使和加速封装器件失效机理的出现，从而导致早期的、无法预料的失效。可以采用失效机理模型进行失效预测，也可以通过材料和封装参数优选进行优化设计。此外，还可以采用加速试验来验证和鉴别有早期失效倾向的器件。

本章首先概述了塑封器件中可能存在的缺陷和失效，然后讨论了与塑封料有关的缺陷和失效类型及其影响因素和预测模型，最后分析了导致失效加速的载荷和应力。

7.1 封装缺陷与失效概述

塑料封装的微电子器件或组件易受各种缺陷和失效影响。本节讨论了这些缺陷和失效类型以及相关的影响因素。

7.1.1 封装缺陷

塑封微电子封装常见缺陷的位置和类型如图7-1所示。表7-1描述了这些缺陷的位置、类型及其潜在原因。

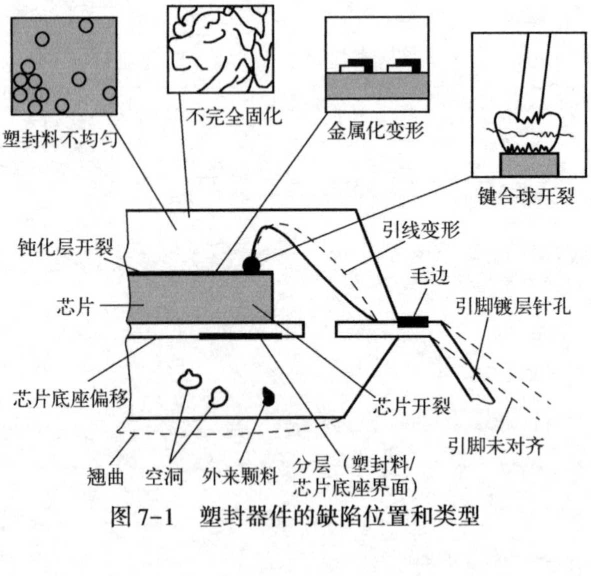

图7-1 塑封器件的缺陷位置和类型

表 7-1　塑封器件在制造过程中的缺陷及其潜在原因

缺陷位置	缺 陷 类 型	潜 在 原 因
芯片	芯片破裂	非均匀的芯片粘结层；键合装置不良；键合过程中的过应力；切割不当；晶圆成型时的应力；测试时的过电应力
	芯片腐蚀	钝化层开裂；针孔和分层；储存条件不当；污染
	金属化变形	塑封料在不适当的后固化工艺中产生的残余应力；不适当的芯片尺寸与塑封料厚度比
芯片钝化层	钝化层针孔和空洞	沉积参数失配；钝化层的黏度-固化特性
	钝化层分层	芯片污染
键合丝	键合丝变形	塑封料的黏性；流动速率；塑封料中的空洞和填充物；键合线几何尺寸不良；延时封装曲线
	键合焊盘缩孔	键合装置不良；焊盘金属厚度不足；焊盘金属材料不良
	键合剥离、切变和断裂	引线键合参数不良；污染
引线框架	框架偏移	塑封料的黏度和流动速率；引线框架设计不合理
	引线和框架镀层针孔	淀积参数失配；污染；飞边毛刺；储存不当
	引线失配	处理或成型不良
	引线框架飞边毛刺	刻蚀不良；逆压冲裁
	引线开裂	冲裁参数失配；金属片缺陷；裁剪方式不当
	焊盘或引脚润湿不良	焊料温度过高；污染；飞边毛刺
封装体	封装体共面性差、翘曲或弓曲	芯片偏移；芯片尺寸不当；芯片粘结空洞或分层；过大的模压应力
	异物	塑封料筛选不充分，成型工艺不良
	灌封胶内部空洞	原料运输过程中残留的空气；模具排气不充分；塑封料黏度或湿气太高
	灌封胶结合不牢和分层	污染或残存的空洞
	塑封层破裂（爆米花）	塑封料内部空洞；严重吸潮；操作程序不当；焊接前烘烤不充分
	固化不完全	后固化过程加热不充分；两种塑封料配比错误和混合搅拌不充分
	塑封料不均匀	印刷塑封料时由于基板倾斜和刮刀压力变化导致的塑封料厚度不均匀；塑封料流动时由于填充粒子的聚合导致的材料不均匀、灌封时混合不充分
	非正常标记	塑封料黏度太高和非正常固化；表面污染

7.1.2 封装失效

封装体中任何发生失效的部位，称为失效位置；导致失效发生的不同类型的机理，称为失效机理。在塑封微电子器件中各种失效机理导致的常见位置如图 7-2 所示。表 7-2 列出了典型的失效机理及相应失效位置和失效模式。

表 7-2　塑封微电子器件中的失效位置、失效模式、失效机理及环境载荷

失效位置	失效模式	失效机理	环境载荷	临界交互作用和备注
加工、切割或处理时引起的芯片边缘、角落或者表面划痕	剥离裂缝，纵向裂缝，水平裂缝，电气开路	裂缝萌生、裂缝扩展	温度梯度和温度变化	塑封料收缩，塑封料的弹性模量，芯片、芯片粘结层和塑封料间的 CTE 失配

(续)

失效位置	失效模式	失效机理	环境载荷	临界交互作用和备注
金属引线、边缘	腐蚀、阻值增加、电气短路或开路、切痕、电参数漂移、金属化偏移、间歇性断开、金属间化合物	电迁移、氧化、电化学反应、相互扩散、塑封料的热失配	电流密度，湿度，偏压	常见钝化层裂缝，金属化时的残余应力
填充粒子尖角引起的钝化层应力集中；芯片钝化层缺陷	晶体管不稳定、金属化层腐蚀、电气开路、参数漂移	过应力、断裂、氧化、电化学反应	周期性的温度、玻璃化转换温度以下的温度、湿度	塑封料收缩、尖角的填充物、芯片、钝化层与塑封料之间的 CTE 失配
芯片粘结空洞、开裂、污染位置	芯片分层、应力芯片到芯片底座的不均匀传递、电气功能丧失	裂缝萌生和扩展	周期性温度	芯片粘结层的湿气、芯片粘结层厚度方向上的黏度、芯片底座和芯片之间的 CTE 失配
键合线	断裂	轴向疲劳	周期性温度	填充粒子受压、引线和塑封料之间的 CTE 失配
键合球	电气开路、接触电阻增加、电气参数漂移、键合处剥离、缩孔、间歇性断开	剪切疲劳、轴向过应力、柯肯达尔空洞、腐蚀、扩散和相互扩散、键合底部金属化合物、线径过细	绝对温度、湿度、污染	缺乏扩散阻挡层
自动点焊时产生的根部、底部和颈部跳焊	电气开路、接触电阻增加、电气参数漂移、键合处剥离、凹坑、间歇性断开	疲劳、柯肯达尔空洞、腐蚀、扩散和相互扩散	绝对温度、湿度、污染	缺乏扩散阻挡层
键合焊盘	衬底开裂、键合盘剥离、电气功能丧失、电参数漂移、腐蚀	过应力、腐蚀	湿度、偏压	键合盘和衬底之间的 CTE 失配、缺少钝化层
芯片和塑封料界面	电气开路	粘结不良或分层	温度、污染和玻璃化转换温度附近的温度循环	残余应力、界面潮湿层的形成、粘结剂缺失、CTE 失配
钝化层和塑封料界面	金属化层腐蚀、电参数漂移	粘结不良或分层	温度、污染、塑封料玻璃化转换温度附近的温度循环	引线设计、残余应力、粘结剂缺失、塑封料和引脚间的 CTE 失配、引脚间距
键合线和塑封料界面	芯片底座腐蚀、接触电阻增加、电气开路	粘结不良、剪切疲劳	温度、污染、塑封料玻璃化转换温度附近的温度循环	塑封料和引线间的 CTE 失配
塑封料	电气功能丧失、机械完整性损失	热疲劳开裂、降解	塑封料玻璃化转换温度附近的温度循环	芯片底座和塑封料间分层、角半径
引脚	可焊性下降、电阻增加	反润湿	污染、焊料温度	引脚镀层多孔

（续）

失效位置	失效模式	失效机理	环境载荷	临界交互作用和备注
镀锡引脚	电气短路	锡须生长、互扩散、应力消除、再结晶、晶粒生长	湿度、腐蚀、施加外部应力	残余应力、CTE 失配引起的应力、杂质、晶粒晶向引起锡须生长
芯片和塑封料界面，芯片角落处以及引脚、底座或器件顶部的塑封料开裂	爆米花、电气功能丧失、电气开路	残留湿气汽化、器件底部掺杂、塑封料动态开裂	残留湿气沸点以上的温度、焊料回流工艺的温度变化速率	塑封料和芯片底座的粘结强度、残留汽化湿气

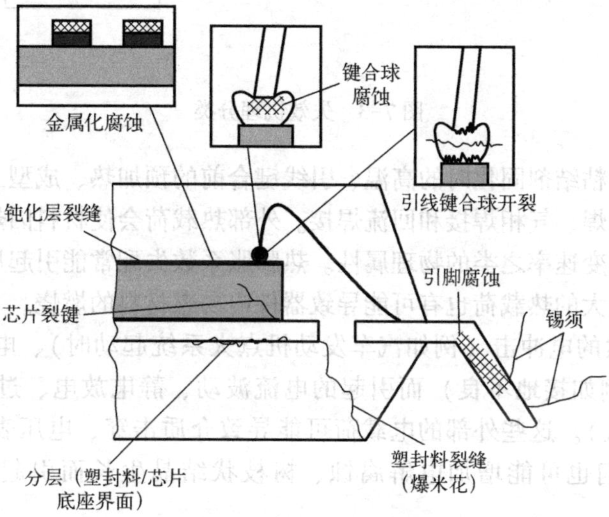

图 7-2　塑封器件中常见的失效位置和失效模式

当施加不同类型的载荷时，各种失效机理可能同时在塑料封装器件上产生交互作用。例如，热载荷会使封装体结构内相邻材料间发生热膨胀系数失配，从而引起机械失效。其他的交互作用包括应力辅助腐蚀、应力腐蚀裂纹、场致金属迁移、钝化层和介电层裂缝、湿热导致的封装体开裂以及湿度导致的加速化学反应。在这样的情况下，失效机理的综合影响并不一定就是个体影响的总和。

7.1.3　失效机理分类

失效机理可以根据损伤累积速率来分类，如图 7-3 所示。这种分类在可靠性分析研究中特别有用，其中失效时间是一个关键参数。

失效机理主要分为两类：过应力和磨损。过应力失效常常是瞬时的、灾难性的。磨损失效是长期的积累损坏，常常首先发现为性能退化，然后是器件失效。失效机理更进一步的分类是基于引发失效的负载类型：机械的、热的、电气的、辐射的和化学的。

机械载荷包括物理冲击、振动（例如汽车发动机罩下面的电子装置）、填充颗粒在硅芯片上施加的应力（塑封料在固化时产生的收缩力）和惯性力（如大炮在发射时熔丝受到的力）。结构和材料对这些载荷的响应可能表现为弹性形变、塑性形变、翘曲、脆性或柔性断裂、界面分层、疲劳裂缝产生和扩展、蠕变以及蠕变开裂。

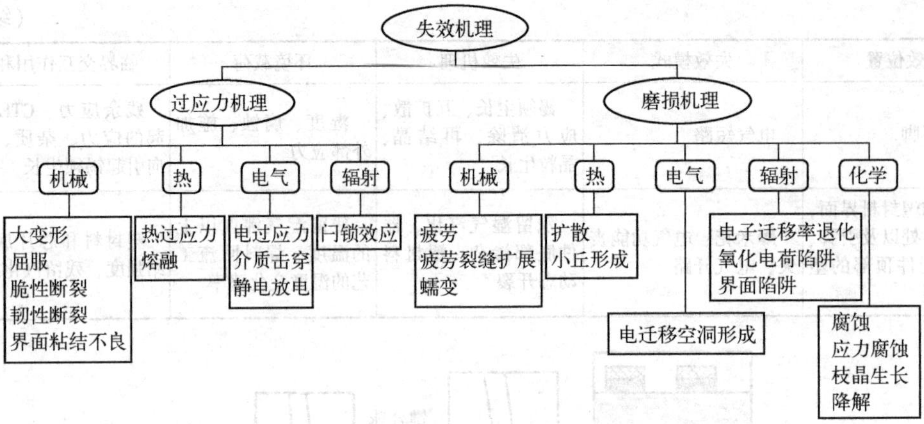

图 7-3　失效机理分类

热载荷包括芯片粘结剂固化时的高温、引线键合前的预加热、成型工艺、后固化、邻近元器件的再加工、润焊、气相焊接和回流焊接。外部热载荷会使材料因热膨胀而发生尺寸变化，也能改变诸如蠕变速率之类的物理属性。热膨胀系数失配常能引起局部应力，并最终导致封装结构失效。过大的热载荷也有可能导致器件内易燃材料的燃烧。

电载荷包括突然的电冲击（例如汽车发动机点火系统起动时）、电压不稳定或电流传输时突然的振荡（例如接地不良）而引起的电流波动、静电放电、过电应力（电源电压过高或输入电流过大）。这些外部的电载荷可能导致介质击穿、电压表面击穿、电能的热损耗或电迁移。它们也可能增加电解腐蚀、树枝状结晶生长而引起的漏电流、热致退化等。

化学载荷包括化学使用环境导致的腐蚀、氧化和离子迁徙和表面枝晶生长。由于湿气能通过塑封料渗透，因此在潮湿环境下湿气是影响塑封器件的主要问题。被塑封料吸收的湿气能将塑封料中的催化剂残留萃取出来，形成副产品，然后进入芯片连接的金属底座、半导体材料和各种界面，诱发导致器件性能退化的失效机理。一些环氧聚酰胺和聚氨酯，长期暴露在高温高湿环境下会引起降解，也被称为逆转。由于塑料的降解需要几个月或几年，因此一般采用加速试验来鉴定塑封料是否容易发生该种失效。

7.1.4　影响因素

影响封装缺陷和失效的主要因素有材料成分和属性、封装设计、环境条件和工艺参数。确定影响因素是消除和预防封装缺陷和失效的重要措施之一。影响因素可以通过试验和仿真分析来确定。推荐使用物理模型法和数值参数法，对于更复杂的缺陷和失效机理，常常采用试差法确定关键的影响因素。一般而言，试差法需要较长的试验时间和设备修正，效率低、花费高。

因果图是一种描述影响因素的方法，由于其独特的形状通常被称为鱼骨图（也叫石川图，以发明者的名字命名）。鱼骨图可以说明复杂的原因以及影响因素和封装缺陷及失效之间的关系，也可以区分多种原因并将它们分门别类。在生产应用中，鱼骨图分类法被称为 6Ms：机器、方法、材料、量度、人力和自然力。其中部分种类可以被合并或修改并用于特定应用。图 7-4 所示为器件分层的鱼骨图，包含了设计、工艺、环境和材料四种影响因素。

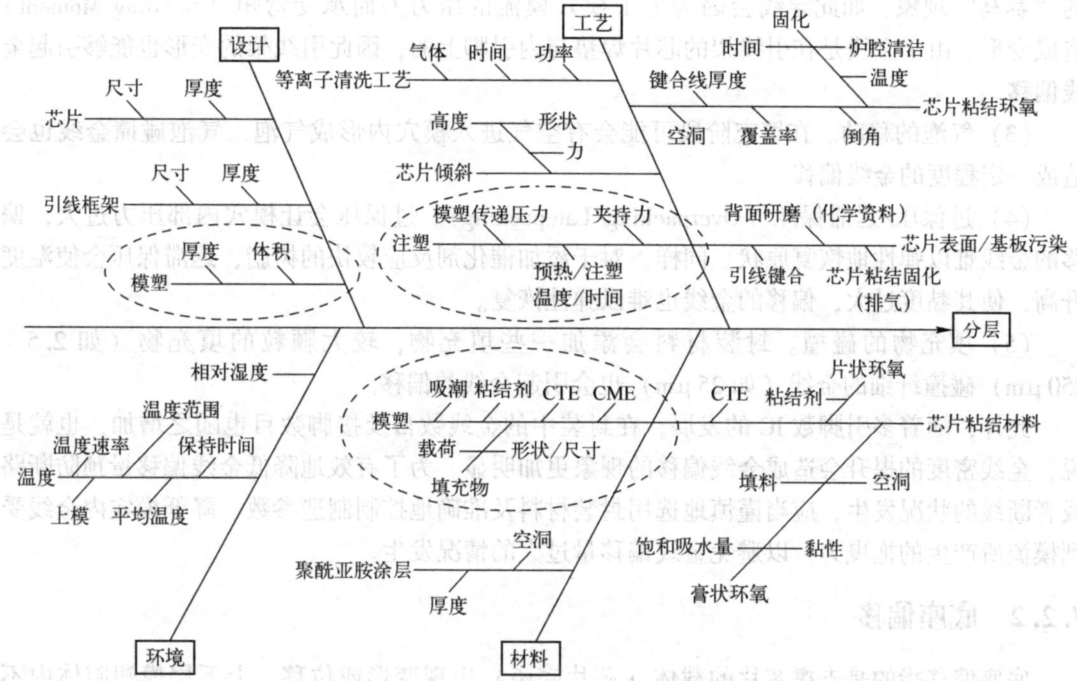

图 7-4　典型塑封微电子器件分层原因的因果图（虚线圈描述了塑封料因素）

7.2　封装缺陷

封装工艺生产的封装缺陷具有随机特性，会直接封装材料的质量。空洞、固化不完全和塑封料不均匀等都属于此类缺陷。此外，封装工艺也能导致塑封器件内部非密封单元的缺陷，如引线弯曲、芯片裂缝和飞边毛刺。封装界面也易受封装工艺的影响而出现分层和粘接不牢。

7.2.1　引线变形

引线变形通常是指塑封料流动过程中引起的引线位移或变形。金线偏移是封装过程中最常发生的问题之一，集成电路元器件常常因为金线偏移量过大造成相邻的金线相互接触从而形成短路（Short Shot），甚至将金线冲断形成断路，造成元器件的缺陷。金线偏移一般用 X 射线来检测，如图 7-5 所示。金线偏移的原因一般有以下几种：

（1）树脂流动而产生的拖曳力（Viscous Drag Force）。这是引起金线偏移最主要也是最常见的原因。在填充阶段，融胶黏性（Viscoshy）过大、流速过快，金线偏移量也会随之增大。

图 7-5　在 X 射线下看到的金线

（2）引线架变形。引起引线架变形的原因是上下模穴内树脂流动波前不平衡，即所谓的“赛马”现象，如此导线会因为上下模穴模流的压力差而承受弯矩（Bending Moment）造成变形。由于金线是在引线架的芯片焊垫与内引脚上的，因此引线架的变形也能够引起金线偏移。

（3）气泡的移动。在填充阶段可能会有空气进入模穴内形成气泡，气泡碰撞金线也会造成一定程度的金线偏移。

（4）过保压/迟滞保压（Overpacking/Latepacking）。过保压会让模穴内部压力过大，偏移的金线难以弹性地恢复原状。同样，对于添加催化剂反应较快的树脂，迟滞保压会使温度升高，使其黏度过大，偏移的金线也难以弹性恢复。

（5）填充物的碰撞。封装材料会添加一些填充物，较大颗粒的填充物（如 2.5～250 μm）碰撞纤细的金线（如 25 μm）也会引起金线的偏移。

此外，随着多引脚数 IC 的发展，在封装中的金线数目及接脚数目也随之增加，也就是说，金线密度的提升会造成金线偏移的现象更加明显。为了有效地降低金线偏移量预防断路或者断线的状况发生，应当谨慎地选用封装材料及准确地控制制造参数，降低模穴内金线受到模流所产生的拖曳力，以避免金线偏移量过大的情况发生。

7.2.2　底座偏移

底座偏移指的是支撑芯片的载体（芯片底座）出现变形或位移。上下层模塑腔体内不均匀的塑封料流动会导致底座偏移。因塑封料导致的底座偏移示意图如图 7-6 所示。

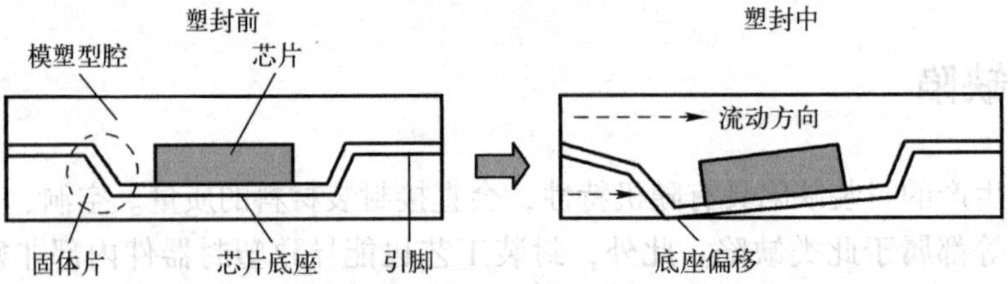

图 7-6　塑封过程引起的底座偏移

影响底座偏移的因素包括塑封料的流动特性、引线框架的组装设计以及塑封料和引线框架的材料属性。薄型小尺寸封装（TSOP）和薄型方形扁平封装（TQFP）等封装器件由于引线框架较薄，容易发生底座偏移和引脚变形。

7.2.3　翘曲

翘曲变形的发生是因为材料间彼此热膨胀系数的差异及流动应力的影响再加上黏着力的限制，导致了整个封装体在封装过程中受到了外界温度变化的影响，材料间为了释放温度影响所产生的内应力，故而通过翘曲变形来达到消除内应力的目的。这一现象在再流焊接器件中最易发生。因为翘曲受到多个参数的影响，通过调整一个或一组变量，这个问题就能得到减少或消除。引起翘曲问题的主要原因是由于施加到元器件上的力的不平衡造成的。在预热阶段，部件的一端从焊膏分离有多种因素，如不同的热膨胀系数、不当涂膏或部件放置不当等。于是，直接的热传导被缝隙阻断了。如果热量通过部件传导，则一端的熔化焊料相对另一端形成新月形，其表面拉力的曲转力矩比部件的重量大而引起部件的翘曲，这种情形可以解释再流焊过程中为什么会发生翘曲现象。

如上所述，焊接过程中在焊接区域湿润的表面与部件接触部分之间形成新月形，根据接触部分的设计，熔化焊料表面张力施加在元器件底部支点等同于三个力矩的作用，第四个力矩是由于重力作用造成的，前三个力矩使部件固定于电路板表面，而最后一个力矩往往引起翘曲。如图 7-7 所示，为了获得平衡，向下的力矩可以通过增强内侧金属处理和增大元器件底部面积来增加，向上的力矩可以通过缩短焊接区域伸出长度从而缩短表面张力施加影响的力臂来减弱。

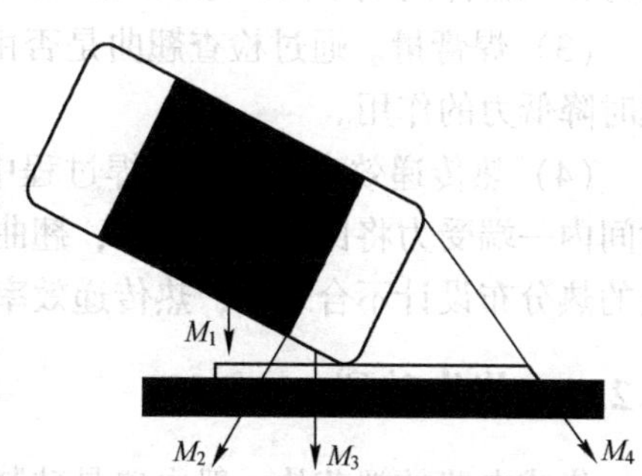

图 7-7　力矩的平衡

影响翘曲的参数及改进措施如下：

（1）焊膏印刷和放置精度。这是所要控制的所有元器件中最明显的参数，这类参数主要是面向设备的，在所有阶段，它都能很好地根据生产规程去实施，从而维护好印刷和安装用的机器设备。通过这样做，能减少这类问题。

（2）印刷的清晰度和精确度。印刷的清晰度和精确度会直接引起翘曲发生，因为它能有效改变衬垫的配置且增加相反元器件端点之间的不平衡。因此，定期对如下的参数进行检查和良好控制是非常重要的。

① 检查印刷配准参数，当发现错误的配准时进行纠正。

② 经常清洗模板，避免阻塞。

③ 经常检查焊膏，确保其不能太干燥。

④ 确保支撑印制电路板的底基平实。

（3）放置精度。如印刷精度一样，不当放置会造成翘曲缺陷。为使机器故障最小化，需要检查和控制以下几个方面：

① 因为元器件的拾取点很小，检查进料器使它基部对准非常重要。STC 公司开发的夹具常用来调整其基准。

② 确保支撑印制电路板的 *X—Y* 平台平坦而坚固。

③ 放置对准要有精密控制，其放置速度要很慢。

④ 确定常用拾取工具的适当喷嘴尺寸。

为避免设备与焊膏分离，要仔细检查放置时的 *Z* 轴间隔。

既然翘曲是因为双极元器件两端受力的不平衡造成的，而其受力则依赖于焊接及衬垫的表面特性，焊接材料和印制电路板最终会对翘曲有一些影响，主要包括：

（1）焊接合金。合金在熔点时有较低的表面张力，这样在翘曲阶段就会产生较小的扭曲力，焊接合金能从多数焊膏供应商那里得到。尽管现在还没有准确地对合金标准加以评估，但是一些厂家已经尝试使用 Sn/Pb/In 合金，其结果显示出对翘曲有一定的影响，不过影响并不显著。另外，传统 Sn/Pb 合金在所有参数得到控制的情况下，确实能减少翘曲。

（2）焊膏粘贴特性。根据以上讨论的一些原则，不同类型的焊膏也能影响翘曲。在其他条件相同的情况下，焊膏的作用越是强烈，翘曲越是容易发生。印制电路板和部件表面的光滑度能影响其湿润特性。衬垫和端点间的不同特性也会引起翘曲，那是因为回流阶段产生的力在元器件两端不同，应该至少明白表面光滑度的不同特性。

(3) 焊膏量。通过检查翘曲是否由于过量使用焊膏而产生，减少焊膏量也能在焊膏熔化时降低力的作用。

(4) 热传递效率。在再流焊过程中，如果元器件两端的热传递速度明显不同，在一定时间内一端受力将比另一端大时，翘曲则会产生。总的说来，这种影响很小，但当印制电路板的热分布设计不合理时，热传递效率会变得很重要。

7.2.4 芯片破裂

集成电路的裸芯片一般由单晶硅制成，单晶硅具有金刚石结构，晶体硬而脆。硅片在受力或者表面具有缺陷的情况下易于开裂和脆断，因此芯片的开裂成为集成电路封装失效的重要原因之一，如图 7-8 所示。硅芯片裂纹可形成于晶圆减薄、圆片切割、芯片粘贴、引线键合等需要应力作用的工艺过程中。如果芯片微裂纹没有扩展到引线区域则不易被发现，更为严重的是一般在工艺过程中无法观察到芯片裂纹，甚至在芯片电学测试过程中，含有微裂纹芯片的电特性与无微裂纹芯片的电特性几乎相同，但微裂纹会影响封装后器件的可靠性和寿命。

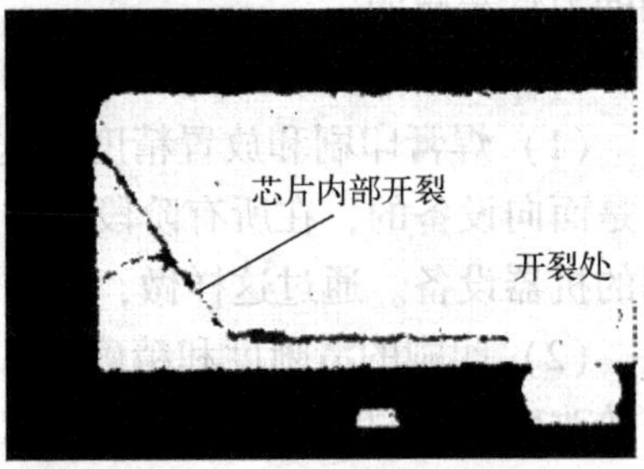

图 7-8 芯片的开裂现象

由于集成电路的电性能测试无法测试出芯片开裂的情况，故需要通过高低温热循环实验来进行芯片开裂的检测，以免对芯片的可靠性造成影响。在高低温度循环试验中，由于各种材料的热膨胀系数不匹配，从而会在加热与降温的过程中产生热应力，使芯片内的裂纹不断扩展，导致脆性的硅芯片破裂，并最终反映在芯片的电特性上。由于芯片的开裂是由外界的应力作用引起，故在检测出芯片存在开裂后，需要对芯片封装的工艺进行调整，尽量降低工艺对芯片的应力作用，如在芯片的减薄过程中使得芯片的表面更加平滑，起到应力消除的作用；在芯片的切割过程中使用激光半切割或者激光全切割工艺，使得芯片表面受到的应力降至最低，有效避免芯片表面或内部开裂的状况；因此在芯片的引线键合过程中需要调整键合的温度和压力等。

7.2.5 分层

分层或粘接不牢是指在塑封料和其相邻材料界面之间的分离，也称为芯片开裂。在芯片的封装过程中，开裂现象不仅仅存在于芯片内部，通常也会存在于芯片封装中各种材料的结合面上，形成界面开裂现象，如图 7-9 所示。在界面开裂的初期，芯片的各个部分仍可以形成良好的电气连接，但是随着芯片使用时间的增加，热应力以及电化学腐蚀进一步加剧，会使得界面开裂现象不断发展，从而使芯片的电气特性遭到破坏，导致集成电路出现可靠性问题，故界面开裂也是芯片封装中常见的缺陷之一。

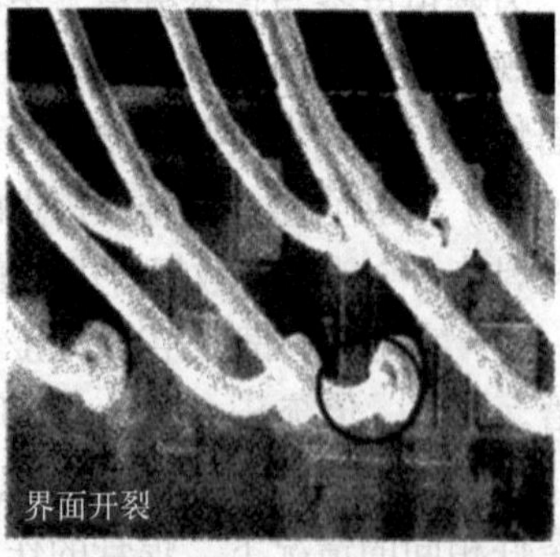

图 7-9 芯片封装中的界面开裂现象

芯片界面开裂的原因比较复杂，主要是由封装材料污染、封装应力过大等工艺原因产生。它可能发生在封装体内部金线和焊盘的连接处，造成芯片内部的断路，也有可能发生在封装体外部的塑料封装体中，造成芯片的保护不良，引起内部裸芯片的污染。故需要通过检测手段排除潜在的芯片界面开裂，并及时调整封装工艺。

7.2.6 空洞和孔洞

封装工艺中，气泡嵌入环氧树脂中形成空洞。空洞可以发生在封装工艺中任意阶段，包括转移成型、填充、灌封和塑封料置于空气中的印刷。但是，通过最小化空气量，如排空或抽真空，可以减小空洞，如图 7-10 所示。

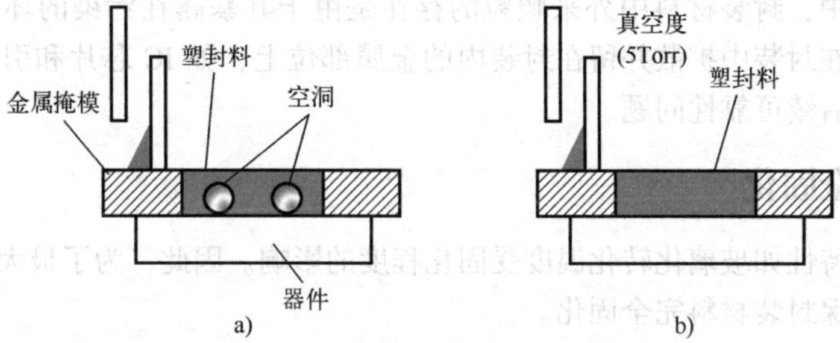

图 7-10 空洞缺陷和无空洞封装
a）空洞缺陷 b）真空环境下的无空洞封装

孔洞是在芯片封装的焊点部位常出现的一种缺陷。表现为焊点内部出现孔洞，破坏焊点的电气连接性能，最后发展为芯片的电失效，如图 7-11 所示。孔洞的形成最主要和柯肯达尔效应有关，柯肯达尔效应是指两种扩散速率不同的金属在扩散过程中会形成缺陷。一般来说，焊点的材料和焊盘的材料是不同的，因此在两种不同的材料之间会发生物质的扩散运动，即焊点的金属向焊盘内进行移动，焊盘的材料向焊点内移动。但是各种材料相互扩散的速度是不一样的，因此如果焊点材料快速地进入了焊盘中，而焊盘材料还没有来得及进入焊点中时，在焊点内部就会出现因金属材料缺少而形成的孔洞，这便是柯肯达尔效应对封装中焊点的影响。

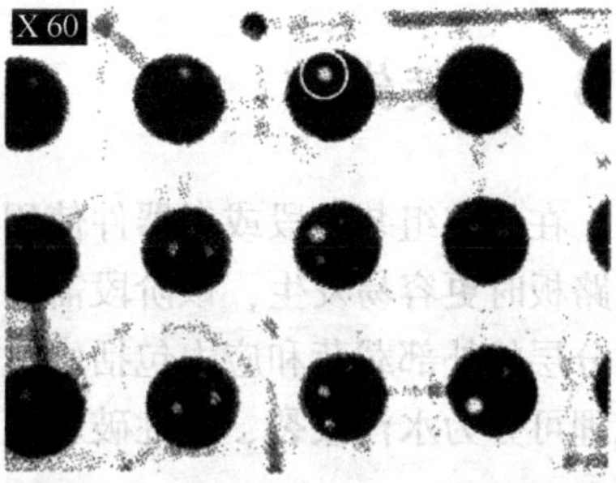

图 7-11 封装体内部焊点中的孔洞

7.2.7 不均匀封装

塑封料材料成分或尺寸的不均匀性足以导致翘曲和分层时，将被当作一种缺陷。非均匀的塑封体厚度会导致翘曲和分层。一些封装技术，如转移成型、成型压力和灌注封装技术不易产生厚度不均匀的封装缺陷，而晶圆级塑封印刷因其工艺特点特别容易导致不均匀的塑封厚度。为了确保获得均匀的塑封层厚度，应固定晶圆载体使其倾斜度最小，以便于刮刀安装。此外，需要进行刮刀位置控制以确保刮刀压力稳定，从而获得均匀的塑封层厚度。

在硬化前，当填充粒子在塑封料中局部区域聚集并形成不均匀分布时，会导致不同质或不均匀的材料组成。塑封料的不充分混合将会导致封装灌封过程中不同质现象的发生。

7.2.8 飞边毛刺

飞边毛刺是指在塑封成型工艺中已通过分型线并沉积在器件引脚上的模塑料。夹持压力不足是产生飞边毛刺的主要原因。如果引脚上的模塑料没及时清除，将导致组装阶段发生各种问题，例如，在下一个封装阶段中键合或黏附不充分。树脂泄漏使较疏的飞边毛刺形成，去除飞边毛刺已在前面讲过。

7.2.9 外来颗粒

在封装工艺中，封装材料中外来颗粒的存在是由于其暴露在污染的环境、设备或材料中。外来颗粒会在封装中扩散并留在封装内的金属部位上，如 IC 芯片和引线键合点，从而导致腐蚀和其他后续可靠性问题。

7.2.10 不完全固化

封装材料的特性如玻璃化转化温度受固化程度的影响。因此，为了最大化实现封装材料的特性，必须确保封装材料完全固化。

固化时间不足和固化温度偏低是导致不完全固化的主要原因。在很多封装方法中，允许采用后固化的方法以确保封装材料完全固化。另外，在两种封装料的灌注中，混合比例的轻微变化都将导致不完全固化，进一步体现了精确配比的重要性。

7.3 封装失效

在封装组装阶段或者器件使用阶段，都会发生封装失效，当封装微电子器件组装到印制电路板时更容易发生，该阶段需要承受高的回流温度，会导致封装界面分层或破裂。可能导致分层的外部载荷和应力包括水汽、湿气、温度以及它们的共同作用。塑封料破裂按照失效机理可分为水汽破裂、脆性破裂、韧性破裂和疲劳破裂。

7.3.1 水汽破裂

在塑封器件组装到印制电路板上的过程中，回流焊接温度产生的水汽压力和内部应力会导致封装裂缝（爆米花）的发生。水汽破裂包括两个主要阶段：水汽诱导的分层和裂缝，如图 7-12 所示。当封装体内部的水汽通过裂缝逃逸时，会产生爆炸声，和做爆米花时的声音类似，故水汽诱导的裂缝又被称为爆米花。

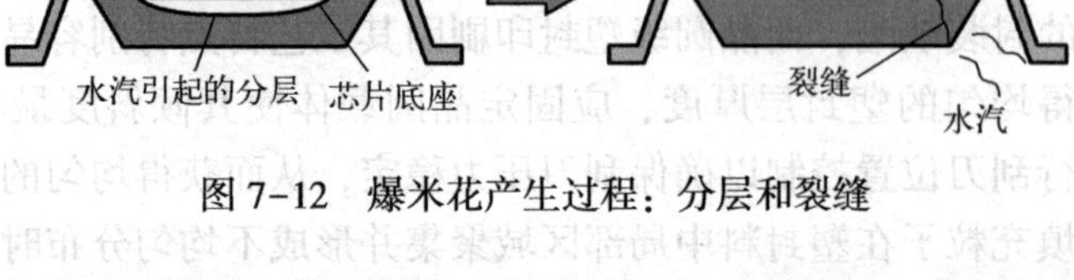

图 7-12 爆米花产生过程：分层和裂缝

裂缝常常从芯片底座向塑封底面扩展，在焊接后的电路板中，外观检查难以发现这些裂缝。有时，取决于封装尺寸，裂缝可能扩展到封装体顶面或者沿引脚面向封装侧面延伸，这种裂缝就容易观察到。QFP 和 TQFP 等大而薄的塑料封装形式最易发生爆米花现象。此外，爆米花现象容易发生在芯片底座面积与器件面积之比较大、芯片底座面积与最小塑封料厚度之比较大的器件中。爆米花现象可能会伴随着其他的问题，包括键合球从键合盘上断裂和键合球下面的硅凹坑。导致爆米花现象的主要因素是塑封料、引线框架、芯片和芯片底座的材料特性，具体包括：

（1）引线框架设计。

（2）芯片底座面积与环绕芯片底座的最小塑封料厚度之比。

（3）塑封料与芯片底座以及引线框架的粘接力。

（4）塑封料吸收的湿气。

（5）污染物等级。

（6）塑封料内的空洞。

（7）回流工艺参数。

表面组装过程中减少封装失效的最简单方法是，封装器件被组装到电路板上之前，一直存放于密封的、带有干燥剂的防潮包装中。然而，这种方法增加了元件处理过程中的约束，会降低小规模组装工厂的效率。

其他防止塑封体破裂的方法包括：设计能减小水汽产生的应力的封装形式，使用在焊接温度下具有高弯曲强度的塑封料。除了改善塑封料的特性外，封装内其他材料的优化也有助于提高器件在回流焊中抗爆米花的能力。

塑封器件内的裂缝会沿芯片边缘的芯片粘接空洞位置延伸，因此，无空洞的芯片粘接工艺是至关重要的。这种技术要求在芯片盘长边的中心位置成型，那是最大应力的集中点。

有一种建议是在芯片盘下面的塑封料中预留一个通气孔以供汽化的湿气排出。该通气孔必须贯穿塑封料并抵达芯片粘接材料，才能充分发挥作用。塑封料内部的湿气会从这个孔中排出，这是预防爆米花现象最经济的方法。但是，这个方法也引发了争议，通气孔本就是一个空洞，会导致一个封装缺陷，并且在后期产生不可预测的可靠性问题。

7.3.2 脆性破裂

脆性破裂经常发生在低屈服强度和非弹性材料中，例如硅芯片。因大量脆性硅填充料的影响，脆性破裂也可能发生在塑封料中。当材料受到过应力作用时，突然的、灾难性的裂缝扩展会起源于如空洞、夹杂物或不连续等微小缺陷。

断裂机理可用于模拟缺陷位置的脆性失效。图 7-13 所示为用于模拟裂缝模式的等效系统。裂缝模式也称为开口裂缝，它是最常见的由张应力导致的裂缝类型。其他裂缝模式还有平面剪切模式（滑移模式）和非平面剪切模式（撕裂模式）。

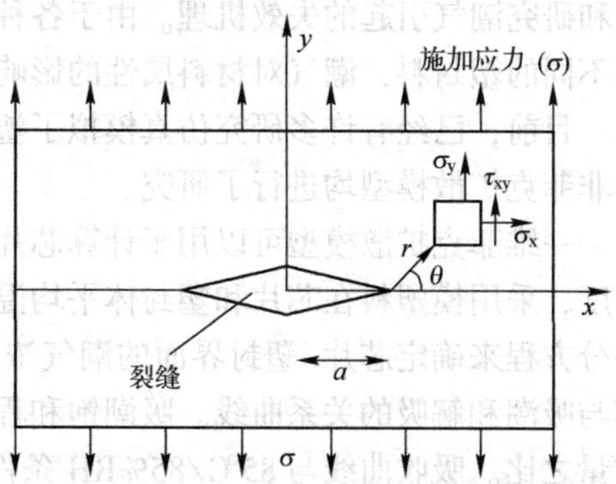

图 7-13 模拟裂缝扩展模式的等效系统

7.3.3 韧性破裂

塑封材料容易发生脆性和韧性两种破裂模式，主要取决于环境和材料因素，包括温度

（低于或高于玻璃化转化温度）、聚合树脂的黏塑特性和填充载荷。即使在含有脆性硅填充的高加载塑封材料中，因聚合树脂的黏塑特性，仍然可能发生韧性破裂。

7.3.4 疲劳破裂

塑封料遭受到极限强度范围内的周期性应力作用时，会因累积的疲劳破坏而断裂。施加到塑封材料上的湿、热、机械或综合载荷，都会产生循环应力。疲劳失效时是一种磨损失效机理，裂缝一般会出现在间断点或缺陷位置。

疲劳断裂机理包括三个阶段：裂缝萌生（阶段1），稳定的裂缝扩展（阶段2）和突发的、不确定的、灾难性的失效（阶段3）。在周期应力下，阶段2的疲劳裂缝扩展是指裂缝长度的稳定增长。

界面疲劳裂缝扩展阻力随表面粗糙度的增加而增加，这是因为粗糙界面引起疲劳断裂的有效驱动力减小。

7.4 加速失效的影响因素

环境和材料的载荷和应力，例如湿气、温度和污染，会导致塑封器件的失效。受这些加速因子影响的失效率极大地取决于材料属性、工艺缺陷和封装设计。

塑封工艺在封装失效中起到了关键作用。如湿气扩散系数、饱和湿气含量、离子扩散速率、热膨胀系数和塑封材料的吸湿系数等特性会极大地影响失效速率。

7.4.1 潮气

潮气能加速塑封微电子器件的分层、裂缝和腐蚀失效。在塑封器件中，潮气是一个重要的失效加速因子。与潮气导致失效加速有关的机理包括粘接面退化、吸湿膨胀应力、水汽压力、离子迁移以及塑封材料特性改变等。潮气能改变塑封材料的特性，比如玻璃化转变温度、弹性模量和体积电阻率等。

为精确评估暴露在潮气环境下的塑封电子器件的可靠性，必须了解潮气对材料属性的影响和研究潮气引起的失效机理。由于各种塑封料的配方和后续潮气吸附特性方面的差异，对于不同的塑封料，潮气对材料属性的影响是不同的。

目前，已经有许多研究仿真模拟了塑封器件的潮气扩散和吸附，人们对于菲克扩散模型和非菲克扩散模型均进行了研究。

一维菲克扩散模型可以用于计算芯片-塑封界面的潮气浓度。在忽略塑封料内部的温度梯度，采用模塑料在芯片和塑封体平均温度下的特性进行评估的前提下，可以通过求解一维差分方程来确定芯片-塑封界面的潮气浓度。图7-14给出了塑封器件以小时计算的暴露时间与吸潮和解吸的关系曲线。吸潮饱和程度定义为实际吸收的潮气质量与饱和状态下的潮气质量之比。吸收曲线与85℃/85%RH条件下的小时数相对应；解吸曲线与80℃的相对应。

等温吸湿研究发现，0.2%~0.3%的伸长率相当于温度从90℃增加到110℃。因此，吸潮和升温的共同作用可能会导致封装器件的变形。

对塑封集成电路预处理过程中的潮气扩散以及气相回流焊过程中同时发生的热和潮气扩散进行有限元仿真分析，模拟结果和实验结果吻合良好。如果不考虑潮气预处理的方式

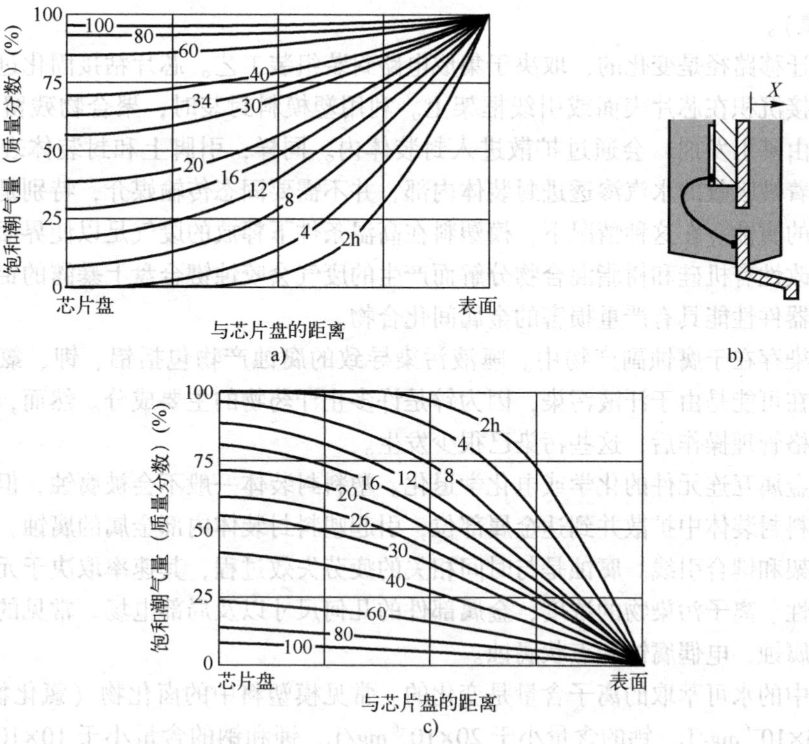

图 7-14　塑封器件以小时计算的暴露时间与吸潮、解吸的关系

a）塑封器件在 85℃/85%RH 时的吸潮量　b）a、c 两图横坐标的来源　c）塑封器件在 80℃时的解吸曲线

（潮气吸收或解吸），同样可得到相同的临界水汽压力，并且在短时间的回流焊接和在凝固过程中，分层界面的水汽不会达到饱和。考虑封装尺寸和材料的影响，用有限元方法模拟 PBGA 中的湿气重量随时间的变化，仿真结果和实验结果非常接近。这表明，当芯片粘接区域的潮气浓度超过 0.0048 g/cm^{3}时，就会发生爆米花现象。

7.4.2　温度

温度是塑封微电子器件另一个关键的失效加速因子。通常利用与模塑料的玻璃化转变温度（T_g）、各种材料的热膨胀系数（CTE）以及由此引起的热-机械应力相关的温度等级来评估温度对封装失效的影响。

玻璃化转变温度（T_g）是聚合物的弹性模量显著减小时的温度，这样的减小是在小的温度范围内逐步发生的。当聚合物接近玻璃化转变温度时，其弯曲模量降低，热膨胀系数增加，离子、分子活动性增加，粘接强度下降。

温度对封装失效的另一个影响表现在会改变与温度相关的封装材料属性、湿气扩散系数和溶解性等。温度升高还会加速腐蚀和金属间扩散失效。即使在较低的温度下，传统模塑料中卤素的存在也会加速金属间扩散。

7.4.3　污染物和溶剂性环境

污染物为失效机理的萌生和扩展提供了场所。污染源主要有大气污染物、湿气、助焊剂残留、塑封料中的不洁净离子、热退化产生的腐蚀性元素以及芯片粘结剂中排出的副产物

(通常为环氧)。

污染物迁移路径是变化的，取决于集成电路封装组装工艺。芯片粘接固化过程中排出的副产物会直接沉积在芯片表面或引线框架上。利用塑模料封装时，聚合物残留（如催化剂残渣或者自由基引发剂）会通过扩散进入封装体内。同样，引脚上和封装体表面的外部污染物也会随着被吸收的水汽渗透进封装体内部，并不需要固态传输媒介，特别是对于因副产物排放引起的腐蚀。在这种情况下，模塑料在高温条件下释放的废气足以使界面结合强度退化。这些因改性有机硅和树脂混合物分解而产生的废气会咬蚀键合盘上暴露的铝，形成疏松多孔的、对器件性能具有严重损害的金属间化合物。

离子污染存在于腐蚀副产物中。唾液污染导致的腐蚀产物包括铝、钾、氯、钠、钙和镁。锌的存在可能是由于汗液污染，因为锌是许多止汗药物的主要成分。然而，在采用洁净室和进行严格管理操作后，这些污染已很少发生。

腐蚀是金属互连元件的化学或电化学退化。塑料封装体一般不会被腐蚀，但是湿气和污染物会在塑料封装体中扩散并到达金属部位，引起塑料封装体内部金属的腐蚀，如芯片金属层、引线框架和键合引线。腐蚀是与时间相关的疲劳失效过程，其速率取决于元件材料、电解液的有效性、离子污染物的浓度、金属部件的几何尺寸以及局部电场。常见的腐蚀形式是均匀的化学腐蚀、电偶腐蚀和点状腐蚀。

模塑料中的水可萃取的离子含量是变化的。常见模塑料中的卤化物（氯化物和溴化物）含量小于 25×10^{-6}mg/L，钙的含量小于 20×10^{-6}mg/L，钾和钠的含量小于 10×10^{-6}mg/L，锡的含量小于 3×10^{-6}mg/L。高的杂质含量在特定的环境条件下就足以引起腐蚀。实际上，水萃取物的传导性和水可滤析的离子浓度可作为可靠性的预报器，但是好的芯片钝化层和离子吸收器会弱化这一问题。同样，较低的湿气浓度和离子扩散系数也会延迟腐蚀的发生。

氯化物离子是通过扩散溶解进模塑料的。离子扩散速率比起湿气扩散速率低 9 个数量级，由此可知，塑封料可以有效减缓离子进入芯片表面的速率。离子扩散进模塑料如此低速率的重要原因是离子和离子吸收器之间的束缚和塑封材料的官能团。当温度高于玻璃化转变温度时，离子扩散速率会增大。

在清洗工艺中，封装体可能需要暴露在异丙醇、丁酮和氟氯类有机溶剂中。需要明确这些溶剂渗透进塑封材料有多快，它们会对环氧网络产生何种类型的化学或物理损伤，以及它们对塑封器件的性能有怎样的影响。在预防维护和使用条件下，塑封器件暴露在溶剂中是不可避免的，因此需要收集更多的可靠性现场数据。

7.4.4 残余应力

芯片粘接会产生残余应力，应力的大小主要取决于芯片粘接层的特性。新的模塑料既具有较低的热膨胀系数、较低的刚度，还有较高的玻璃化转变温度。然而，优化应力水平，需要的不仅仅是选择低应力的芯片粘接层材料和模塑料材料，一个封装体的最佳配置需要各种参数相互匹配。

由于模塑料的收缩大于其他封装材料，因此模塑成型时产生的应力是相当大的。可以采用应力测试芯片来测试组装应力。引线框架冲压工艺参数的残余应力和飞边毛刺是应力集中区域。残余应力的大小取决于封装设计，包括芯片底座和引线框架。由于预先存在的残余应力和湿气引发的应力的累积效应，封装器件内的残余应力越高，则导致水汽诱发的分层和破裂所需吸收的湿气临界值越低。

7.4.5 自然环境应力

降解的特点是聚合键的断裂，常常是固态聚合物转变成包含单体、二聚体和其他低分子量种类的黏性液体。升高温度和密闭的环境会加速降解。

暴露在户外阳光下看似对器件无害，其实却可能导致逐步降解。阳光中的紫外线和大气臭氧层是降解的强有力催化剂，通过切断环氧树脂的分子链导致降解。

将塑封器件与易诱发降解的环境隔离，采用具有抗降解能力的聚合物是有效地防止降解的方法。需要在湿热环境下工作的产品要求采用抗降解聚合物。单独从化学结构分类来预测材料的行为是不可靠的。另外，由于环氧材料的所有权，模塑料制造商通常是不会为集成电路供应商提供模塑料的准确配方的。为了确保聚合物不发生还原，化合材料供应商常常采用不同的化学配比做大量的实验，以获得具有优良特性的混合比例。

7.4.6 制造和组装载荷

制造和组装条件都可能导致封装失效，包括高温、低温、温度变化、操作载荷以及因塑封料流动而在键合引线和芯片底座上施加的载荷。进行塑封器件组装时出现的爆米花现象就是一个典型的例子。设计团队必须鉴别出制造和组装应力，并且在适当的指导文件中对其进行说明。一般而言，在湿度、温度、微粒和操作条件均可监测和控制的无尘间进行电子制造、封装和组装。

7.4.7 综合载荷应力条件

在制造、组装或者存在过程中，诸如温度和湿气等失效加速因子常常是同时存在的。综合载荷和应力条件常常会进一步加速失效。这一特点被应用于以缺陷部件筛选和易失效封装器件鉴别为目的的加速试验设计中。

图 7-15 所示是一个双列直插式塑封器件（DIP）采用综合载荷应力条件进行加速试验的

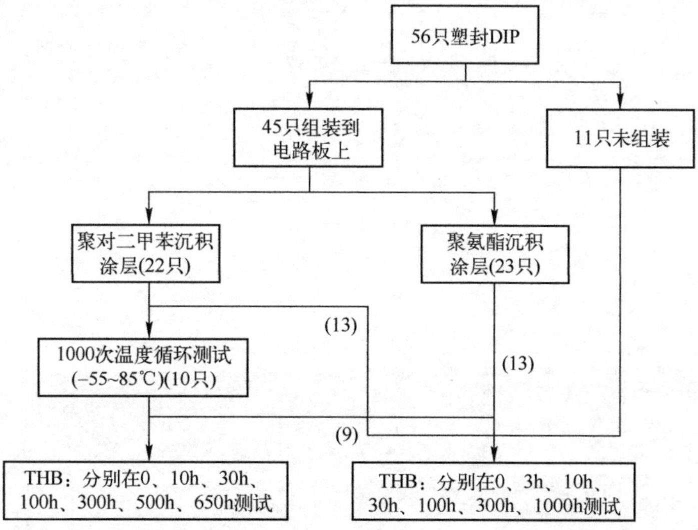

图 7-15 双列直插式塑封器件的温度循环和湿度-温度-偏压测试

例子，对已组装的和未组装的塑封 DIP 器件均进行了试验。根据综合载荷和应力加速测试结果，可以进行塑封器件的寿命评估。关于加速测试寿命评估的内容将在后面章节进行介绍。

7.5 思考题

1. 什么是封装缺陷和封装失效？
2. 封装缺陷的主要类型有哪些？
3. 封装失效的主要类型有哪些？
4. 什么是爆米花现象？
5. 加速失效的影响因素有哪些？

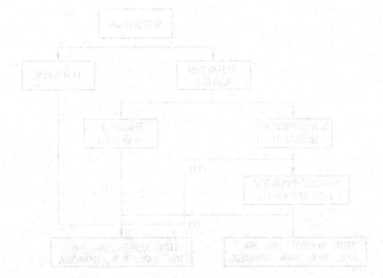

第 8 章　缺陷与失效的分析技术

缺陷和失效分析在高可靠、高质量电子封装的生产中起着重要的作用。缺陷的鉴别和分析以及后续这类缺陷的减少或消除，都可以使制造工艺得到很大的改进，从而获得更高质量的封装。此外，有关失效模式、失效位置和失效机理的信息也有助于提高封装的可靠性。为了更高的可靠性，在封装设计过程中就需要指出影响失效模式和机理的因素。各类失效分析技术的合理选择和应用，对于获取封装中与缺陷和失效有关的信息是很重要的。

塑料封装目前占据了 90%左右的市场，这取决于塑料封装较高的性价比。而对于塑料封装的缺陷和失效，可能是以多种物理形态表现出来的，并且可能出现在封装的任何位置，包括外部封装、内部封装、芯片表面、芯片底面或者界面。为了对电子器件和封装进行有效的失效分析，必须遵循有序的、一步接一步的程序来进行，以确保不丢失相关的信息。设计、装配和制造等多种技术需要有与其相适应的缺陷和失效分析技术。本章将介绍用于微电子封装的缺陷和失效分析技术的基本信息。

8.1　常见的缺陷与失效分析程序

微电子封装的失效分析技术大致分为两种类型：破坏性的和非破坏性的。非破坏性技术（如目检、扫描声学显微技术和 X 射线检测）不会影响器件的各项功能。它们不会改变封装体上的缺陷和失效，也不会引起新的失效。在非破坏性评价之前，是用电学测量方法来识别失效器件的失效模式，而尽管 X 射线检测是非破坏性技术，但是 X 射线有可能使有些器件的电学特性退化，所以必须在电学评价后进行。

破坏性技术（如开封）会物理地、永久地改变封装，它们会改变现有的缺陷。因此缺陷和失效分析技术的使用顺序是非常重要的，非破坏性分析必须在破坏性分析之前进行。非破坏性分析技术受到一定的限制，小于或等于 1 μm 的缺陷用 X 射线显微镜和声学显微镜基本上检测不到，但是用其他技术，例如电子扫描显微镜技术就可以辨认出来，但是这需要开封。

8.1.1　电学测试

对塑封微电子器件的电学测试通常是在非破坏性评价（NDE）之前进行，包括测量相关的电学参数。这些参数能暴露失效模式（例如灾难性的、功能性的、参数的、程序的或时序的）并可用来确定失效部位。

电学测试一般用于核定待测系统或元件整体电学性能是否满足要求，有时也对局部电学参数进行检测，检测项目包括电压、电流、阻抗、电场、磁场、EDM、响应时间等。具体到微电子器件，电学测试包括探测芯片上、芯片与互连线之间、芯片与电路板互连线之间的短路、开路、参数漂移、电阻变化或其他不正常的电学行为。电学测试的类型包括集成电路功能和参数测试、阻抗、连接性、表面电阻、接触电阻和电容等。

8.1.2 非破坏性评价

NDE 的目的是在不破坏封装的前提下，识别并标记像裂缝、空洞、分层、引线变形、翘曲、褪色和软化这样的缺陷。NDE 第一步是目检，直接用眼睛或用光学显微镜进行观察。

目检后紧接着进行其他非破坏性分析技术，包括扫描声学显微技术（SAM）、X 射线显微技术和原子力显微技术（AFM）。利用 SAM 可以在不打开封装的情况下，识别分层、空洞和芯片倾斜。X 射线显微技术可用来识别像引线变形、空洞和芯片底座偏移等缺陷，但只能在电学测试后进行。产生了形变的失效，可以用 AFM 进行测量，利用 AFM 通过描绘样本高度和水平探针尖的位置图，就可以建立器件表面的三维拓扑图。

封装的另一种目检方法是染色渗透试验法。在这个非破坏性的测试方法中，整个封装会在真空下浸入染色液中，然后取出来观察微裂纹、空洞和分层。

8.1.3 破坏性评价

破坏性评价是会破坏部分或全部封装的密封微电子封装的缺陷和失效分析方法，它包括塑料密封料的分析测试、开封、用各种手段对封装内部进行检查以及选择性剥层。

1. 密封料的分析测试

塑料密封料的分析测试包括硬度测试和红外（IR）光谱分析，可以揭示塑封料的固化质量。不完全固化会导致封装特性的不足，例如玻璃化转变温度有可能引起密封封装的可靠性问题。硬度测试可以显示塑封材料的固化硬度，低硬度可能表示不正确或不完全的固化。将材料的或外线照射光谱和原来已知的好样品的光谱进行对照，可以反映出材料的成分是不是被供应商改变以及材料有没有完全固化或是否有过固化的情况。其他的固化评价方法还有差示扫描量热仪（DSC）扫描和等温 DSC 扫描。

2. 开封

大多数塑封器件失效分析技术需要开封来观察并定位塑料封装内部的缺陷。常用的去除塑封料的方法包括化学方法（例如硫酸、硝酸腐蚀法）、热机械法和等离子刻蚀法。去除塑封料的化学试剂或溶剂取决于塑料的种类，如固化的环氧较难去除，需要用强酸，而硅胶材料可以用氟化物溶剂去除。表 8-1 是各种开封方法的对比。

表 8-1 各种开封方法的对比

开封方法	优　点	缺　点
化学方法	• 低成本 • 高可靠 • 无水酸与金属的反应慢 • 金属化不改变 • 相对较低的温度过程	• 芯片表面的污染物可能被去除，不能对表面进行化学分析 • 如果环氧分解过程中释放的水量较大，则会是铝金属化局部腐蚀 • 必须对操作者采取化学防护措施
热机械法	• 可以分析芯片表面 • 可以对封装上层进行检测	• 由于引线破坏，不能进行电测 • 有可能破坏整个器件 • 温度较高 • 只适用于金共晶烧结的芯片封装形式，不适用于环氧粘接的芯片

（续）

开封方法	优　点	缺　点
机械法	• 对模塑料的去除较慢，可以对感兴趣的区域进行观察 • 适用于分析有模塑料中的某种物质导致的漏电失效	• 芯片表面可能会有物理损伤，因此不能进行表面分析 • 引线损伤，不能进行电测 • 过程较慢
等离子刻蚀法	• 高敏 • 平缓 • 安全 • 干净	• 开封时间很长 • 有可能产生人为失效，而被认为是真正的失效模式

典型的湿法化学开封方法通常有以下两个步骤：首先在封装体的表面研磨一个凹槽，并停止在键合引线上方25~75 μm处。从X射线俯视图可以得知引线弯曲的高度。然后将硫酸或者硝酸滴入凹槽中直到芯片暴露出来，硫酸化学腐蚀的温度范围在140~240℃，硝酸化学腐蚀的温度范围为85~140℃。腐蚀之后要清洗器件，如果用硫酸化学腐蚀，则要用大量的去离子水、丙酮来清洗，然后在氮气或干燥的空气中烘干；如果用硝酸化学腐蚀，则只用丙酮来清洗，然后烘干。稀释的硝酸和铝会发生强烈的反应，所以在晶圆制造中有时用作金属腐蚀剂，在清洗的时候则要避免接触水。

在化学腐蚀的过程中，加热会加速开封过程，然而，它也会去除芯片表面的污染物，降低后续化学分析的有效性。喷射腐蚀法是一种较好的化学腐蚀方法，它利用自动喷射仪将酸喷射到封装的表面上直到芯片露出来。在喷射腐蚀过程中，封装上通常会放一个橡皮掩模，只将需要腐蚀的地方露出来。这种方法比起手动滴酸的方法更快，通常用于大规模的开封。而且喷射腐蚀开封法是一个更可控、有效和清洁的过程。

在热机械开封方法中，首先，将引脚弯曲90°~180°以使封装的底面能够被打磨，要一直磨到芯片底座和引线框架都露出来。然后将封装在高温500℃下放置20~30 s，由于产生的热机械应力，芯片会和环氧塑料分离，可以取出来进行缺陷和失效分析。因为这个方法不会引入会和芯片表面污染物发生反应的化学试剂，它特别适用于确认金属腐蚀引起的失效。这个方法的缺点主要在于可能损坏键合引线而失去电连接性。

机械开封的方法是对模塑料进行研磨，一直到要检查的区域。通常用于分析塑封体中的漏电失效。在漏电失效分析中，可以通过确定特定的信号电阻降低的电学数据来确定失效位置。这种方法不需要加热和引入化学试剂，但是对芯片表面和引线会造成物理损伤，妨碍对器件进行深入的表面分析和电学测试。

等离子刻蚀中的电子激发的氧低温等离子体（离子气）发射到封装材料上，将材料变为灰烬而去除。这种方法可以同时处理多个器件，但是时间很长并要操作员密切关注。等离子刻蚀法最适用于不能用酸腐蚀的封装材料，或者作为对酸敏感的芯片表面聚酰亚胺涂层或引线框架材料的最后处理。由于其具有可选择性、缓和、干净和安全的特点而被认为是很有价值的方法。在常规使用下整个开封时间常常比较久，因此限制了等离子刻蚀在更主要的失效分析研究中的应用。同时要非常小心，避免引入可能被认为是真正失效模式的人为失效。在等离子刻蚀前，应用机械法尽可能多地将所要观察区域上方的材料去除。

3. 内部检查

开封之后的内部检查可以用很多失效分析技术来进行。根据在封装中失效的可能位置、预期失效点的大小和其他因素来选择这些技术。用于内部检查的失效分析技术包括光学显微技术、电子显微技术、红外显微技术和 X 射线荧光（XRF）光谱技术。

4. 选择性剥层

有些缺陷，如过电应力或者绝缘层上的针孔，可能导致电路发生短路。它们可能位于表面下方而不可见，这就需要对半导体器件结构中不同成分的层分别进行去除。有两种常用的剥层方法，湿法刻蚀和干法刻蚀。氧化层和金属化层通常用湿法刻蚀来去除，氮化物钝化层用氟基离子体或氩离子进行刻蚀。

5. 失效定位和确定失效机理

有很多种技术可以用来进行失效定位。失效分析中最重要的步骤——确定失效原因和失效机理，要全面考虑失效位置、形态和经历及封装制造、应用的条件。例如，塑封料上的裂纹可以用非破坏性的目检来确定。进一步的测试（包括 X 射线显微技术和 SAM）可以发现内部的分层和裂纹。确定失效点和失效模式后，就可以通过制造和应用历史遗迹适用条件来推断其失效机理。一个可能的失效机理是在制造过程中（例如回流焊工艺）由于高温和水汽的压力而发生爆米花。

6. 模拟测试

在某些情况下，像大裂纹、空洞或引线键合断开这些失效都是非常明显的。然而其他情况下，直接的失效证据本身或后续的分析手段毁坏了，这时就需要模拟测试来再现已观察到的失效。密封微电路可以采用和实际失效逻辑性相关的环境条件或者电学负载手段，施加压力让其失效。可以选择提高温度、温度循环和提高相对湿度等环境条件。

8.2 光学显微技术

光学显微技术（OM）在不同等级的封装失效分析中是一个常用的方法，是最基本的检测技术之一。光学显微镜价格便宜并且易于使用，一般的光学显微镜如图 8-1 所示。由于大多数半导体样品是不透明的，所以使用的显微镜都是金相显微镜，需要通过透镜来反射光线。先进的光学显微镜加上了电子摄像头，配上了计算机图像处理软件，组成了光学电子显微镜，如图 8-2 所示。

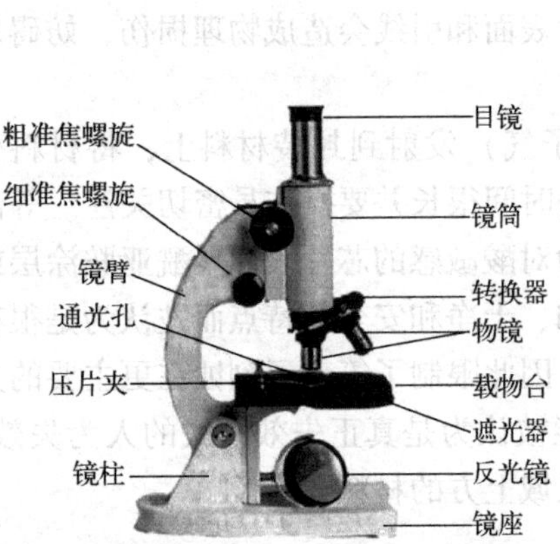

图 8-1　光学显微镜的结构

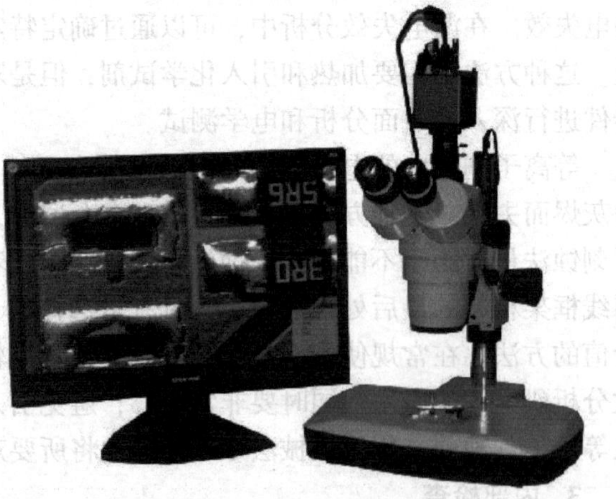

图 8-2　光学电子显微镜

光学显微镜是利用光学原理，把人眼所不能分辨的微小物体放大成像，以供人们提取微细结构信息的光学仪器。光学显微镜一般由载物台、聚光照明系统、物镜、目镜和调焦机构组成。载物台用于承放被观察的物体。利用调焦旋钮可以驱动调焦机构，使载物台做粗调和微调的升降运动，使被观察物体调焦清晰成像。它的上层可以在水平面内沿做精密移动和转动，一般都把被观察的部位调放到视场中心。

聚光照明系统由灯源和聚光镜构成，聚光镜的功能是使更多的光能集中到被观察的部位。照明灯的光谱特性必须与显微镜接收器的工作波段相适应。

物镜位于被观察物体附近，是实现第一级放大的镜头。在物镜转换器上同时装着几个不同放大倍率的物镜，转动转换器就可让不同倍率的物镜进入工作光路，物镜的放大倍率通常为5~100倍。

物镜是显微镜中对成像质量优劣起决定性作用的光学元件，一般变倍比为6.3∶1，变倍范围为0.8×~5×。常用的有能对两种颜色的光线校正色差的消色差物镜；质量更高的还有能对三种色光校正色差的复消色差物镜；能保证物镜的整个像面为平面，以提高视场边缘成像质量的平像场物镜。高倍物镜中多采用浸液物镜，即在物镜的下表面和标本片的上表面之间填充折射率为1.5左右的液体，它能显著地提高显微镜观察的分辨率。

目镜是位于人眼附近实现第二级放大的镜头，放大倍率通常为5~20倍。按照所能看到的视场大小，目镜可分为视场较小的普通目镜和视场较大的大视场目镜（或称广角目镜）两类。

载物台和物镜两者必须能沿物镜光轴方向做相对运动以实现调焦，获得清晰的图像。用高倍物镜工作时，容许的调焦范围往往小于微米，所以显微镜必须具备极为精密的微动调焦机构。

显微镜放大倍率的极限即有效放大倍率，显微镜的分辨率是指能被显微镜清晰区分的两个物点的最小间距。分辨率和放大倍率是两个不同的但又互有联系的概念。

当选用的物镜数值孔径不够大，即分辨率不够高时，显微镜不能分清物体的微细结构，此时即使过度地增大放大倍率，得到的也只能是一个轮廓虽大但细节不清的图像，称为无效放大倍率。反之如果分辨率已满足要求而放大倍率不足，则显微镜虽已具备分辨的能力，但因图像太小而仍然不能被人眼清晰视见。所以为了充分发挥显微镜的分辨能力，应使数值孔径与显微镜总放大倍率合理匹配。

聚光照明系统对显微镜成像性能有较大影响，但又是易于被使用者忽视的环节。它的功能是提供亮度足够且均匀的物面照明。聚光镜发来的光束应能保证充满物镜孔径角，否则就不能充分利用物镜所能达到的最高分辨率。为此目的，在聚光镜中设有类似照相物镜中的、可以调节开孔大小的可变孔径光阑，用来调节照明光束孔径，以与物镜孔径角匹配。

改变照明方式，可以获得亮背景上的暗物点（称亮视场照明）或暗背景上的亮物点（称暗视场照明）等不同的观察方式，以便在不同情况下更好地发现和观察微细结构。

光学显微镜有多种分类方法：按使用目镜的数目可分为三目、双目和单目显微镜；按图像是否有立体感可分为立体视觉和非立体视觉显微镜；按观察对象可分为生物和金相显微镜等；按光学原理可分为偏光、相衬和微分干涉对比显微镜等；按光源类型可分为普通光、荧光、红外光和激光显微镜等；按接收器类型可分为目视、摄影和电视显微镜等。常用的显微镜有双目连续变倍体视显微镜、金相显微镜、偏光显微镜、紫外荧光显微镜等。

在光学显微镜下可以看到图 8-3 所示的芯片图像。

图 8-3　光学显微镜下观察到的芯片图像

8.3　扫描声光显微技术

在塑料封装的集成电路或其他封装电子器件中，与装配相关的封装缺陷是可靠性问题的一个主要来源。典型的缺陷包括模塑料（MC）和引线框架、芯片或芯片底座之间的界面分层，MC 裂纹，芯片粘接分层，芯片倾斜和 MC 中的空洞。这些缺陷都可以利用扫描声光显微技术（SAM）进行无损探测并观察。SAM 技术基于超声波在各种材料中的反射和传输特性而成像，基于 SAM 技术的显微镜称为扫描声学显微镜，如图 8-4 所示。

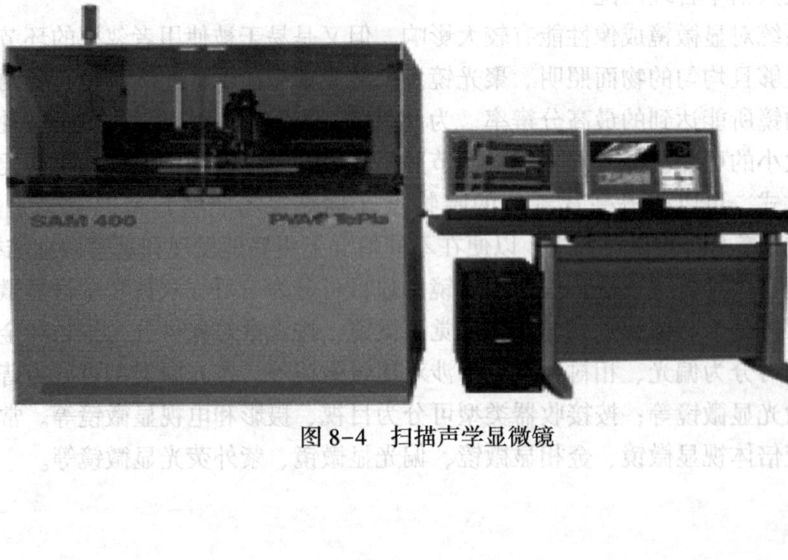

图 8-4　扫描声学显微镜

SAM 可进行大量器件的检测，从而在产品使用前筛选出不合格品或者保证线上模塑工艺的输出质量。SAM 技术可以满足从生产批量筛选到具体的实验室缺陷探测和失效分析的广泛需求。全面定义缺陷并理解失效模式是非常重要的，如果使用得当，SAM 可以提供其他技术不能提供的有价值的信息。另外，因为它是无损的，不会对器件造成破坏，所以对于可靠性研究而言，可以在元件的环境循环检测中或者其正常工作期间监测缺陷的增长率。

扫描声学显微镜是一种多功能、高分辨率的显微成像仪器，兼具电子显微术高分辨率和声学显微术非破坏性内部成像的特点，被广泛应用在物料检测（IQC）、失效分析（FA）、质量控制（QC）、质量保证及可靠性（QA/REL）、研发（R&D）等领域，可以检测材料内部的晶格结构、杂质颗粒、内部裂纹、分层缺陷、空洞、气泡、空隙等，为司法鉴定提供客观公正的微观依据。

SAM 主要用两个显微镜来进行：扫描激光声学显微镜（SLAM）和 C-模式扫描声学显微镜（C-SAM）。

SAM 的成像模式有很多种，包括 A-扫描、B-扫描、C-模式、体扫描、量化 B-扫描分析（Q-BAM）、3D 飞行时间（TOF）、全透射或 THRU-扫描、多层扫描、表面扫描、芯片叠层封装 3D 成像或 3VTM 以及托盘扫描。

SAM 是用声波获得物体内部结构特点的可见图像的方法，它利用了声学、电子学和信息处理等技术。声波可以透过很多不透光的物体，利用声波可以获得这些物体内部结构的声学特性的信息；而声成像技术则可将其变换成人眼可见的图像，即可以获得不透光物体内部声学特性分布的图像。物体的声学特性分布可能与光学特性分布不尽相同，因而同一物体的声像可能与其相应的光学像有差别。

声成像的研究开始于 20 世纪 20 年代末期。最早使用的方法是液面形变法。随后，很多种声成像方法相继出现，至 70 年代已形成一些较为成熟的方法，并有了大量的商品化产品。声成像方法可分为常规声成像、扫描声成像和声全息。

（1）常规声成像是从光学透镜成像方法引申而来。用声源均匀照射物体，物体的散射声信号或透射声信号，经声透镜聚焦在像平面上形成物体的声像，它实质上是与物体声学特性相应的声强分布。用适当的暂时性或永久性记录介质，将此声强分布转换成光学分布，或先转换成电信号分布，再转换为荧光屏上的亮度分布。如此即可获得人眼能观察到的可见图像。

将声强分布变成光学分布的永久性记录介质有多种，如经过特殊处理的照相胶片，以及利用声化学效应、声电化学效应、声致光效应和声致热效应的多种声敏材料。这些材料可对声像“拍照”，使其变成可直接观察的图像。但这种声记录介质的灵敏度较低，其阈值为 0.1 W/cm^2 至数瓦/厘米^2，信噪比也较低，且使用不便。

声强分布的临时性记录，可用液面或固体表面的形变来实现。其方法是用准直光照射形变表面，或用激光束逐点扫描形变表面，其衍射光经光学系统处理可得到与声强分布相应的光学像。此外，还可用声像管将声像转换为视频信号，并显示在荧光屏上。声像管的结构与电视摄像管类似，只是用压电晶片代替了光敏靶。声像管可用于声像实时显示，其灵敏度阈值约为 10^{-4} W/cm^2。与扫描成像技术相比，工艺比较复杂、孔径有限而且灵敏度偏低。

（2）扫描声成像是通过扫描，用声波从不同位置照射物体，随后接收含有物体信息的声信号。经过相应的处理，获得物体声像，并在荧光屏上显示成可见图像。

70 年代以来，扫描声成像方法发展迅速。声束扫描经历了手动扫描、机械扫描、电子扫描或电子扫描与机械扫描相结合的阶段。声束聚焦也由透镜聚焦发展到电子聚焦、计算机合成。获得图像的方式和图像所含的内容也各有不同。

(3) 声全息是将全息原理引进声学领域后产生的一种新的成像技术和数据处理手段。早期的声全息完全模仿光全息方法，即用一参考声束与频率相同的物体声束相干，在一个平面内产生共轭，记录此强度即得到全息图。用一束激光照射全息图，则可得到分别与 UO 和 U 相应的两个像，称为孪生像。UO 真实地反映了原物体，称为真像；而 U 则为其共轭像。重现时如果用的照明波与形成全息图时所用波束的波长相同，那就如同光全息那样，重现像为与原物完全相同的立体像。但在声全息中，为了获得可见的重现像，必须用可见光来重现。可见光的波长与用来形成全息图的声波波长相差数百倍，因此重现像有严重的深度畸变，从而失去三维成像的优点。

由于很多声检测器均能记录声波的幅度和相位，并将其转换成相应的电信号，受到人们重视的新的声全息方法与光全息方法不同，只有液面法声全息基本上保留了光全息的做法。而各种扫描声全息不再采用声参考波。扫描声全息大致可分为两类。

① 激光重现声全息：用一声源照射物体，物体的散射信号被换能器阵列接收并转换成电信号，再加上模拟从某个方向入射声波的电参考信号，于是在荧光屏上形成全息图并拍照。然后，用激光照射全息图，即可获得重现像。

② 计算机重现声全息：用上述方法记录换能器阵列各单元接收信号的幅度和相位，用计算机进行空间傅里叶变换，即可重现物体声像。

声成像质量的主要指标有图像的横向分辨率、纵向分辨率、信噪比、畸变和假像等。声成像的质量不仅与所用的仪器设备有关，而且在很大程度上还与声波在介质中传播的特性(如反射、折射和波型转换）有关。

声成像技术已得到广泛应用，主要用于地质勘探、海洋探测、工业材料非破坏探伤和医学诊断等方面。特别是，B 型断层图像诊断仪已成为与 X 射线断层扫描仪和同位素扫描仪并列的医学三大成像诊断技术之一。

由于声波在水中的传播特性显著优越于电磁波和可见光，受水的浑浊度的影响小，因而水声探测成为水下测量的主要手段。目前的各种声呐系统，仍是执行水下观察与探测任务的主要手段，尤其是在大范围、远距离目标搜索和定位方面有着其他方法无可替代的优势。

8.4 X 射线显微技术

用 X 射线显微镜（XM）进行失效分析的主要优点在于，样品对基本 X 射线的微分吸收所产生的图像对比度提供了样品的本征信息。吸收的程度却决定于样品内的原子种类和原子数，因此不仅可以显示不同的微结构特征的存在，还可以获得其成分信息。很多种 X 射线显微镜都可以显示微结构特征：X 射线接触显微镜、投影显微镜、反射显微镜和衍射显微镜。

X 射线显微镜的另一个优点是 X 射线对于比较厚的样品具有相对深的穿透性，不用开封就可以对电子封装和元件内部进行检测。X 射线显微技术（也叫显微射线照相术）是一种非破坏性技术。

X 射线显微镜还有一个优点就是，封装和元件可在自然状态下进行检查，既不需要涂覆层也不需要高真空，而传统的电子显微镜需要这些。但是，X 射线辐射可能会改变微电子封装的电学特性，因此测试封装的电学特性时不能使用。

X 射线图像是通过这个样品厚度形成的投影衬度，因此分析多层重叠样品时就会产生困难。X 射线的波长短，用它得到的最终分辨率比用光得到的要好，但是比用电子得到的分辨率差。X 射线不带电荷，所以电场和磁场都不能影响它，使用 X 射线时一定要做好防辐射措施。

X 射线通常是在 X 射线管中产生的。穿透样品的 X 射线会被暴露的胶片或者电耦合探测器探测到。图 8-5 是 X 射线管的剖面示意图。在穿透的 X 射线机器上，在高压电位下，电子通过加热的钨丝来产生，并加速、聚焦到阳极的一个金属靶（比如铜）上。当加速的初级电子与金属靶上的金属原子碰撞时会减速，碰撞释放的能量就会产生 X 射线。小于 1% 的初级电子能量真正转化成为 X 射线，其余的电子以热的形式通过水冷系统释放出去。

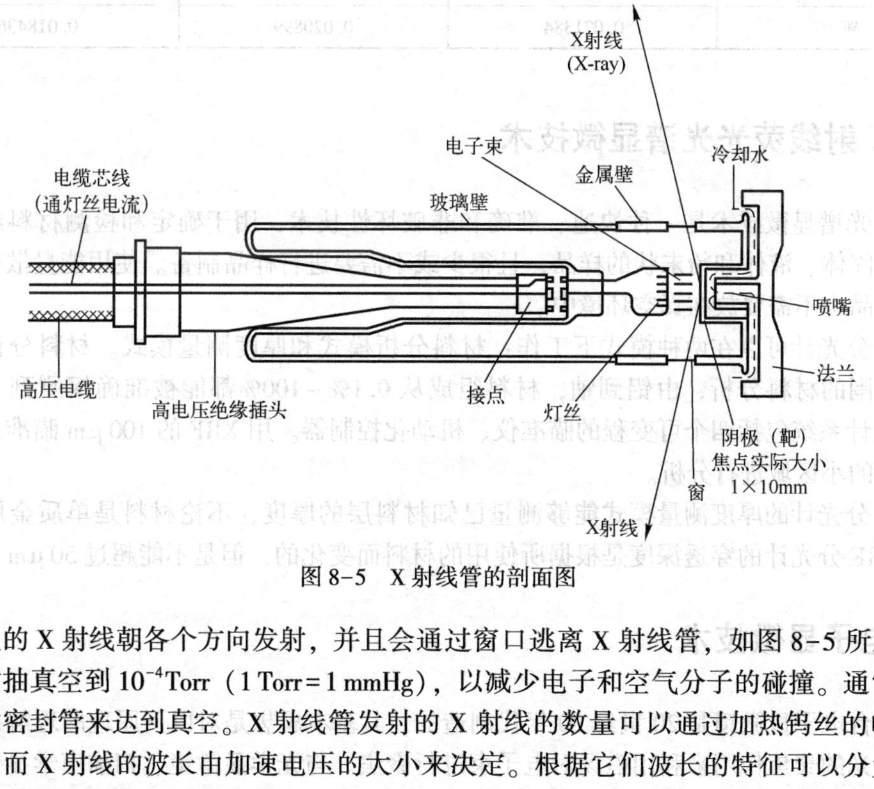

图 8-5　X 射线管的剖面图

产生的 X 射线朝各个方向发射，并且会通过窗口逃离 X 射线管，如图 8-5 所示。X 射线管通常抽真空到 10^{-4}Torr（1 Torr = 1 mmHg），以减少电子和空气分子的碰撞。通常会使用永久性的密封管来达到真空。X 射线管发射的 X 射线的数量可以通过加热钨丝的电流改变来控制，而 X 射线的波长由加速电压的大小来决定。根据它们波长的特征可以分为两种 X 射线光谱：连续光谱和特征光谱。

通常仅有一小部分初级电子在一次碰撞后就完全停止，大多数电子是通过反复与其他原子进行碰撞来减速的。通过这些碰撞产生的 X 射线具有较低的能量，因此有较长的波长。因此，连续光谱具有宽范围的波长。光谱的最小波长由初级电子的加速电压来确定。特征光谱的确定是完全不同的，它是由靶材来确定的。当靶材原子内层电子被初级电子碰撞出来时，原子变得不稳定。相同原子中的另一个电子就会发生跃迁填补空位，损失能量 ΔE，同时产生一个相关的 X 射线量子。因为 ΔE 是原子的能量变化值，因此产生的波长就是这个原子种类的特征。对于一个特定的种类，同时存在多种特征波长，这时是由电子在不同的原子层间跃迁释放的能量来决定的。一种原子的特征 K 线谱，是由上层电子层传输到 K 层而产生的，通常包含特定波长的 $K_{\alpha1}$，$K_{\alpha2}$、K_{β} 辐射线，表 8-2 列出了由一些特定靶材料发射的波长。

表 8-2　靶材料发射的特征 X 射线波长

成分	$K_{\alpha2}$/nm	$K_{\alpha1}$/nm	K_{β}/nm
Cr	0. 22913	0. 228962	0. 208480
Fe	0. 193991	0. 193597	0. 175653
Co	0. 179278	0. 178892	0. 162075
Ni	0. 166169	0. 165784	0. 150010
Cu	0. 154433	0. 154051	0. 139217
Mo	0. 071354	0. 070926	0. 063225
Ag	0. 056378	0. 055936	0. 049701
W	0. 021384	0. 020899	0. 018436

8.5　X 射线荧光光谱显微技术

XRF 光谱显微技术是一种快速、准确和非破坏性技术，用于确定和检测材料组成。它可以用于固体、液体和粉末状的样品，且很少或不需要进行样品制备。使用能量散射光谱系统时，样品也不需要放在真空环境中。

XRF 分光计可以在两种模式下工作：材料分析模式和厚度测量模式。材料分析模式能进行宽范围的材料分析，由铝到铀，材料组成从 0. 1%～100%都能被准确探测到。典型的 XRF 分光计系统包括四个可变程的瞄准仪、机动化控制器。用 XRF 的 100 μm 瞄准尺寸可以对样品上的小区域进行分析。

XRF 分光计的厚度测量模式能够测量已知材料层的厚度，不论材料是单质金属还是合金的。XRF 分光计的穿透深度是根据所使用的材料而变化的，但是不能超过 50 μm。

8.6　电子显微技术

第一台电子显微镜是 20 世纪 30 年代制造的，其基本思想是对以下原理的理解，模仿透镜对可见光的聚焦作用来利用磁场对电子束进行聚焦。与光学显微镜、扫描声学显微镜和 X 射线显微镜比较，电子显微镜有更强大的分辨率，特定类型的电子显微镜甚至可以达到原子级的分辨率。另一个特点是，电子显微镜不仅限于显示微结构的信息，也可以获得电子衍射图谱来提高结晶信息，直接的化学分析能提高样品的组成信息。

电子显微技术的封装伴随着多种电子-样品相互作用的微分析技术的发展。传统的技术包括扫描电子显微技术（SEM）、透射电子显微技术（TEM）、扫描透射电子显微技术（STEM）和与其他分技术（如 X 射线和声学图像）相结合的电子显微技术。当电子显微镜工作时，提高高压产生电子，其中部分电子束（入射电子束）被用于瞄准样品。如图 8-6 所示，入射电子束以很多种方式和样品发生相互作用。

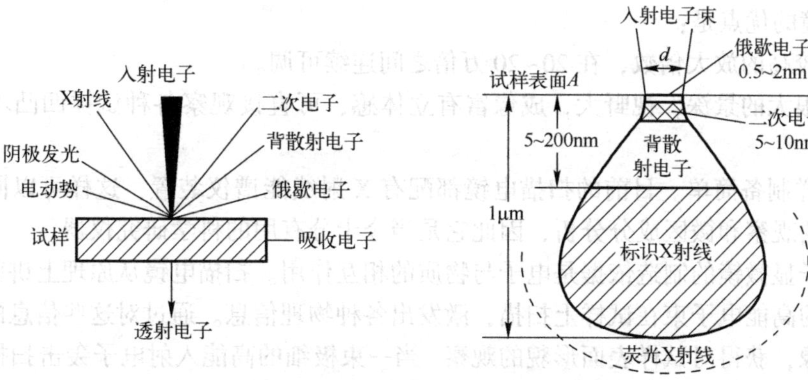

图 8-6　高能电子与样品相互作用产生的信号

如果样品足够薄，则一部分入射的电子会穿过样品，穿过的电子有不发生散射的（沿着入射电子的方向穿过样品）和发生散射的（与入射电子束的方向成一定的角度）。因为这些散射和非散射的电子是从样品中穿过的，因此它们带有样品的微结构信息，透射电子显微镜用全面的探测系统收集这些电子，并将微结构图像投影到荧光屏上。TEM 图像就是样品微结构的投影。

1. 扫描电子显微技术

扫描电子显微镜（SEM）是 1965 年发明的较现代的细胞生物学研究工具，主要是利用二次电子信号成像来观察样品的表面形态，即用极狭窄的电子束去扫描样品，通过电子束与样品的相互作用产生各种效应，其中主要是样品的二次电子发射。

二次电子能够产生样品表面放大的形貌像，这个像是在样品被扫描时按时序建立起来的，即使用逐点成像的方法获得放大像。

扫描电镜（SEM）是介于透射电镜和光学显微镜之间的一种微观形貌观察扫描电子显微镜，图 8-7 所示是一种扫描电镜。它可以直接利用样品表面材料的物质性能进行微观成像。

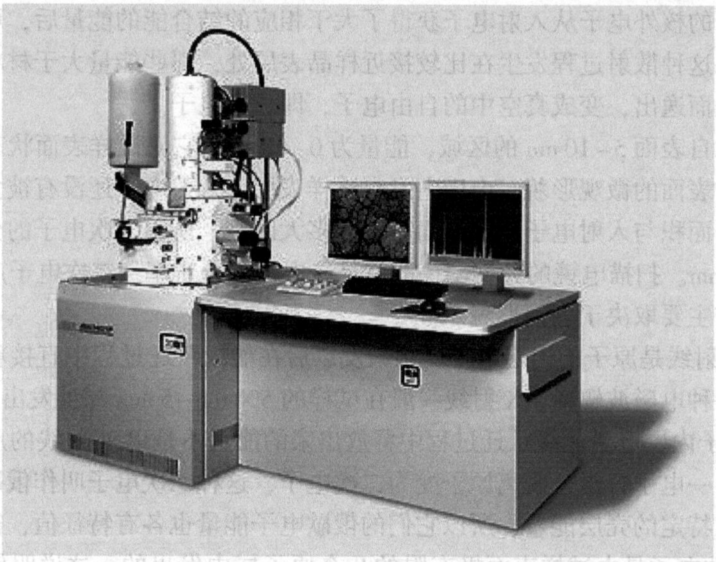

图 8-7　扫描电镜（SEM）

扫描电镜的优点是：

（1）有较高的放大倍数，在20~20万倍之间连续可调。

（2）有很大的景深，视野大，成像富有立体感，可直接观察各种试样凹凸不平表面的细微结构。

（3）试样制备简单。目前的扫描电镜都配有X射线能谱仪装置，这样可以同时进行显微组织形貌的观察和微区成分分析，因此它是当今十分有用的科学研究仪器。

扫描电子显微镜的制造依据是电子与物质的相互作用。扫描电镜从原理上讲就是利用聚焦得非常细的高能电子束在试样上扫描，激发出各种物理信息。通过对这些信息的接收、放大和显示成像，获得对试样表面形貌的观察。当一束极细的高能入射电子轰击扫描样品表面时（见图8-6），被激发的区域将产生二次电子、俄歇电子、特征X射线和连续谱X射线、背散射电子、透射电子，以及在可见、紫外、红外光区域产生的电磁辐射。同时可产生电子-空穴对、晶格振动（声子）、电子振荡（等离子体）。

其中：

1）背散射电子是指被固体样品原子反射回来的一部分入射电子，其中包括弹性背反射电子和非弹性背反射电子。弹性背反射电子是指被样品中原子核反弹回来的，散射角大于90°的那些入射电子，其能量基本上没有变化（能量为数千到数万电子伏）。非弹性背反射电子是入射电子和核外电子撞击后产生非弹性散射，不仅能量变化，而且方向也发生变化。非弹性背反射电子的能量范围很宽，从数十电子伏到数千电子伏。

从数量上看，弹性背反射电子远比非弹性背反射电子所占的份额多。背反射电子的产生范围在100 nm~1 mm深度，背反射电子束成像分辨率一般为50~200 nm（与电子束斑直径相当）。背反射电子产额和二次电子产额与原子序数的关系：背反射电子的产额随原子序数的增加而增加，所以，利用背反射电子作为成像信号不仅能分析新貌特征，也可以用来显示原子序数衬度，定性进行成分分析。

2）二次电子是指被入射电子轰击出来的核外电子。由于原子核和外层价电子间的结合能很小，当原子的核外电子从入射电子获得了大于相应的结合能的能量后，可脱离原子成为自由电子。如果这种散射过程发生在比较接近样品表层处，那些能量大于材料逸出功的自由电子可从样品表面逸出，变成真空中的自由电子，即二次电子。

二次电子来自表面5~10 nm的区域，能量为0~50 eV。它对试样表面状态非常敏感，能有效地显示试样表面的微观形貌。由于它发自试样表层，入射电子还没有被多次反射，因此产生二次电子的面积与入射电子的照射面积没有多大区别，所以二次电子的分辨率较高，一般可达到5~10 nm。扫描电镜的分辨率一般就是二次电子分辨率。二次电子产额随原子序数的变化不大，它主要取决于表面形貌。

3）特征X射线是原子的内层电子受到激发以后在能级跃迁过程中直接释放的具有特征能量和波长的一种电磁波辐射。X射线一般在试样的500 nm~5 mm深处发出。

4）如果原子内层电子能级跃迁过程中释放出来的能量不是以X射线的形式释放而是用该能量将核外另一电子打出，脱离原子变为二次电子，这种二次电子叫作俄歇电子。因每一种原子都有自己特定的壳层能量，所以它们的俄歇电子能量也各有特征值，能量在50~1500 eV范围内。俄歇电子是由试样表面极有限的几个原子层中发出的，这说明俄歇电子信号适用于表层化学成分分析。

产生的次级电子的多少与电子束入射角有关，也就是说与样品的表面结构有关，次级电子由探测体收集，并在那里被闪烁器转变为光信号，再经光电倍增管和放大器转变为电信号来控制荧光屏上电子束的强度，显示出与电子束同步的扫描图像。图像为立体形象，反映了标本的表面结构。图 8-8 所示是扫描电子显微镜生成的物体表面的图像。

为了使标本表面发射出次级电子，标本在固定、脱水后，要喷涂上一层重金属微粒，重金属在电子束的轰击下发出次级电子信号。

原则上讲，利用电子和物质的相互作用，可以获取被测样品本身的各种物理、化学性质的信息，如形貌、组成、晶体结构、电子结构和内部电场或磁场等。

扫描电子显微镜正是根据上述不同信息产生的机理，采用不同的信息检测器，使选择检测得以实现。如对二次电子、背散射电子的采集，可得到有关物质微观形貌的信息；对 X 射线的采集，可得到物质化学成分的信息。正因如此，根据不同需求，可制造出功能配置不同的扫描电子显微镜。图 8-9 给出了扫描电子显微镜的原理和结构示意图。

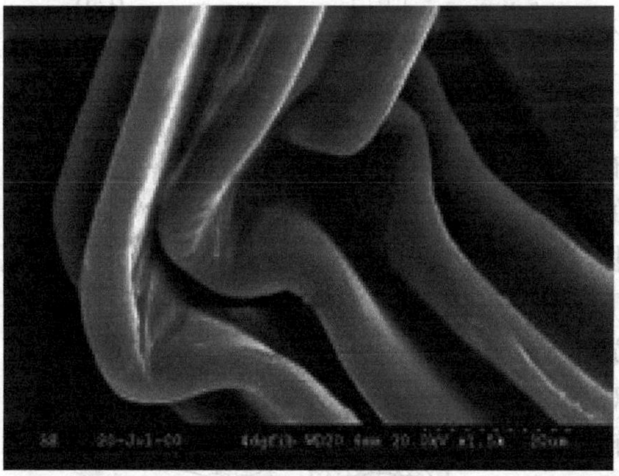
图 8-8　SEM 成像图

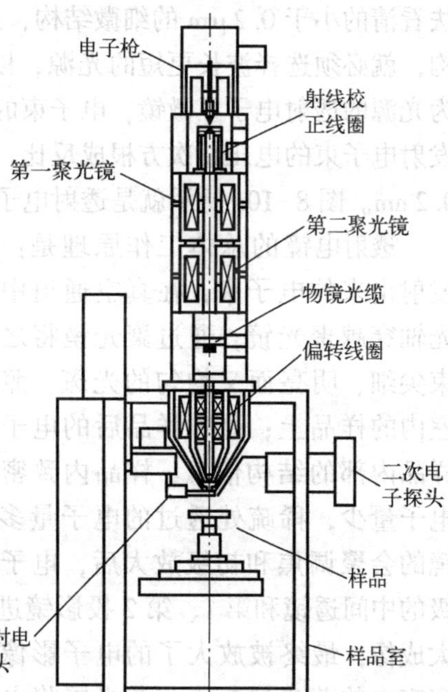

图 8-9　扫描电子显微镜的原理和结构示意图

扫描电子显微镜具有由三极电子枪发出的电子束经栅极静电聚焦后成为直径为 50 mm 的电光源。在 2~30 kV 的加速电压下，经过 2~3 个电磁透镜所组成的电子光学系统，电子束会聚成孔径角较小、束斑为 5~10 mm 的电子束，并在试样表面聚焦。末级透镜上边装有扫描线圈，在它的作用下，电子束在试样表面扫描。高能电子束与样品物质相互作用产生二次电子、背反射电子、X 射线等信号。这些信号分别被不同的接收器接收，经放大后用来调制荧光屏的亮度。由于经过扫描线圈上的电流与显像管相应偏转线圈上的电流同步，因此，试样表面任意点发射的信号与显像管荧光屏上相应的亮点一一对应。也就是说，电子束打到试样上一点时，在荧光屏上就有一亮点与之对应，其亮度与激发后的电子能量成正比。换言之，扫描电镜是采用逐点成像的图像分解法进行的。光点成像的顺序是从左上方开始到右下方，直到最后一行右下方的像元扫描完毕就算完成一帧图像，这种扫描方式叫作光栅扫描。

扫描电子显微镜由电子光学系统、信号收集及显示系统、真空系统及电源系统组成。

对于传统的 SEM 分析，样品表面必须涂覆一层薄的导电层来避免电荷。涂覆层的材料和技术有很多种，最常用的材料是碳、金、金-钯、铂金和铝。

SEM 技术作为一种强有力的工具在半导体器件和封装检测领域得到了广泛的应用。小的缺陷，例如半导体上的针眼和小丘、静电放电导致的空洞、过电应力导致的短路、钝化层裂缝、金属化电迁移导致的开路、树枝状生长和键合失效都可以很容易地被观察到。

SEM 也可以用作电学测试设备。当器件施加偏压后，SEM 图像的对比度会随着偏置电压的幅度而增强，这个技术叫作电压衬度像。器件的负偏压区域会变亮，正偏压区域会变暗。可以通过比较偏置区域的对比度来探测失效点的位置。

2. 透射电子显微镜

透射电子显微镜（Transmission Electron Microscope，TEM），可以看到在光学显微镜下无法看清的小于 0.2 μm 的细微结构，这些结构称为亚显微结构或超微结构。要想看清这些结构，就必须选择波长更短的光源，以提高显微镜的分辨率。1932 年 Ruska 发明了以电子束为光源的透射电子显微镜，电子束的波长要比可见光和紫外光短得多，并且电子束的波长与发射电子束的电压二次方根成反比，也就是说电压越高波长越短。目前 TEM 的分辨力可达 0.2 nm。图 8-10a 所示就是透射电子显微镜的结构图。

透射电镜的总体工作原理是：由电子枪发射出来的电子束，在真空通道中沿着镜体光轴穿越聚光镜，通过聚光镜将之会聚成一束尖细、明亮而又均匀的光斑，照射在样品室内的样品上；透过样品后的电子束携带有样品内部的结构信息，样品内致密处透过的电子量少，稀疏处透过的电子量多；经过物镜的会聚调焦和初级放大后，电子束进入下级的中间透镜和第 1、第 2 投影镜进行综合放大成像，最终被放大了的电子影像投射在观察室内的荧光屏板上；荧光屏将电子影像转化为可见光影像以供使用者观察。

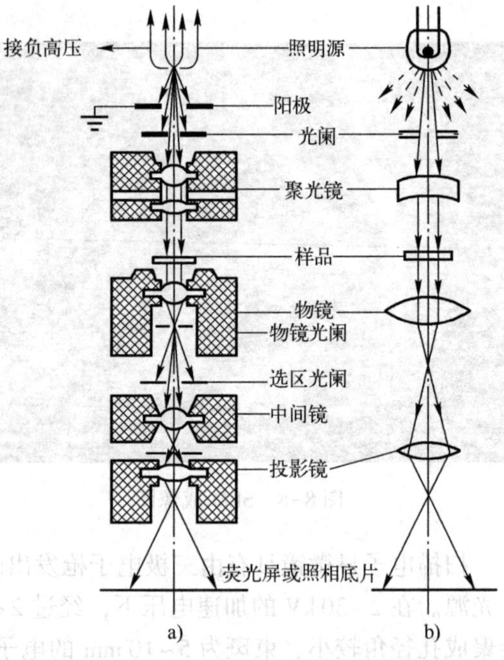

图 8-10　透射显微镜结构原理和光路

a）透射电子显微镜　b）透射光学显微镜

与 SEM 相比，电子枪上会施加更高的电压，这样入射电子会携带足够的能量穿透样品。TEM 的极限电压通常在 100 kV ~ 1000 kV 之间，这取决于特定的 TEM 分辨力的要求。极限电压越高，TEM 分辨力越高，且可处理更厚的样品。超高极限电压的 TEM 的极限分辨率可以达到亚埃级。

透射电子显微镜的成像原理可分为以下三种情况：

(1) 吸收像：当电子射到质量、密度大的样品时，主要的成像作用是散射作用。样品上质量厚度大的地方对电子的散射角大，通过的电子较少，像的亮度较暗。早期的透射电子显微镜都是基于这种原理。

（2）衍射像：电子束被样品衍射后，样品不同位置的衍射波振幅分布对应于样品中晶体各部分不同的衍射能力，当出现晶体缺陷时，缺陷部分的衍射能力与完整区域不同，从而使衍射波的振幅分布不均匀，反映出晶体缺陷的分布。

（3）相位像：当样品薄至100Å以下时，电子可以穿过样品，波的振幅变化可以忽略，成像来自于相位的变化。

TEM系统由以下几部分组成：

电子枪：发射电子，由阴极、栅极、阳极组成。阴极管发射的电子通过栅极上的小孔形成射线束，经阳极电压加速后射向聚光镜，起到对电子束加速、加压的作用。

聚光镜：将电子束聚集，可用已控制照明强度和孔径角。

样品室：放置待观察的样品，并装有倾转台，用以改变试样的角度，还有的装配了加热、冷却等设备。

物镜：为放大率很高的短距透镜，作用是放大电子像。物镜是决定透射电子显微镜分辨能力和成像质量的关键。

中间镜：为可变倍的弱透镜，作用是对电子像进行二次放大。通过调节中间镜的电流，可选择物体的像或电子衍射图来进行放大。

透射镜：为高倍的强透镜，用来放大中间像后在荧光屏上成像。

此外，还有二级真空泵用来对样品室抽真空，照相装置用以记录影像。

TEM样品制备是一个破坏性和漫长的过程。芯片被微划分为0.5 mm厚和3 mm直径的圆片，然后将芯片抛光到几个微米厚，用离子刻蚀技术将圆片的中心研磨到10 nm或更小的厚度，再涂覆导电层。图8-11是通过TEM观测到的芯片图像。

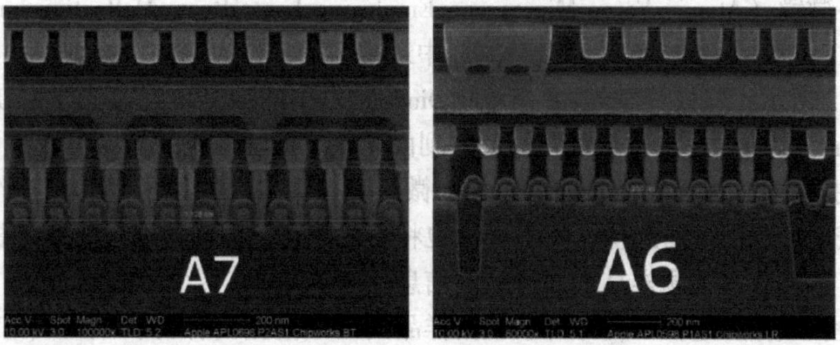

图 8-11　通过 TEM 观测到的芯片图像

8.7　原子力显微技术

原子力显微镜（Atomic Force Microscope，AFM），一种可用来研究包括绝缘体在内的固体材料表面结构的分析仪器。它通过检测待测样品表面和一个微型力敏感元件之间的极微弱的原子间相互作用力来研究物质的表面结构及性质。将一对微弱力极端敏感的微悬臂一端固定，另一端的微小针尖接近样品，这时它将与其相互作用，作用力将使得微悬臂发生形变或运动状态发生变化。扫描样品时，利用传感器检测这些变化，就可获得作用力分布信息，从而以纳米级分辨率获得表面形貌结构信息及表面粗糙度信息。原子力显微镜的示意图如图8-12所示。

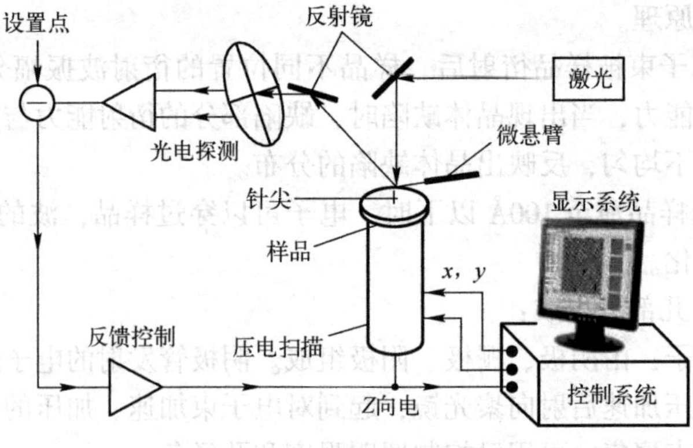

图 8-12　原子力显微镜示意图

它主要由带针尖的微悬臂，微悬臂运动检测装置，监控其运动的反馈回路，使样品进行扫描的压电陶瓷扫描器件，计算机控制的图像采集、显示及处理系统组成。微悬臂运动可用如隧道电流检测等电学方法或光束偏转法、干涉法等光学方法检测，当针尖与样品充分接近、相互之间存在短程相互斥力时，检测该斥力可获得表面原子级分辨图像，一般情况下分辨率也在纳米级水平。AFM 测量对样品无特殊要求，可测量固体表面、吸附体系等。

原子力显微镜的基本原理是：将一个对微弱力极敏感的微悬臂一端固定，另一端有一微小的针尖，针尖与样品表面轻轻接触，由于针尖尖端原子与样品表面原子间存在极微弱的排斥力，通过在扫描时控制这种力的恒定，带有针尖的微悬臂将对应于针尖与样品表面原子间作用力的等位面而在垂直于样品的表面方向起伏运动。利用光学检测法或隧道电流检测法，可测得微悬臂对应于扫描各点的位置变化，从而可以获得样品表面形貌的信息。下面以激光检测原子力显微镜（Atomic Force Microscope Employing Laser Beam Deflection for Force Detection，Laser-AFM）——扫描探针显微镜家族中最常用的一种为例，来详细说明其工作原理。

如图 8-12 所示，二极管激光器（Laser Diode）发出的激光束经过光学系统聚焦在微悬臂（Cantilever）背面，并从微悬臂背面反射到由光敏二极管构成的光斑位置检测器（Detector）。在样品扫描时，由于样品表面的原子与微悬臂探针尖端的原子间的相互作用力，微悬臂将随样品表面形貌而弯曲起伏，反射光束也将随之偏移，因而，通过光敏二极管检测光斑位置的变化，就能获得被测样品表面形貌的信息。

在系统检测成像全过程中，探针和被测样品间的距离始终保持在纳米（10^{-9} m）量级，距离太大不能获得样品表面的信息，距离太小会损伤探针和被测样品，反馈回路（Feedback）的作用就是在工作过程中，由探针得到探针-样品相互作用的强度，来改变加在样品扫描器垂直方向的电压，从而使样品伸缩，调节探针和被测样品间的距离，反过来控制探针-样品相互作用的强度，实现反馈控制。因此，反馈控制是本系统的核心工作机制。本系统采用数字反馈控制回路，用户在控制软件的参数工具栏通过以参考电流、积分增益和比例增益几个参数的设置来对该反馈回路的特性进行控制。

相对于扫描电子显微镜，原子力显微镜具有许多优点：不同于电子显微镜只能提供二维图像，AFM 提供真正的三维表面图；同时，AFM 不需要对样品的任何特殊处理，如镀铜或碳，这种处理对样品会造成不可逆转的伤害；第三，电子显微镜需要运行在高真空条件下，原子力显微镜在常压下甚至在液体环境下都可以良好工作，这样就可以用来研究生物宏观分子，甚至活的生物组织。原子力显微镜与扫描隧道显微镜（Scanning Tunneling Microscope）相比，由于能观测非导电样品，因此具有更为广泛的适用性。当前在科学研究和工业界广泛使用的扫描力显微镜（Scanning Force Microscope），其基础就是原子力显微镜。和扫描电子显微镜（SEM）相比，AFM 的缺点在于成像范围太小，速度慢，受探头的影响太大。

在原子力显微镜（Atomic Force Microscopy，AFM）的系统中，可分成三个部分：力检测部分、位置检测部分、反馈系统。

1. 力检测部分

在原子力显微镜（AFM）的系统中，所要检测的力是原子与原子之间的范德华力。所以在本系统中是使用微悬臂（Cantilever）来检测原子之间力的变化量。微悬臂通常由一个一般 100~500 μm 长和大约 500 nm~5 μm 厚的硅片或氮化硅片制成。微悬臂顶端有一个尖锐针尖，用来检测样品—针尖间的相互作用力。该微悬臂有一定的规格，如长度、宽度、弹性系数以及针尖的形状，而这些规格的选择是依照样品的特性以及操作模式的不同，而选择不同类型的探针。

2. 位置检测部分

在原子力显微镜（AFM）的系统中，当针尖与样品之间有了交互作用之后，会使得微悬臂（Cantilever）摆动，所以当激光照射在微悬臂的末端时，其反射光的位置也会因为悬臂摆动而有所改变，这就造成偏移量的产生。在整个系统中是依靠激光光斑位置检测器将偏移量记录下并转换成电的信号，以供 SPM 控制器进行信号处理。

3. 反馈系统

在原子力显微镜（AFM）的系统中，将信号经由激光检测器取入之后，在反馈系统中会将此信号当作反馈信号，作为内部的调整信号，并驱使通常由压电陶瓷管制作的扫描器做适当的移动，以使样品与针尖保持一定的作用力。

AFM 系统使用压电陶瓷管制作的扫描器精确控制微小的扫描移动。压电陶瓷是一种性能奇特的材料，当在压电陶瓷对称的两个端面加上电压时，压电陶瓷会按特定的方向伸长或缩短。而伸长或缩短的尺寸与所加电压的大小呈线性关系。也就是说，可以通过改变电压来控制压电陶瓷的微小伸缩。通常把三个分别代表 X、Y、Z 方向的压电陶瓷块组成三脚架的形状，通过控制 X、Y 方向伸缩达到驱动探针在样品表面扫描的目的；通过控制 Z 方向压电陶瓷的伸缩达到控制探针与样品之间距离的目的。

原子力显微镜（AFM）便是结合以上三个部分来将样品的表面特性呈现出来的：在原子力显微镜（AFM）的系统中，使用微小悬臂（Cantilever）来感测针尖与样品之间的相互作用，这个作用力会使微悬臂摆动，再利用激光将光照射在悬臂的末端，当摆动形成时，会使反射光的位置改变而造成偏移量，此时激光检测器会记录此偏移量，也会把此时的信号给反馈系统，以利于系统做适当的调整，最后再将样品的表面特性以影像的方式呈现出来。

通过原子力显微镜拍摄到的 cd-rom 表面影像如图 8-13 所示。

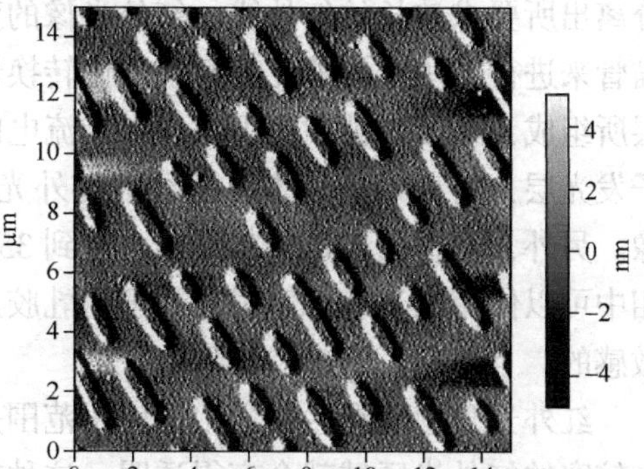

图 8-13　原子力显微镜观测的 cd-rom 表面影像

8.8 红外显微技术

红外光显微镜是一种利用波长在 800 nm~20 μm 范围内的红外光作为像的形成者，用来观察某些不透明物体的显微镜。图 8-14 是一种傅里叶变换扫描红外显微镜系统。

图 8-14 扫描红外显微镜系统

在技术上使用红外光与使用可见光相比较，差异并不像使用紫外光那样大。对于直到波长为 1500 nm 的红外光来说，一般的标准物镜仍然是可以用的。当然，在波长超过 1000 nm 时，像的质量就开始受到损害，这主要是由于球面差。即使是使用专门设计用于红外光的消色差物镜，在波长超过 1200 nm 时，色差也会变得明显起来。当红外光的波长达到 3000 nm 时，玻璃就变得不透明了，这时必须使用像碘化铊这样的特殊材料制作透镜，但是使用这种材料要制造出在足够宽的波长范围内的矫正透镜仍然是困难的。对于波长超过 1500 nm 范围的红外光，经常使用反射物镜或反射—折射物镜。在理论上，在一个完全的反射显微镜中可以用波长直到 20 μm 的红外光形成物体的像，然而要制造较高孔径的反射物镜却是相当困难的。对于取决于孔径的分辨力来说，小孔径是更大的缺点，而且分辨力会随着波长的增大而相应地减小。因此，即使使用近红外光，在分辨力上的损失也是十分明显的。

在红外光显微镜中通常使用白炽灯照明，很多白炽灯能够发射比可见光更多的红外光，在这里色温是一个重要的参数。当灯丝的温度为 24000 K 时，最大发射是在光谱的 1200 nm 处左右。当温度为 33000 K 时，最大发射在光谱的 800 nm 处左右。使用特殊的滤光片就可以分离出所要求波长的红外线。红外光像的观察和聚焦可以使用像转换器或专门设计的电视扫描管来进行。用于红外光显微镜的像转换器典型结构，是由一个光电导体层和一个电子发光层所组成，这两者被夹在可以提供交流电的两层薄透明导体层之间。相当于真空管阳极的电子发光层，对着光电导体层已经被红外光辐射轰击的区域发射可见光，从而形成了可见的像。另外，现在已经设计制造出对直到 3500 nm 波长范围都敏感的电视管。在红外光显微照相中可以使用经过特殊敏感化处理的乳胶片，它在直到大约 1300 nm 较低的红外光区域都是敏感的。

红外光显微镜在生物学中的应用范围是有限的。当用可见光观察不透明的某些物体时，在较宽的红外光区域就会变得透明，这种效应已经被用于研究在某些昆虫中发现的渗入黑色素的甲壳质层。但是，某些有机物质在 2~30 μm 波长范围内的吸收特性实际上并没有应用到生物学物质的定性和定量的显微研究中，除了仪器和像的记录问题以外，也由于在这种波长范围内分辨力的损失已经变得十分引人注目。一个数值孔径为 0.6 物镜的最小分辨距离大约与所使用的光线的波长是相等的，这就意味着使用一个这样孔径的反射物镜，以波长为 10 μm 的红外光观察一个直径为 10 μm 左右的细胞几乎是不可能的。

8.9　分析技术的选择

针对特殊封装，失效分析者必须决定用哪种缺陷和失效分析技术来探测缺陷和失效模式，错误的运用失效分析技术会影响分析并可能导致错误的分析结论。失效分析的顺序必须是先进行非破坏性分析，再进行破坏性分析。另外，对所分析封装的状态和失效分析设备性能的双重考虑，在很大程度上会影响失效分析技术的选择。

（1）与封装或者元器件条件及构成相关的因素包括：历史（工艺、应用、环境）、材料、结构尺寸、几何结构、可能的失效模式、可能的失效位置。

（2）与分析工具性能相关的因素包括：分辨率、穿透率、方法（破坏性的或非破坏性的）。

（3）样品准确要求；成本、时间。

要分析一个失效的封装，首先要考虑其工艺和应用的历史，这有助于选择合适的失效分析技术并且快速定位失效。电偏移、温度、相对湿度、振动条件、辐射等都是需考虑的会影响封装的环境历史条件。如果不能获得这些信息，那么经验就非常重要了。了解封装的组成材料也是很重要的，例如：金属材料可能会发生电迁移导致失效；聚合物材料可能导致与水汽吸收相关的失效；多材料的封装可能出现热膨胀系数失配导致的界面失效。

对封装中元器件尺寸的考虑有助于选择合适的失效分析工具。例如，塑料表面的污染失效用传统的光学显微镜由人员就能确定，而如果是亚微米栅长的场效应晶体管的栅表面的污染，则要用高分辨率的分析工具来检测，如扫描电子显微镜。对封装几何结构、可能的失效模式、可能失效位置的考虑，对于决定是否需要开发、是否可用非破坏性分析技术等问题也是至关重要的。

了解封装的状态可使失效分析者明白特定的失效封装对相关失效分析的需求，以及选择满足需求的、合适的分析技术。

每一种技术都有其分辨率和穿透率的限制。图 8-15 所示是各种失效分析技术的横向分辨率和穿透深度的整体比较。X 射线显微镜有较好的穿透深度，然后是扫描声学显微镜，1 μm 的横向分辨率是它们的极限。在这些技术中，扫描电子显微镜能够超过这个极限，透射电子显微镜有最好的分辨率。半导体衬底上的氧化层厚度通常小于 1 μm（几个到几百纳米），所以用这些分析技术能较好地探测到氧化层失效。

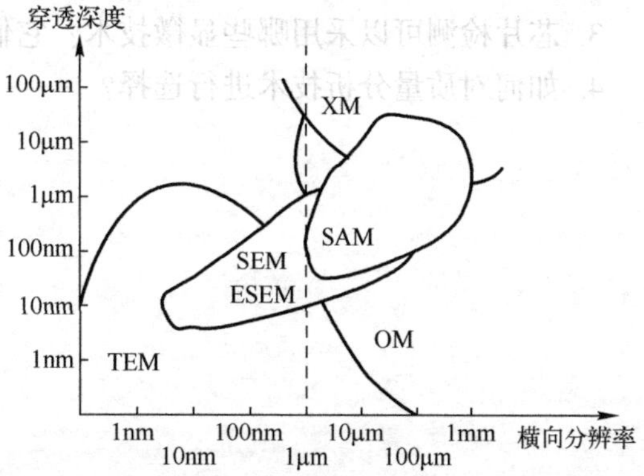

图 8-15　各种失效分析技术的横向分辨率相对于穿透深度的对比示意图

样品制备和破坏性需求也是要考虑的。除了环境扫描电子显微镜，电子显微镜的使用通常都需要破坏性的样品制备，例如：剖面、剥层、永久性的涂覆层和开封。透射电子显微镜需要对样品制作剖面，而传统的扫描电子显微镜至少需要涂覆导电层。微电子封装中以下失效模式，例如微裂纹、界面分层、键合断开等都可能是在样品准备的过程中引入的，并误导分析者。

表 8-3 中列出了与封装相关的缺陷和失效分析技术。外部的封装失效模式不需要开封就可以进行检查，内部的失效模式通常需要开封进行失效检查，除非是使用非破坏性技术如扫描声学显微镜或 X 射线显微镜。大多数情况下，分析某种特定的失效模式要用到表 8-3 中所列的一种以上的技术。当必须考虑分辨率或失效位置时，这些技术提供了备选方案。例如，对于界面分层的检测，扫描声学显微技术是合适的选择，因为它具有非破坏性的穿透力，然而 SAM 的分辨率不够高而检测不到器件内部的亚微米级的分层，在这种情况下可以使用 ESEM，但可能需要制作样品的剖面，需格外小心。为了确定一种特定的缺陷或失效模式，通常要用到两种或更多的分析技术。

表 8-3　封装缺陷/失效以及相应的失效分析技术

缺陷或失效	失效分析技术
引线变形	XM、OM
底座偏移	XM、OM
密封料空洞或外来颗粒	SAM、SEM、ESEM
密封料裂纹	OM、ESEM、SEM、EDM、SLAM
密封料/芯片分层	SAM、IRM、ESEM、SEM、OM、SLAM

8.10　思考题

1. 什么是破坏性试验？什么是非破坏性试验？它们之间的顺序是怎样的？
2. 如何进行芯片的电学测试？
3. 芯片检测可以采用哪些显微技术？它们有什么优点？
4. 如何对质量分析技术进行选择？

第9章　质量鉴定和保证

对于电子产品来讲，其是否符合预期的质量和可靠性要求，是人们很看重的。质量是某一产品与其相关的规范、指南和工艺标准相符合的程度。电子封装必须表现出在规定容差范围内的相关特征和特性。可靠性则是产品在规定的时间、规定的寿命周期应用条件下，完成其功能且在规定的性能限值内而没有失效的能力。简单来说，质量就是产品当下的情况，而可靠性是预测产品以后的情况，可靠性就是产品生存的概率，或不失效的概率。

为了评价质量和可靠性，电子封装也必须经历一个“鉴定”过程。鉴定是一个证明电子封装能满足或超过规定质量和可靠性要求的过程。它包括其功能和性能的验证、在系统应用中的确认、可加工性和可靠性的验证，旨在评价电子封装在规定时间内、规定操作和环境下的性能。

鉴定过程包括虚拟鉴定、产品鉴定和量产鉴定。虚拟鉴定用于证明电子封装的设计符合可靠性要求，产品鉴定用于评价电子封装的原型，量产鉴定用于检验其质量和功能。有缺陷的封装可以通过一系列的质量保证试验或筛选试验来识别和剔除。失效物理（PoF）促进了鉴定过程中电子封装中失效机理的理解，使其更有效率。

本章首先介绍鉴定和可靠性评估的简要历程，然后介绍电子封装的鉴定流程，讨论在不同阶段的鉴定流程：虚拟鉴定、产品鉴定、量产鉴定，并讨论质量保障流程。

9.1　鉴定和可靠性评估的简要历程

电子产品的封装必须符合其预期应用下规定的质量和可靠性要求。

可靠性模型及其预测从其初期以来已经历很长一段历程。如果还采用单值失效率的早期集成电路可靠性模型，就不够准确了，因为它没考虑应力、材料和结构的影响。所收集的失效数据，由于受各种因素如设备故障、维修错误、不适当的报告、混合工作环境条件共同影响而使失效率表现为常数。此外，早期生产的电子元器件也受其固有的高失效率影响。由于早期和耗损期失效的多模分布导致在工作寿命中出现近似恒定的失效率。

电子元器件的失效率曲线一般由三类失效组成：早期失效、随机失效和耗损失效。早期失效主要由电子产品制造和组装过程中的缺陷和瑕疵造成；曲线的第二部分具有恒定的随机失效率，是在产品的正常寿命中由于未知或随机的原因导致的失效；第三部分失效率是由于耗损失效造成的，它随时间的延长增加。这三类失效的早期的失效率曲线被称为“浴盆曲线”，如图9-1所示，在这种情况下，早期失效率随时间增加而不断减少。

一些研究表明，对于许多电子产品的失效来说，用浴盆曲线来描述并不准确。在元器件工作寿命的早期阶段，早期失效率可由多种失效率分布组成，如图9-2所示。这种失效称为“过山车曲线”，其失效率曲线类似于图9-2，每种早期失效率分布随时间增加，而整体上的早期失效率可能仍在减少。

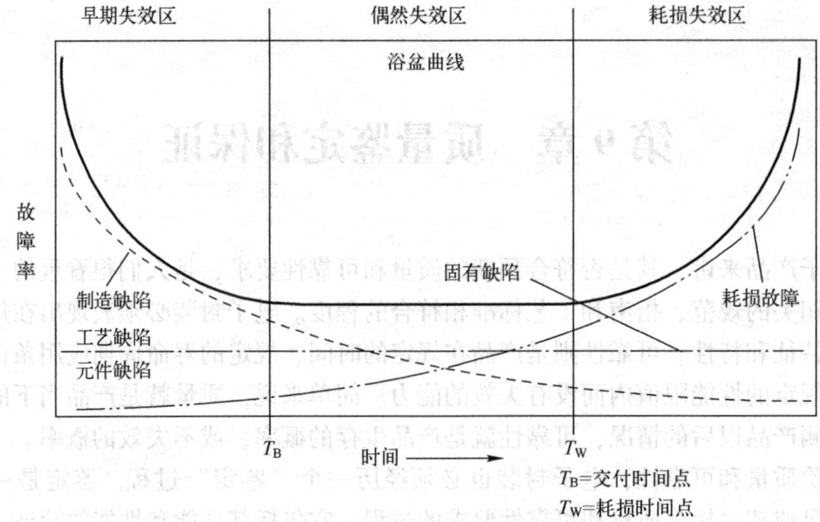

图 9-1　浴盆曲线

随着失效分析的发展、电子产品的根本原因分析和物理模型的建立，可靠性评价已从纯粹基于外场数据失效率评估演变到考虑了封装特性和负载应力的基于失效物理的预计模型。失效物理的概念由 Pecht 等人于 20 世纪 90 年代率先提出，它为当代电子学术界提供了处理电子产品可靠性问题的一种方法，其关键就是对决定电子产品退化的潜在机理的根本理解。然后，对各种失效机理赋予恒定比率或最大限制，以获得电子产品的预期寿命。

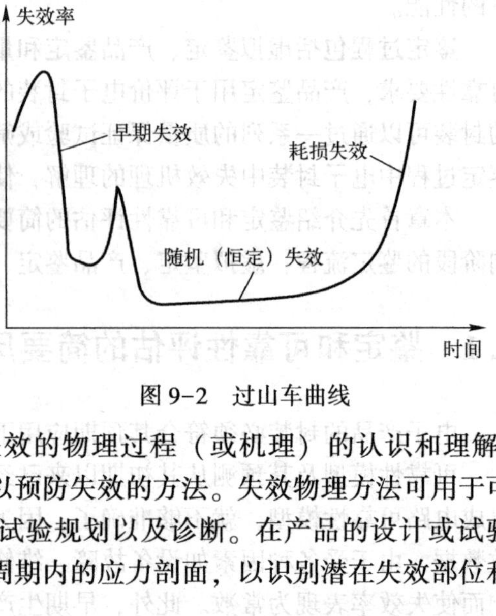

图 9-2　过山车曲线

失效物理方法涉及对导致产品退化和最终失效的物理过程（或机理）的认识和理解。它是一种基于失效机理进行设计和开发可靠产品以预防失效的方法。失效物理方法可用于可靠性工程应用，包括可靠性设计、可靠性预计、试验规划以及诊断。在产品的设计或试验中，失效物理要求充分了解产品及其在预期寿命周期内的应力剖面，以识别潜在失效部位和失效机理。

失效机理是产生退化并可能导致产品失效的物理（如化学、机械、热动力学）过程。特定的失效机理是否发生并导致失效，取决于环境（如温度、湿度、污染物、辐射）和工作应力条件（如电压、电流、产生的温度）。除了应力条件，失效机理还与产品结构和材料相关。基于失效物理模型的电子产品寿命预计可采用适当设计的、考虑各种应力激励的专门设计的加速试验方法来验证。

失效机理的确认是系统可靠性评估和鉴定试验设计的基础，已经被 EIA/JEDEC、SEMATECH，半导体制造公司协会如 Intel、IBM、AMD、Infineon、Philips、TI 所接受。Intel 公司的产品鉴定方法包含如下行为：

（1）基于目标市场划分（如桌面计算机、服务器、笔记本式计算机）来定义环境载荷、寿命和制造使用条件。

(2) 明确相关可靠性中的可能应力。

(3) 为建模和试验（如单独试验、在板试验）估算应力水平。

(4) 定义必要的加速试验条件以识别失效机理。

(5) 遵从失效物理原理，确定试验的最终应力条件。

国际电子电气工程师协会（IEEE）1413 标准给出了电子系统（产品）或设备的可靠性预计流程框架。符合 IEEE1413 标准的可靠性预计报告必须包括开展可靠性预计的原因、采用可靠性预计结果的目的、不同采用可靠性预计结果的警告，以及在何处采取必要的预防性措施。

传统上，多数情况下电子产品或电子设备的设计、开发、试验和鉴定受规范、标准、手册、规程和指南的约束。尤其是军用电子产品，它要求与严格的军用规范或规格相一致。这些规范的目的就是缩小与设计、产品、可靠性等相关的不确定性、可变性。然而，随着时间推移它已变得更加烦琐而不是便利。

随着技术的快速进步，在执行和更新手册和规范中已遇到许多重要的问题，导致大量的例外情况、推诿扯皮、文档堆积、人手增加，以及只被少数内行的承包商所理解的规章泥潭。随着微电路工业的快速增长和电子元器件使用的增加，商用电子工业在 20 世纪 60 年代开始从军事工业中分离。商用设备制造商意识到每个供应商都有不同的设计和工艺，它需要裁减的工艺控制而并不是单一的通用方法。

可靠性预计方法包括基于外场数据、试验数据、应力和损伤模型、各种手册的比较，见表 9-1。这方面的比较来自 IEEE 可靠性预计标准 1413，它明确了一个可信的可靠性预计需要的关键因素。所列的手册来自于公司或机构，包括美国可靠性分析中心、贝尔通信（现在的 Telecordia）、汽车工程师协会（SAE）和军方。

表 9-1　各种可靠性预计方法的比较

已包含或已明确	外场数据	试验数据	应力和损伤模型	手册方法				
				MIL-HDBK-217	RACPRISM	SAEHDBK	Telecordia SR332	CNETHCBK
方法来源	有	有	有	无	有	无	无	无
假设	有	有	有	无	有	有	有	无
不确定性来源	能	能	能	无	无	无	无	无
结果限制	有	有	有	有	有	有	有	有
失效模式	能	能	有	无	无	无	无	无
失效机理	能	能	有	无	无	无	无	无
置信水平	有	有	有	无	无	无	无	无
寿命周期环境条件	能	能	有	无	无	无	无	无
材料、形状、结构	能	能	有	无	无	无	无	无
部件质量	能	能	有	有	无	无	有	有
可靠性数据或经验	有	有	有	无	有	无	有	无

鉴定必须包括适当的可靠性预计方法，以识别失效模式、失效机理、产品特征、寿命周期环境应力。鉴定过程与产品的失效率特征相关，包括早期失效、随机失效和耗损失效。早

期失效可通过制造工艺改进、统计控制及必要的筛选等质量保证方法减少和排除。耗损失效可在设计和产品鉴定中预计和加固设计。先进的可靠性模型和预计方法将带来更全面和更有效的鉴定过程。

(1) 如果外场数据是在相同或相似的环境下收集，可计入全寿命周期条件。
(2) 可考虑用于评估产品可靠性的试验设计。
(3) 作为失效机理物理模型的输入。
(4) 没有考虑到环境的不同方面。

注意：CNET 为法国国家电信研究中心；RAC 为可靠性分析中心；SAE 为汽车工程师协会。

9.2 鉴定流程概述

鉴定过程由三个阶段组成：虚拟鉴定、产品鉴定、量产鉴定，如图 9-3 所示。虚拟鉴定也称“设计鉴定”，是不做任何物理测试，对产品的功能和可靠性能力进行评估。虚拟鉴定采用基于失效物理的计算机辅助建模和仿真方法，因此，它也可称为基于失效物理的方法。

产品鉴定是对产品原型开展基于物理的试验评价。产品鉴定试验通常在加速应力条件（因此称为“加速试验”）下开展，以验证产品是否满足或超过其预期的质量和可靠性要求。试验条件和加速试验类型可用摸底试验来确定，以明确产品能承受的应力极限。

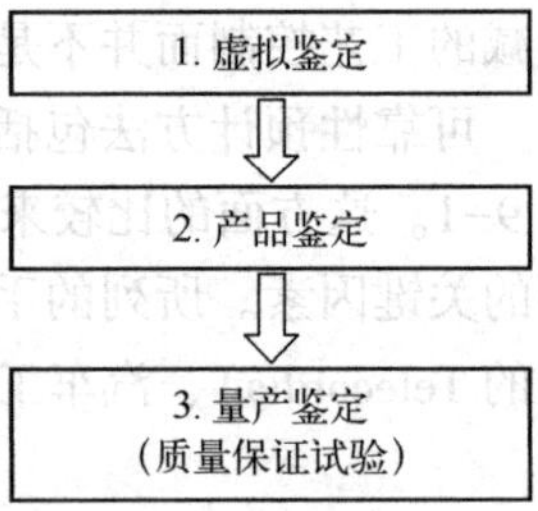

图 9-3　鉴定过程的各个阶段

在虚拟鉴定和产品鉴定之后，电子封装投入量产。在制造过程或之后，对产品进行检查和试验以评估其质量，筛选出有缺陷的元件。这是整个鉴定过程的第三阶段，通常称为质量保证试验或筛选。

虚拟鉴定和产品鉴定已在产品设计和开发流程中占有很大一部分，如图 9-4 所示。

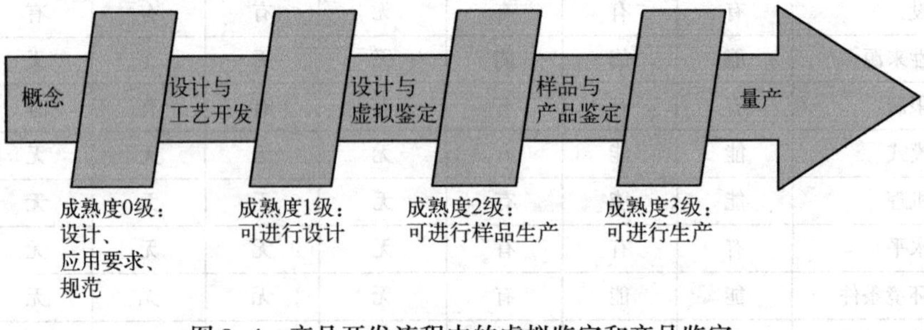

图 9-4　产品开发流程中的虚拟鉴定和产品鉴定

在这个流程中的交叉点，可赋予其成熟度等级以显示进度和为下一阶段做准备。设计和产品鉴定工程可能包含反馈和重复，如图 9-5 所示。如果在虚拟鉴定过程中发现产品设计不符合要求，则需要在进入下一阶段前改进，然后重新进行虚拟鉴定。同样，当设计已经通过虚拟鉴定，但不满足产品鉴定阶段的鉴定要求时，也有必要反馈信息和进行改进。这时，虚拟鉴定过程，尤其是基于失效物理的模型可能会需要进行修改和重新评估。设计完成后，产品进入大量生产，面临工艺过程或之后的质量保证试验。

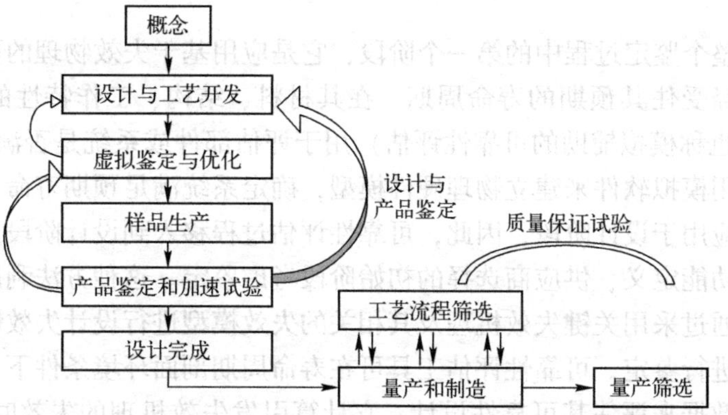

图 9-5　产品设计和制造工艺过程中的鉴定和质量保证试验

鉴定过程应做到以下几点：

（1）根据正常设计目标和应用要求来确定特定鉴定过程的目标。例如，要求电子部件的失效数 500 只内不得超过 4 只，即等效于 0.8%的失效或 99.2%的可靠度。

（2）明确相关过程中（制造、系统组装、运输、储存和使用）的潜在失效模式和失效机理，以及确定相关的加速模型和加速因子。

（3）确定产品在环境和工作条件下的耐受应力极限。环境应力包括温度、湿度、污染物、热机械应力。典型的工作应力包括与时间和空间相关的静电放电、电流和电压。

（4）根据已明确的失效机理选择鉴定的应力类型和应力水平，应考虑加速因子和耐受应力极限来选择适当的应力水平。

（5）开展鉴定试验和收集必要的失效数据来评估产品的质量可靠性。试验样本量的选择应达到鉴定的目标要求，但也应考虑成本和时间的权衡。制定合适的失效判据，以便通过参数监测发现失效。

（6）解释试验数据以评价产品的质量和可靠性。评价结果可以用来修正失效物理预计模型，应反馈试验结果和结论以便设计和工艺的持续改进。

鉴定试验的目的是：

（1）评价产品的质量，判断其是否符合设计要求。

（2）获得器件及其结构完整性的信息。

（3）估计其预期工作寿命和可靠性。

（4）评价材料、工艺和设计的效能。

鉴定试验评估器件的预测寿命和设计完整性。大多数试验并不是正常应用条件下开展，而是在加速应力水平下进行以加速器件相关部位的潜在失效机理。

成功的微电子封装抽样鉴定，并不能保证相同制造商根据相同规格生产的封装都会满足鉴定要求。鉴定应由制造商开展，尽管用户也会对特殊的应用开展鉴定试验。所有可能来源的数据应用于鉴定，这些来源包括材料、元器件供应商试验数据、相似项目的鉴定数据以及材料、元件和组件的加速试验数据。

9.3 虚拟鉴定

虚拟鉴定是整个鉴定过程中的第一个阶段，它是应用基于失效物理的可靠性评估确定被试验产品是否能经受住其预期的寿命周期。在其材料、结构、工作特性的预期寿命周期剖面，虚拟鉴定（也称模拟辅助的可靠性评估）用于评估部件或系统是否满足其可靠性目标。这种方法包括应用模拟软件来建立物理硬件模型，确定系统满足预期寿命目标的概率。

虚拟鉴定可应用于设计阶段，因此，可靠性评估过程移入到设计阶段。它允许设计团队在设计、技术和功能定义、供应商选择的初始阶段考虑鉴定。这种方法利用了计算机辅助工程软件的优势，通过采用关键失效机理及其相关的失效模型进行设计失效敏感性分析，从而对元器件和系统进行鉴定。可靠性评估工具可在寿命周期剖面环境条件下，利用已有效验证的失效物理模型数据来评估其可靠性设计。它计算引发失效机理的失效时间（TTF），通过计算失效时间与典型制造容差、缺陷的关系来评价不同制造工艺对可靠性的影响。虚拟鉴定有利于选择具有成本效益的试验参数来验证可靠性评估、设计，以及帮助利用其可靠性信息来选择元器件。由于虚拟鉴定过程不涉及制造原型和物理试验，它相比于产品鉴定更具有经济性和时效性。

虚拟鉴定的流程图如图 9-6 所示。其输入包括了寿命周期剖面和产品特征。寿命周期剖面可进一步分类为环境和工作应力。这些输入被送到失效物理模型和模拟软件进行应力分析、可靠性评估、应力敏感性分析。基于最主要的失效机理、应力界限条件、筛选和加速试验条件，虚拟鉴定输出预计失效时间。

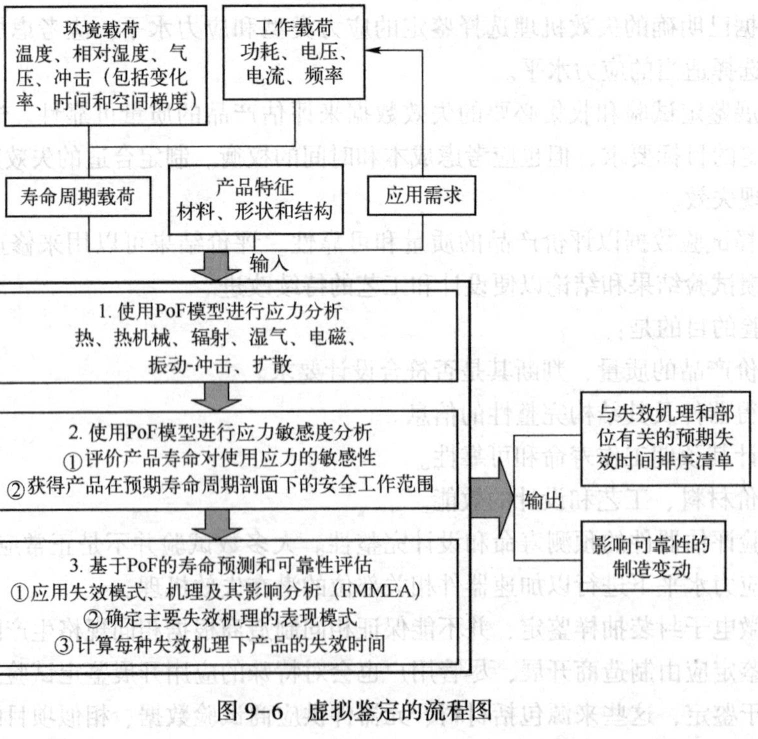

图 9-6 虚拟鉴定的流程图

除了失效时间预计和可靠性评估外，虚拟鉴定结合其他先进优化方法，可用于优化设计准则，包括成本、电学性能、热管理、物理特性和可靠性。此外，失效时间预计和可靠性评估中应用的失效机理模型必须进行验证。如果虚拟鉴定中的数据或模型不准确或不可靠，那么任何基于这些数据或模型的鉴定结果都是不可相信的。

9.3.1 寿命周期载荷

良好设计的电子封装必须能经受储存、处理、运输和工作中施加的载荷。此外，产品的部件装配也必须经受住随后的制造和组装载荷。因此，鉴定过程必须模拟封装在其寿命周期内受到的全部载荷，即“寿命周期载荷”。

寿命周期载荷可分为工作载荷和环境载荷。工作载荷包括功耗、电压、电流、频率等，环境载荷是电子封装在制造、储存、运输、处理和工作中遇到的各种应力。工作载荷也包括平均温度、温度极限、典型温度遵循限值和次数、湿度、振动、机械冲击、辐射、污染和腐蚀环境。这些载荷水平随着净值、变化率而变化，暴露时间是产品应力强度的重要决定性因素。

虚拟鉴定中的环境条件是电子封装经历的以及测量（或预测）到的封装周围环境条件。无论对温湿度控制与否，系统级的条件可能与封装外部条件的影响有关，也可能无关。

环境载荷范围包括受控、相对良好到极限和严酷。例如，电话交换机就处于受控环境，其箱内电子器件的温度相对恒定、湿度也维持在理想水平。相反地，放在车内的便携式计算机中的微电子器件在夏季就处于高的热载荷条件下，安装在导弹系统中的电子元器件在发射过程中会经受严酷的温度、湿度以及由于烟火造成的强振动和机械冲击。

在环境不受控的应用条件下，温度、湿度、振动、玷污和辐照的载荷剖面与时间有关，并常常可根据以往经验加以预测。表 9–2 给出了在某些典型环境下系统中装载的器件工作过程中所经受的主要应力。气象数据可从美国军用手册 MIL–HDBK–310 和 IPC–SM–785 中查到。汽车环境条件可参照 J1211“电子设备设计的推荐环境操作”和 JASO D001“汽车电子设备环境试验的一般规则”，SAE 的推荐操作 J1879“汽车用集成电路鉴定和产品接收的总规范”提供了更详细的集成电路鉴定试验信息。

表 9–2　关键应用中的寿命周期载荷

应用类型	使用环境							生产过程条件/℃	储存条件/℃
					循环次数/年	湿度	振动		
消费类产品	0	60	35	13	365	低	低	25~215	−40~85
计算机	15	62	20	2	1460	高	低	25~260	−40~85
电信设备	−40	85	35	12	365	高	中	25~260	
商用飞机	−55	95	20	2	3000	高	高	25~260	−55~125
汽车（引擎）	−55	125	100	1	300~2200	高	高	25~215	−55~125
导弹	−65	125	100	1	1	低	烟雾、冲击、噪声	25~260	−60~70

制造过程中引入的载荷条件必须在产品设计和鉴定时加以考虑。例如在设计和鉴定中需要考虑的包括静电放电、焊接温度、焊接时间的温度变化率、暴露在焊接热中的时间、焊接

时采用的助焊剂、清洗剂和溶液、清洗过程中的机械搅动、焊接后的液体冷却和最终成型操作。通常修复条件如修复相邻元件或器件引入的在热风中暴露，清洗剂和溶剂，也很重要，并要对器件可靠性进行明确的试验。储存条件对塑封存储器尤其重要，可能会影响到器件内储存单元的状态。

由于产品可能会经历各种载荷，因此有必要确认关键载荷。一些载荷会在激发和加速产品失效中起重要作用，而另一些载荷可以被忽略。例如，对于地面电子设备辐射影响可以忽略，因为其辐射水平太低而不会影响产品的功能或导致任何损伤。对于不同的产品在不同的条件下，相同的载荷可能会被认为有不同的危险性。例如，手机跌落到硬地板上产生的机械冲击对于手机内的电子部件可能很危险，但对于不含电子部件的产品则不会带来影响。载荷能否被忽略，取决于在分析步骤中是否明确了其关键失效机理。

9.3.2 产品特征

产品设计的特性量如封装尺寸、材料、类型、结构应纳入虚拟鉴定过程中。由于内部或外部载荷及其损伤累计过程，产品所用材料可能会影响产品内潜在失效部位的应力。为了确定材料对应力损伤和影响的程度，材料的物理特性也要作为基于失效机理的失效模型的输入量。例如，焊接失效可能是由于温度反复变化引发疲劳失效机理而导致的应力增加所致。这种情况下，需要明确在周期应力状态下材料的热膨胀系数（CTE）。在另一种情况下，应力释放机理使连接元件的接触力减小，也会发生失效。这时，则需要连接元件的弹性模量、载荷单元及其结构等条件，以确定接触力度及其退化。

产品通常不是由单一工艺就能生产出来的，而是需要后续的一系列不同工艺最终完成产品的生产。这些制造工艺步骤施加应力到材料上，或导致最终产品上存有残余应力，这些制造工艺甚至会改变材料的特性。基于失效物理的评估中，必须反映出其材料在产品制造工艺完成后的最终特性、最终值及其容差。一般电子封装材料的特性可在参考资料中找到。

这一阶段没有样品原型，必须考虑产品制造质量控制和容差以保证精确性。值得注意的是，不同器件制造商的质量控制过程和容差差别会很大，因此，它们特定的设计、生产、试验和测试程序都必须经过评估和验证。例如，从文献中可以简单地获取一些材料的特性来进行虚拟鉴定分析，但可能导致不精确的结果。对于初步分析计算，这是可以接受的。但如果考虑到不同材料工艺的特性范围，就可以得到更精确的虚拟鉴定结果。

9.3.3 应用要求

环境载荷定义为产品工作时所必须经历的条件，应用要求定义为在该条件下在其使用寿命期间产生的预期表现。应用要求是基于消费者的需要和供应商的能力。这些要求可能涉及器件的功能、物理性能、可测试性、可维修性和安全特征。

应用要求直接影响到工作载荷和产品的特征。应用要求通常表现为标称和参数的容限范围如电学输出、机械强度、耐腐蚀、外观、湿气保护和占空比等。通常多种要求同时存在，并可能会产生竞争（例如：许多产品希望功能强大而又轻巧，或同时具有热传导性和电阻特性）。

为了确定合理的鉴定试验，所有的要求都必须被供应商和用户所接受。这通常较为困难，如果不清楚所有的要求，就需要给出合理的假设。有时，用户的要求不明确，或他们又不愿意让步给出一些假设。在这种情况下，制造商唯一可做的就是给出最适当的假设并通知用户，简单的忽视掉可能的要求是不可行的。

9.3.4 利用 PoF 方法进行可靠性分析

PoF 方法和模型是虚拟鉴定流程中重要的一部分。因为在虚拟鉴定过程中没有进行物理试验，所以模型的准确性、完整性和基于 PoF 机制的仿真工具非常关键。

基于 PoF 的失效时间（TTF）和可靠性预计和评估工具也应具有满足不同需求的能力，它应能预测在较宽范围环境条件下的产品可靠性，应能预测基于主要失效产品的 TTF，应该考虑不同加工工艺对可靠性的影响。软件工具是虚拟鉴定过程的基础。

在 PoF 方法中，产生环境条件必须作为输入的一系列应用条件，如热、热机械、湿机械、冲击和振动。利用应力分析结果结合所选择的产品设计特征的应力响应，来确定相关失效部位的失效模式和机理。要预测可靠性，必须确定在预期使用条件下相关失效部位的 TTF。

基于失效机理和 TTF 预计的数字和/或分析模型将被用于 PoF 可靠性预测，这些模型被称为失效模型或 PoF 模型。PoF 模型提供了不同的应力时间关系，它描述了失效机理。通常，这些失效模型的输入应包括产品的几何尺寸和材料信息、应力信息。应力信息要包括应力值水平以及时间和频次。利用失效机理进行的 TTF 预测通常代表达到指定失效百分数的时间，与模型的发展及其验证密切关系。

因为所有的模型输入都已知或即将知道与它们相关的不确定因素水平，在这些不确定因素的影响下的仿真结果会形成一系列可能的 TTF 和统计分布。这些分布代表与时间有关的失效概率。利用这些分布参数，置信区间可能与估计的 TTF 以及其他可靠性参数联系起来。经过计算后，主要失效机理和失效部位导致的最低 TTF 被用来预测器件的使用寿命。这些信息可以用来确定器件是否能在它的预期应用中生存。

在 PoF 方法中，基于模型的 PoF 被用来描述失效机理。在 PoF 模型中，考虑了应力和各种应力参数以及它们与材料、几何尺寸和产品寿命的关系。每种潜在失效机理都通过一种或多种模型表现出来。对于电子产品，有许多 PoF 模型描述在各种应力条件下如印制电路板（PCB）、互连和金属层等元器件或部件的退化行为，包括温度循环、振动、湿气和腐蚀等应力。模型应该提供可重复的结果并造成退化和失效的变量和其相互影响敏感性，能预测产品在整个运行环境条件下的行为。这种模型允许采用加速试验的方法，并能使加速试验的结果转换到应用条件下的结果。

失效物理方法可在整个产品研发周期内应用，以评估应力极限和建立过程控制，持续改进器件的可靠性。采用失效物理方法，制造商可提供给用户更高置信度的可靠性保证，用户也能更好地评估和最小化其风险。这是很重要的，因为产品在市场中的失效会破坏用户对制造商的信心，用户获得不满意的产品也会损害自己的利益，影响潜在的其他消费者。

9.3.5 失效模式、机理及其影响分析

失效模式、机理及其影响分析简称为 FMMEA。FMMEA 可用于确定和评价受到寿命周期载荷（作用）的产品的主要失效机理和模式。FMMEA 基于更传统的 FMEA（失效模式和影响分析），但增加了更多的失效机理。FMMEA 的输入为寿命周期应力剖面和产品特征。

FMMEA 过程从定义分析的系统开始。一个系统由子系统和层组成，它们集成到一起以完成特定的目标，系统可分成各种子系统或层，它会持续分到可能的最底层，即一个器件或单元。

失效模式是可观察到的失效所产生的效应。对于给定的单元，列出可能的失效模式。例如，焊点的潜在失效模式可能是开路或者电阻间歇性改变，这可能影响到焊点作为电互连的功能。在可能发生的潜在失效信息不能获得的情况下，可利用数值应力分析、加速失效试验、过去的经验和工程师的判断来鉴别。一种潜在失效模式可能是更高一级的子系统、系统的失效原因，也可能是更低一级器件失效的结果。

FMMEA 要求要深刻理解产品要求和其物理特征（在产品过程中的变化）的关系，材料与载荷（在应力条件下的应力）的相互影响，以及它们对产品失效敏感性的影响。FMMEA 把寿命周期环境、运行条件、目标应用周期与对激发应力和潜在失效机理的认识结合进来。产品的潜在失效机理由已知失效机理、功能部位、产品的材料，以及产品中出现的预期应力而确定。

FMMEA 优先考虑失效机理，根据它们的发生频度和严重程度来为确定主要工作应力、环境和运行参数提供指导，这些都必须在设计中予以考虑或控制。寿命周期剖面用于评价失效的易发性。如果某种环境和运行条件不存在，或其应力低于机理触发条件，则这类失效机理被排除，被分配较低的发生频度。产品的质量水平也会影响失效机理的可能发生频度。具有低空洞的玻璃纤维和在纤维束和环氧树脂之间具有高粘接强度的 PCB，它的传导性细丝形成失效的发生频度要比具有高空洞的玻璃纤维和低键合强度的 PCB 低。

严重度等级可从与机理相关的失效模式和部位分析得到，而不是从机理本身得到。相同的失效机理可能导致某个部位的电参数发生细小变化，而在另一个部位导致系统关机。对于后一种情况，严重程度较高。

结合关键失效机理的发生频度和严重程度，高优先级的失效机理可定义为关键机理。在 FMMEA 结果中，每种关键失效机理有一个或多个相关部位、模式和原因。FMMEA 过程是虚拟鉴定或设计鉴定中的一部分，它能根据具体材料、结构和工艺改进提供设计反馈，以满足或超过可靠性和功能要求。

9.4 产品鉴定

完成虚拟鉴定，产品原型制造和产品鉴定流程就开始了。在产品鉴定过程中，物理试验包括强度极限、高加速寿命试验（HALT）和加速试验，被用于原型制造以验证其是否满足功能和可靠性要求。如果在设计和制造过程之初就考虑了虚拟鉴定，其流程不会改变，产品鉴定过程实质上就从强度极限或 HALT 试验开始。相反地，任何产品特征的改变超出了设计和制造容限范围，那么就需要重新虚拟鉴定，或产品鉴定过程需要包括产品特征的重新定义和重复 FMMEA 过程。

9.4.1 强度极限和高加速寿命试验

HALT 是在产品鉴定阶段中开展的首个物理试验。HALT 术语最先由 Gregg K. Hobbs 于 1988 年参考加速试验提出，它带来了设计的健壮性和改进。

在产品鉴定过程中，HALT可用来确定工作极限和破坏极限以及之间的差额，称为“强度极限”。极限说明由制造商提供以限制消费者的使用条件。设计极限是产品设计幸存的应力条件。当达到了产品没有的功能、产生了不可恢复失效的加速应力条件，就达到了产品的工作极限。当产品在某种应力值下发生永久性和灾难性的失效时，把它定义为破坏极限。当产品在某种应力下发生功能失效，那么就应该在较低的应力下评估试验以确定它是否达到其工作极限或已经永久失效。通常，希望工作和破坏极限之间有较大的裕度，实际使用应力和产品说明书极限之间有较大的裕度，以确保较高的固有可靠性。

只有对足够数量的样品进行试验来获得完整的分布特征，才能准确地得到平均强度极限和裕度。从HALT中得到的强度极限可能用来确定加速试验和筛选条件。破坏极限被用在产品级鉴定过程中，确定高加速应力筛选（HASS）的基础条件。如果产品在超出它的工作极限或筛选设备极限时还能较好地生存，则中止寻找其破坏极限。

9.4.2 鉴定要求

鉴定要求是产品的可靠性和质量要求与其应用要求相一致。首先必须定义鉴定的目的和内容，主要基于消费者规定的应用要求，包括使用性能、应用条件和时间（使用条件剖面)、工艺条件、抗随机外部应力的能力、预期的可靠性统计特征如可接受的早期失效。鉴定要求也必须根据产品的寿命周期载荷剖面来定义，这种载荷包括产品及其寿命周期中的所有经历，包括加工、组装、储存、运输和工作。

鉴定主要分为四个等级：相似性、比较性、目标鉴定和加速试验/寿命预计。相似性鉴定是产品鉴定的最低等级，它是利用以前在较高等级已鉴定的相似产品来鉴定产品、工艺和封装。相似性鉴定是通过工程师的逻辑判断来完成的，并没有进行实际的试验。例如，如果某种封装芯片通过了一系列的环境试验，那么具有不同芯片设计的相似封装类型也会通过相同的试验。因此，不同类型的集成电路芯片在相同的封装中可能通过相似性来鉴定。这种类型的鉴定要求的资源最少，但是它具有忽略了潜在关键信息的高风险，而这些信息只能在较高等级的鉴定和试验中得到。

鉴定的第二个等级是通过比较来完成的。进行专门的试验来比较结果，但是没有必要在一个特定的时间周期内满足所有的可靠性目标。比较性鉴定试验通常关注的是特性而不是量值变化。例如，封装相关的鉴定可能采用“标准”试验方法，但与通常准寿命相比这里可能没有加速因子。这些并不意味着这些试验没有价值；然而，毕竟它不容易转换令人满意的关于期望寿命的具体结果。例如，一个器件经过100个循环没有失效，这看起来可能是可靠的；然而，没有具体的加速因子，就不能确定具体的中位寿命。在比较试验中，品质特性如热性能将会被测量，它与产品的某方面可靠性直接相关。

第三级鉴定是目标鉴定，它主要是满足寿命和可靠性具体目标的认定。如寿命试验，它验证可靠性保证指标或期望工作寿命是否满足可靠性目标要求。这种等级的鉴定与先前较低层次的比较性鉴定不同，因为其试验结果直接与可靠性相关。它又与较高等级的鉴定不同，因为它不需要测量产品的最终寿命。为了试验获得产品一年的保证寿命值，必须进行没有加速的、为期一年的试验。在这个试验中，不能确定失效模式、机理、加速因子和寿命；但是，试验数据可以表明是一个可靠的产品，因为它在保证期内没有问题。这种等级的鉴定最常用，特别在军用规范中。

第四级及最高层次的鉴定包含加速试验和TTF测量。为了减少试验时间，在电子封装上进行加速试验来模拟在寿命周期环境应力下的状况。在这个等级的鉴定中，要确定与失效部位有关的失效模式和机理，从试验结果和加速因子获得产品的中位寿命和可靠性。

9.4.3 鉴定试验计划

鉴定要求必须转换成产品或产品单元需满足的目标值和容限。为了满足或超过要求，应确定相关参数目标值和容限。例如，产品的所有单元必须满足产品的使用寿命要求。通过分析，可确定较薄弱单元可能比其他单元要较早失效，则使用寿命要求可分配至该单元，以满足产品的目标寿命值和容限。

鉴定试验条件和应力水平由产品的寿命周期剖面、FMMEA、已有相似产品的经历和鉴定要求来决定。根据寿命周期剖面而选择的产品或产品单元的试验条件，必须满足目标值和容限值要求。在鉴定试验中，可采用FMMEA来确定关键失效机理、相关失效部位和失效模式。将这些失效机理与可靠性要求相结合，就能确定鉴定试验中的最终失效机理。如果FMMEA中确定的关键失效机理在可靠性要求之内对产品寿命没有明显影响，则在鉴定试验中就不会考虑这些失效机理。例如，在FMMEA分析中，PCB上的单个腐蚀可能会导致产品在10年内失效，而产品的可靠性要求是5年内运行不发生失效，那么在鉴定试验中就不会关注腐蚀。

鉴定试验应力水平的选择应该确保该应力引入的失效机理与产品在工作条件下相同，而不会引入新的失效机理。鉴定试验结果与工作条件下实际寿命之间的转换也应该予以考虑。

在鉴定试验计划中样品数量的选择是一个关键问题。样品数量应足以表征其失效分布。如果试验特征与所有类似产品具有系统的共同点，样品的数量可以小些。如果试验是针对小部分缺陷产品，则应相应地增加样品数量。

9.4.4 模型和验证

要把加速试验结果转换到正常使用条件下的产品寿命，必须确定加速因子（AF）。AF既可通过PoF模型来计算，也可通过经验来推算。基于PoF模型的AF值（AF_p）是通过PoF模型的正常条件下预计的TTF值与在加速条件下预计的TTF值之比。

$$AF_p = TTF_{\text{normal stress}} / TTF_{\text{accelerated stress}}$$

PoF模型可以利用强度极限试验（HALT）的结果得到进一步验证，并且使AF_p得到相应的修正。确定AF的另一个方法是采用经验模型（AF_E），根据HALT数据拟合曲线。其中，物理试验包括HALT、加速试验和AF。AF既可采用基于PoF的模型（AF_p），也可采用经验模型（AF_E）来确定。

应认真选择应力水平，使其既不引入、也不消除之前确定的任何关键失效机理。过应力加速可能引入产品在使用寿命周期一般不会正常发生的失效机理。每种应力可能造成几个失效机理加速，但其敏感程度不同。如温度可能造成腐蚀、湿气扩散、离子污染和膨胀的加速，但它们的速度不同。另一方面，每种失效机理可能由几个不同的应力加速，如温度和湿度都可能加速湿气扩散。

9.4.5 加速试验

对于大多数电子产品，其最短服务寿命只有数年且交货时间很短，在正常工作条件下开展鉴定试验是不经济的，也是不现实的。尤其是对于长寿命和高可靠性的产品，在工作条件下的试验周期会相当长。例如，在恒定效率和60%的置信度下，要观察到每1000 h失效率为0.1%中的零失效，需要915000器件小时数。对于给定的失效率0.001，零失效和60%置信度下，需要的样品数量和试验时间可用二项式函数计算得到。这时，用915个器件试验1000 h或92个器件试验10000 h都能满足要求的条件。然而，这样的器件小时数试验计划既不具有经济性，也不具有失效性。因此，必须在加速应力条件下进行鉴定试验以缩短失效时间（TTF）和“加速”失效机理。

加速试验可能分成两类：定性和定量。定性加速试验的主要目的是确定失效模式和机理，而不能预计产品的正常寿命。在定量加速试验中，通过加速试验数据预计产品的正常寿命。

在加速试验中得到的失效数据通常在时域内分布，因此必须用统计方法分析，通过控制样品数量可能得到期望的统计置信水平。有时，也可应用贝叶斯（Bayes）方法，基于历史数据和新获得的可用信息来不断进行新的失效评估。

加速试验是使产品比正常工作条件下更快地进行寿命老化。尽管，加速试验时间是可取的，但它必须不会导致任何有用信息的丢失。如果加速试验的时间是唯一的考虑因素，则试验结果可能引起误导。因此，正确的计划和开展加速试验包括如下相关步骤：

（1）确定拟要加速的失效机理。

（2）选择加速失效机理的应力。

（3）确定拟施加的应力水平。

（4）设计试验程序，如多应力水平加速或步进应力加速。

（5）外推试验数据到应用条件下。

塑封电路的各种失效机理及相应加速应力见表9-3，在定制加速条件时一定要谨慎，以免引入或消除某些失效模式和失效机理。过高的加速应力可能会触发在工作条件下潜在的失效机理，这种失效机理的变化可能会误导工作寿命的预计。每种应力可能会加速多种不同敏感程度的失效机理，例如，温度对电迁移、离子污染和表面电荷散布起到了不同的加速作用。相反地，某一特殊机理可能由多种应力激发，例如，腐蚀就是在温度和湿度应力同时作用下加速的。因此，在没有完全理解试验和工作条件的关系之前，不应开展加速鉴定试验。

表9-3　塑封电路（PEM）的失效机理及加速应力

失效机理	加速应力
疲劳裂纹的产生	• 步进载荷或位移 • 热冲击
疲劳裂纹的传播	• 振动 • 位移或温度的循环载荷
潮气扩散	• 绝对温度 • 相对湿度 • 潮气浓度，潮气梯度
分层	• 绝对温度和温度循环 • 相对湿度 • 污染物
爆米花效应	热冲击后的相对湿度

要证明鉴定试验达到可接受的可靠性，试验时间必须足够长以表明已符合应用要求。例如，如果应用要求首次失效时间是 10 年，在相关失效加速因子为 20 的条件下开展鉴定试验，对有效样本数在第一次耗损失效发生之前必须开展至少半年（10 年/20）的试验。

所需要信息的特性决定了要开展的加速试验类型。除了选择应力函数和应力水平外，确定载荷应如何施加的方法也很重要。例如，产品和周围空气的对流传热和产品内部热源产生的热效应就有所不同。

加速试验可包含事件压缩、试验水平提升，或同时包含二者，事件压缩包括相对于外场条件，在试验环境应力作用下发生的频度增加。例如，如果某一产品在其工作环境下会经受两次温度循环，而在试验时经受了 6 次温度循环，则加速试验包含了 3 倍的事件压缩。试验水平提升是指施加相对于产品现场载荷要大的应力载荷。在单个试验中，可能结合了事件压缩和试验水平提升共同作用，以增加加速效果。短期试验可逐步加大应力水平直至产品失效。长期试验可采用事件压缩，通过施加严酷于外场应力的恒定应力以发现产品薄弱环节。

在鉴定和验证程序中，对加速试验后的失效样品进行详细失效分析是一个非常关键的步骤。没有这种分析和反馈以使设计团队做出正确的行动，鉴定程序就是失败的。换句话说，简单的收集失效数据是不够的，关键是利用试验结果深入理解并控制相关失效机理，阻止失效发生，以节省成本。

一种好的试验设计方法可参见蒙哥马利有关试验设计一书中提到的部分因子阵列方法。由于失效通常与更高一级（如系统）的设计和制造有关，微电子元器件鉴定应对具有典型的组装材料和过程的样品，以及具有典型的更高水平设计的样品进行。为获得预期的失效和可用寿命要求，应收集足够的器件小时数、试验时间、日期等数据。如果设计的试验是综合的，则可利用加速试验模型以获得在产品要求的范围的这些数据。

9.4.6 可靠性评估

可靠性评估是根据加速试验数据和 PoF 模型来开展的。对于鉴定载荷条件下产生的特定失效机理，产品的可靠性由确定失效部位的 TTF 来确定。根据产品失效部位的 TTF 决定的可靠性，可通过失效部位、应力输入和失效模型进行评估和报告，大部分失效模式定义了特定载荷条件下的 TTF。在鉴定试验中，为了满足在鉴定试验条件下规定的可靠性要求，对产品可靠性进行了定义。

对于大部分产品，寿命周期剖面由多个载荷条件组成。因此，必须形成在多个载荷条件下评价 TTF 的方法。对于一个具体的失效机理，可以根据应力条件下的暴露时间与应力条件下的 TTF 之比计算 TTF，通常称为损伤比。如果暴露时间等于 TTF，那么比率等于 1。如果认为损伤以线性方式累加，对于相同的部位和相同的失效机理，多种应力的损伤比可以累加。那么认为一旦累加的损伤比等于 1，该部位就会发生失效。对于相同的部位、相同的失效机理和固定的负载事件，能确定具体的损伤比。例如，手持产品从某一高度跌落可能导致焊点互连寿命损失 10%。在这种情况下，每次跌落将导致焊点互连损伤比 0.1 的增加。对于重复事件，使用适当的失效模型可能建立损伤比，以估算产生失效需要的事件数。损伤比可定义为样品可经历时间的倒数。例如，如果根据失效模型估计焊点互连能够经受 2000 次温度循环，那么每个循环的损伤比就是 0.0005。

通常，对于每一个失效部位和失效机理，TTF 数据表现为一种分布。通过失效模型的输入参数是一种分布，因此得到的 TTF 也是分布。实际上，所有尺寸和材料特征都是制造变量结果的一个分布。对于环境载荷也是同样的。基于 PoF 的可靠性预计允许使用这些自然变量。随着每个部位的 TTF 分布的已知，可用不同度量方法进行可靠性评估，如故障率、保证返修率或平均 TTF。

除了评估 TTF 之外，利用失效模型还可以评价 TTF 对材料、几何尺寸和寿命周期剖面的敏感度。通过考虑确定材料、产品、几何尺寸和负载条件的影响，能确定大部分的影响参数。通过密切关注这些关键设计参数，这些信息可以用于改进设计。

9.5 鉴定加速试验

当决定采用哪些试验来鉴定时，需要考虑如下重要因素：

(1) 制造商相同批号之间是否存在显著差异。

(2) 相同制造商不同批号之间是否存在显著差异。

(3) 分配方法可能影响可靠性。

(4) 下一级工艺过程如加装热沉或印制电路板组装可能影响其可靠性。

本章回顾了微电子封装的一些主要的鉴定试验。每个试验的相关规定标准将在工业实践部分中单独讨论。关于失效机理，读者可参见第 7 章中更详细的讨论。关于更多的失效机理建模信息，感兴趣的读者也可参考 IEEE 可靠性学报上关于失效机理的系列参考读物。

通常地，产品可靠性的要求会根据其应用不同而变化。例如，如果某一产品用于热带地面环境，那么首先要考虑的是湿度相关的失效，并且采用温度加速试验，或者温湿度加速试验来进行鉴定试验。如果相同的产品被用于近地轨道的人造卫星，则湿度不是主要问题，除非是长期储存。

9.5.1 稳态温度试验

高温储存试验，该试验通过温度加速引起诸如相互扩散、柯肯达尔空洞、聚合物降解、分解、放气、塑料材料氧化等失效。在可编程只读存储器（EPROM）器件中，该试验可加速电荷从浮栅中的损失，这受栅氧化层缺陷的影响。器件储存在一个受控的温度（典型值为 150℃左右）环境中，长时间（大于 1000 h）不加电，进行中间电参数测试和终点测试，以得到试验结论。电测试包括接触测试、参数漂移和全速功能测试。封装裂纹、热阻增大、聚合物分解等损伤可视为失效。

高温工作试验的示意图如图 9-7 所示。该试验评估器件在高温下耐受最大功率工作的能力。电学应力包括稳态反偏、正向偏置或二者的结合。频率设定在最大设计水平或测试仪器的上限。该试验开展时，通常其结温比塑封材料的玻璃化转变温度要低。

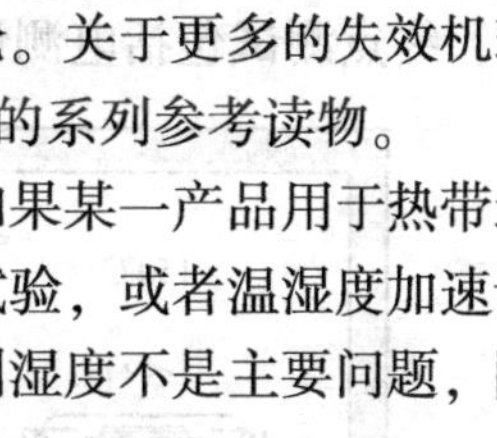

图 9-7　高温工作试验

9.5.2 温度循环试验

温度相关的试验包括：温度循环、热冲击以及功率温度组合循环试验。对于塑封微电子器件，温度上限应低于塑封材料的玻璃化转变温度。

温度循环测试的示意图如图 9-8 所示。温度循环试验是在温度均值上应用一定幅值的温度变化。温度通常以一个固定的速率变化，然后停留一段时间，使器件不同材料的界面经受机械疲劳。

在塑封微电子中，试验结果受塑封材料厚度、芯片尺寸、芯片钝化层完整性、键合、芯片裂纹（包括钝化层和塑封料、芯片焊盘和塑封料、引线框和塑封料之间的界面）以及界面粘接的影响。对于连接到基板（或电路板）上的器件，器件到电路板上的互连结构的疲劳耐久性也得到了评价。

温度循环在环境试验箱内开展，试验箱装有控温器件、加热单元和温度制冷单元。加热和制冷单元能提供充分热容量，使样品能在规定时间内被干燥气流加热或制冷。在每个高温或低温停留的时间，至少要使样品负载达到热平衡并足以使应力释放（如果这是所关注失效机理的关键参数）。应力后的检查包括电参数测试、功能测试、机械损伤检查。

图 9-9 所示是热冲击试验的示意图。开展该试验是为了验证器件在极端温度梯度下的完整性。急剧的温度梯度可导致芯片开裂、分层、芯片钝化层开裂、互连变形以及封装裂纹。热冲击也采用样品浸泡在适合的液体中的方式以保持特定的温度。试验在进行一定数量的循环后结束，一般最后一次浸泡在“最高应力”的低温液体中。液体应具有化学惰性、高温稳定性、无毒、不易燃烧、低黏度以及与封装材料兼容。待样品恢复到室温后进行测试，终点测试包括电测试和机械损伤检查。

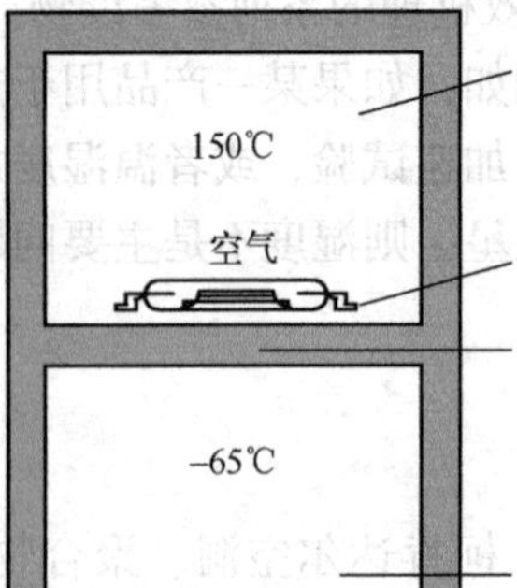

图 9-8　温度循环测试

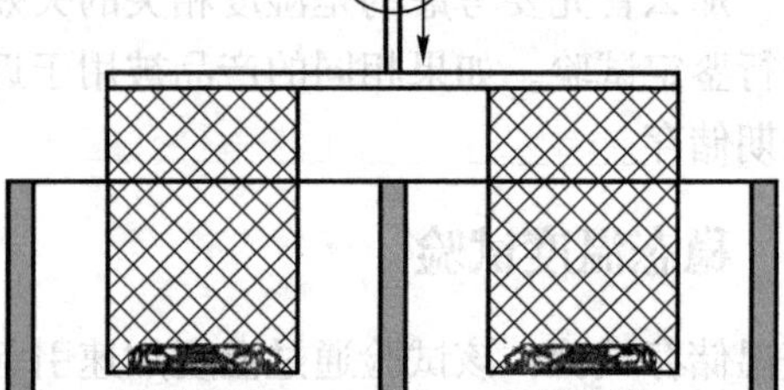

图 9-9　热冲击试验

功率温度循环是将工作样品暴露在最坏温度条件下，其失效情况通常和温度循环试验观察到的是一样的。试验箱类似于温度循环，安装有电气馈通以提供待测试器件所需的电压偏置条件。功率可周期性开或关，可与温度循环同步施加或不施加。电测是为了检查功能和参数极限，目检是为了检查可能引入的机械损伤。

该试验严酷度受使残余应力为零时的温度的影响。残余应力是由包封过程中温度的变化引起的——特别是从固化温度和玻璃化转变温度到室温的变化。在塑封料的玻璃化转变温度或其上，残余应力为零，塑封料的玻璃化转变温度在 150~180℃之间。温度循环试验中较低的温度上限决定了试验的正确性。塑封料因湿度导致的膨胀会改变残余应力的分布和幅度。

一个成功的试验通常会没有失效发生，因此对应力是否适合、应力水平如何、是否已充分施加在试验产品上，总是存在疑问。而产品如果很少通过试验则说明存在可靠性裕度的问题；如果产品能通过更强应力的试验则说明可能会超出设计范围。试验结果和工作条件及其性能状况的相关性也是问题。由于这些原因，至少一些客户正在日益关注如何获得外场可靠性，而留给供应商去开发和完成可接受的试验计划。

9.5.3 湿度相关的试验

湿度相关的试验包括：高压蒸煮（PC）、温度湿度偏置（THB）、高加速应力试验（HAST）、温度湿度电压循环试验以及潮湿敏感度试验。

高压蒸煮试验的示意图如图 9-10 所示。本试验也称为“高压锅试验”，用于评价耐潮气能力，是最简单的加速湿度试验。典型地，样品储存在内装去离子水的密封高压锅中，内充饱和蒸汽，气压为（103±7）kPa[（15±1）psi]，温度为 121℃。器件悬挂在初始水深至少为 1 cm 的试验腔内。

压力和温度的严酷条件并不是典型的实际工作环境，但可用于加速潮气渗透进入封装。原电池腐蚀是其主要失效机理。在塑封微电子器件中，其塑封料的离子玷污和钝化层中的磷会加速腐蚀。然而，试验箱的污染也可能产生欺骗性的失效，它表现为封装的外部退化如引脚腐蚀、引脚间导电物质生成。

温湿度偏压试验也称为蒸煮试验，其示意图如图 9-11 所示。温湿度偏压试验是一种最常用的加速试验，它的目的是用于试验器件中潮气的侵入，引脚、焊盘和金属化的腐蚀，并伴随有大的漏电流。样品在电压偏置下经受恒定温度和恒定相对湿度。根据器件的类型，偏压也可以是恒定偏压或是间歇偏压。对低功耗的互补金属氧化物半导体（CMOS）器件可施加连续直流电压，由于单个器件的功耗很小，尽可能使其形成电解电池。对于高功率器件，连续的电功率可导致相对较大的热耗散，从而驱除形成电解腐蚀或其他湿气相关失效所需的潮气。因此，高功率器件通常进行电压循环。

图 9-10　高压蒸煮

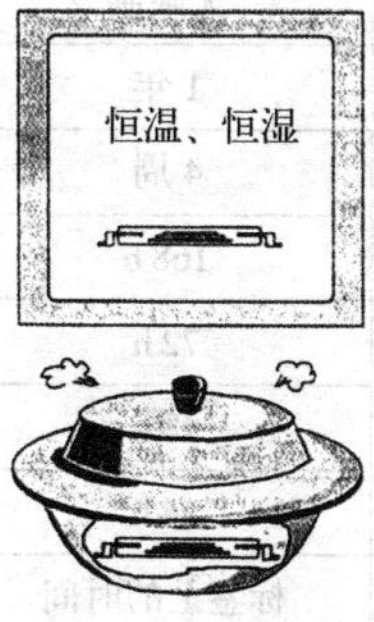

图 9-11　蒸煮试验

在塑封微电子封装中，由于塑封料的低热传导性，连续电偏压可能增加芯片的温度，同时也会驱除湿气。因此，塑料封装经受功率循环时，如果功率开/关循环周期是如下情况：在开启时湿气逃出塑料，关闭时由于时间较短，不足以使湿气侵入芯片塑料界面，那么预期的总失效循环数就会减少。这是因为在开状态减少了湿气相关的封装失效，在关状态减少了偏置相关的失效。对于某些器件类型，必须进行循环条件优化以保证失效最可能发生。

温湿度偏压试验通常在最大额定工作电压、温度（85±2）℃和相对湿度85%±5%下开展。电测通常将器件取下进行。在某些情况下，样品中测试前应干燥。失效判断为参数漂移并超出规范的限值，标称的和最差条件下功能不一致，或其他功能变化。

高加速温度和湿度应力试验。高加速应力试验（HAST）由提高了的温度和湿度组成，也可伴随电流受控的电压偏置。该试验可导致金属化和焊盘腐蚀、界面分层、金属间化合物生长、键合失效和绝缘电阻降低。

在典型的HAST试验中，它采用不饱和蒸汽，恒定相对湿度范围从50%~100%，恒定温度通常大于100℃。试验方法详见Gunn和Danielson等人的描述。

恒定湿度和偏置下的循环温度。在本试验中，器件在高湿度水平和电压偏置下经受温度循环。该实验要揭示的失效机理包括电化学腐蚀、粘接分离、分层、裂纹扩展。潜在失效部位包括引线架和塑封料的界面、球形键合、楔形键合、焊盘和金属化腐蚀。

开展该试验的环境试验箱要能维持受控的相对湿度水平和冷热循环，以及被试器件的电学偏置。试验箱的湿度源采用去离子水。一般情况下，试验单元采用30~65℃的温度循环，每个加热或冷却时间为4h，每个端点温度停留8h。相对湿度通常恒定维持在90%~98%之间。一种带监测仪的卡片式记录器可用于不断地记录箱温和相对湿度。

表面贴装器件的潮湿敏感度试验，由于表面贴装塑封电子器件封装的模塑料在吸收潮气后很容易导致塑料材料的裂纹，或者在经历高温再流焊时导致芯片和引线架之间分层。这种失效机理叫作爆米花效应，代表了一种最坏情况，因为高水汽含量、高热应力、封装设计特征共同作用，致使其结构强度低且易产生或扩散裂纹。

根据IPC/JEDEC标准的潮湿敏感等级划分（见表9-4），塑封集成电路潮湿敏感度可分为以下三种类型。

表9-4 IPC/JEDEC J-STD-20潮湿敏感度（MSL）分类

潮湿敏感等级	地面放置寿命		标准浸泡时间	
	时间	条件/(℃/%RH)	时间/h	条件/(℃/%RH)
1	无限制	≤30/85	168	85/85
2	1年	≤30/65	168	85/60
2a	4周	≤30/60	696	30/60
3	168h	≤30/60	192	30/60
4	72h	≤30/60	96	30/60
5	48h	≤30/60	72	30/60
5a	24h	≤30/60	48	30/60
6	标签上的时间	≤30/60	标签上的时间	30/60

（1）潮湿不敏感：集成电路无需保存在干燥的包装中。

（2）潮湿敏感，但打开后放置时间不受限制：集成电路必须保存在干燥的包装中，直至在30℃（最大）和85%相对湿度（最大）的工厂环境中打开，在PCB组装和焊接之前储存时间不受限制。

（3）潮湿敏感，但打开后放置时间受限制：集成电路必须保存在干燥的包装中，直至在30℃（最大）和60%相对湿度（最大）的工厂环境中打开，在PCB组装和焊接之前储存时间受其规定等级的限制。

为了分类表面贴装器件的不同潮湿敏感等级，塑封电路要经受如下潮气预处理等级：①85℃/85%RH；②85℃/60%RH；③30℃/60%RH（规定的试验周期参见表9-4）。在潮气预处理后，将封装样品进行一系列模拟的PCB组装模拟试验。组装模拟试验由红外回流焊（其典型温度在220~240℃之间）以及大量化学清洗组成。

为了得到试验结论，要在40倍显微镜下检查其封装裂纹；C-模式扫描声学显微镜（C-SAM）也用于观察器件内部的表面分层或裂纹；然后必须在适当的测量点完成电学测试。如果没有观察到明显的裂纹和电失效，那么封装就通过该潮湿敏感度等级。随后，封装要经受温度湿度偏置（THB）试验。该试验的目的是加速潮气浸入，以及加速金属化腐蚀。

随着微电子封装变得越来越小和电子工业转向无铅化，以前的JEDEC潮湿敏感度标准需要重新进行评估。较小的封装在受到典型的较高的无铅回流焊温度时，在以前的JEDEC潮湿敏感等级下更容易发生失效。在Mercado和Chavez的研究中，发现凸点芯片载体（BCC）在潮湿敏感等级2（MSL2）-85℃/60%RH条件下59h就达到饱和。而相对较大和较厚的QFP封装甚至在168h吸附后还没有达到饱和。在同样的研究中，由于相对较高的无铅回流焊温度，发现2.4℃/s的冷却速率在塑封料/芯片界面引入了高达20%裂纹驱动力。因此，对于较小尺寸的封装受到较高的无铅回流焊温度，之前的JEDEC标准应进行修正以降低条件的严酷度。

9.5.4 耐溶剂试验

该试验用于评估样品因经受组装过程中化学品引起的有害影响而导致的膨胀、裂纹、塑封料的粘接分离、引脚腐蚀等。该试验包含的化学品包括回流焊中的化学品和清洗剂，如助焊剂和溶剂。耐溶剂试验的流程由Lin和Wong提出，用于塑封电路的组装，见表9-5。

表9-5 耐溶剂试验流程

化学品	暴露	清洗	失效判据
α-100、EC-7、三氯乙烷	按顺序在每种溶液里浸泡2h	异丙醇浸泡10min 蒸馏水漂洗15min 120℃下烘烤1h	显微镜检查膨胀、裂纹、粘接分离、腐蚀
聚α烯烃	浸泡96h		

9.5.5 盐雾试验

该试验评价引脚暴露在海洋环境下的耐腐蚀能力。它可加速包括电化学退化如斑点腐蚀、针孔、起泡、引脚镀层剥落等失效机理。该试验之后通常进行引脚弯曲试验。

将样品置于35℃的盐雾环境试验箱中，并持续规定的时间。盐雾由0.5%~3%重量比的氯化钠溶液经压缩空气喷雾而成，流量为7~35 mg/(m²·min)，溶液的pH值维持在6.0~9.5。应小心操作，避免试验箱被之前的试验污染。样品被放置在试验箱里，暴露在盐雾中的面积最大，典型的试验周期为96h。

9.5.6 可燃性和氧指数试验

该试验评估塑封料的可燃性。可燃性是有明火和无明火的火源，将火源移出后材料阻止、终止或拟制其燃烧的性质。UL 实验室材料可燃性标准 UL-STD-94 基于材料的燃烧率规定了材料的阻燃等级。阻燃等级分为 HB、V-0、V-1、V-2 和 5 V，其中 HB 表示具有最高燃烧率，5 V 表示具有最低燃烧率。

可燃性的数值可用氧指数来表示。氧指数是在氧气-氮气混合气体中仍能维持材料燃烧时氧气所占的比例。氧指数也可以通过测试方法 ASTM D-2863 得到。可燃性越低说明具有更高的氧指数。当可燃性与氧指数的测试都不可行时，可采用 EEC 的“发热线”和“针尖火焰”来测试。通过混合卤素化合物、磷脂和三氧化锑，塑封料的可燃性可明显降低。

9.5.7 可焊性试验

可焊性试验评价器件引脚的焊料浸润的敏感性。金属表面的可浸润性与其耐腐蚀性镀层的完整性、表面不受污染、焊料温度、引脚材料的温度特性、引脚设计有关。

可焊性评估试验采用的方法有“浸蘸-检查”法和浸润平衡法。“浸蘸-检查”法将要焊接的表面浸入到一个熔融的焊料池。移出后，检查焊料覆盖情况以评估其表面的可焊性。“浸蘸-检查”试验关注的是从焊料池移出后焊料冷却面造成的可焊性改善，以及在显微镜下未能观察到的反浸润情况。

浸润平衡试验测试待焊接表面和熔融焊料的黏附力随时间的变化情况，这时焊料的反润湿不敏感，因为反润湿仅在焊接表面离开焊料池后才开始。

9.5.8 辐射加固

辐射加固试验仅用于鉴定器件在空间任务应用环境中的能力，这时塑封电路要经受 r 射线、宇宙射线、X 射线、α 粒子辐射和 β 射线。辐射加固试验将器件暴露于特定的辐射总剂量中，然后进行参数测试。

辐射导致的失效机理是产生电子-空穴对和晶格的位移。封装材料中放射性元素，如无机填充料中的铀和钍，是电离辐射的固有辐射源，它会导致逻辑器件的错误。对于逻辑器件和存储器，辐射会导致动态存储器的软误差、电学参数漂移和闩锁。

9.6 工业应用

无论什么时候材料、封装技术、工艺技术发生变化，都必须再次开展评估试验以确保能暴露其潜在缺陷。表 9-6 列出了一些典型的试验，其试验条件是可以根据客户的需要做出调整的。

表 9-6 工业界的试验条件举例

试验	Motorola	Intel	TI	Signetics	Mircon	AMD	NS
温度循环	-65~150℃，1000 次循环	-55~150℃，500 次循环	-65~150℃，500 次循环	-65~150℃，500 次循环	-65~150℃，1000 次循环	-65~150℃，1000 次循环	-65~150℃，1000 次循环
高压蒸煮	121℃，15psig，96 h	121℃，96 h	121℃，15psig，240 h	127℃，20psig，336 h	121℃，15psig，96 h	121℃，15psig，168 h	121℃，15psig，500 h
温湿度偏置（THB）	85℃，85%RH，1008 h	85℃，85%RH	85℃，85%RH，1000 h	85℃，85%RH，2000 h	85℃，85%RH，1000 h	85℃，85%RH，2000 h	85℃，85%RH，1000 h

（续）

试验	Motorola	Intel	TI	Signetics	Mircon	AMD	NS
工作寿命	最大额定条件，1008 h	—	125℃，1000 h	150℃，2000 h	150℃，1000 h	125℃，168 h	125℃，1000 h
高温储存	—	200℃，48 h	—	175℃，2000 h	150℃，1008 h	125℃，2000 h	150℃，1000 h
耐焊接热	—	—	260℃，10 s	—	—	—	260℃，12 s
低温寿命	—	—	—	-10℃，1000 h	-10℃，1008 h	—	-40℃，1000 h

适合的方法是首先确定器件的“根本失效原因”，然后确定鉴定试验内容来关注这些特殊原因。其中，失效物理是关键，它对失效隐含的主要原因进行试验，排除失效发生的可能性，然后决定是否有必要对失效隐含的根本原因做进一步研究。

表 9-7 列出了可用于探测失效的各种试验方法。其中一些试验只能用于特殊的使用环境条件和制造条件。例如，耐焊接热试验评估表面贴装器件的封装在回流焊操作时的抗“爆米花”能力。辐射加固试验只推荐用于易遭受或预期会暴露在内部和外部辐射的器件(如存储器)。

表 9-7　用于密封器件鉴定试验的可能试验方法和试验条件

试验	试验条件	模拟条件	应用标准
低温工作寿命(LTOL)	-10℃/V_{max}/最大频率/最小 1000 元器件小时数/额定电流输出负载	零度以下的外场工作环境	JQA 108，JESD 22A 108C
高温工作寿命(THOL)	125℃/V_{max}/最大频率/最小 1000 元器件小时数/额定电流输出负载	正常的外场工作环境	MIL，-STD-883 方法 1005，JQA 108，JESD 22A 108C
温度循环(TC)	500 次循环，-65～150℃，温度变化率 25℃/min 且每个温度点停留 20 min	昼夜、季节和其他环境温度的变化	MIL，-STD-883 方法 1010，JESD 22A 104C
温度循环湿度偏置（TCHB)	60 次循环，电压每 5 min 开关一次，95% RH，30～65℃，每 4 h 加热或制冷，每个温度点停留 8 h	器件工作时环境温度的缓慢变化	JESD 22A 100A
功率温度循环(PTC)	仅当器件结温上升大于 20℃时，最小 1000 次循环，-40～125℃	当器件工作环境温度变化时	JESD 22A 105A
热冲击(TS)	500 次循环，-55～125℃	外场或处理过程中的温度迅速变化	MIL，-STD-883 方法 1011，JESD 22A 106B
高温储存(THS)	150℃，最小 1000 h	储存	JQA 103，MIL，-STD-883 方法 1008，JESD 22A 103C
温度湿度偏置(THB)	V_{max}/85℃/85%RH，1000 h	在高湿度环境下工作	JESD 22A 101A
高加速应力试验(HAST)	V_{max}/130℃/85%RH，240 h	在高湿度环境下工作	JESD 22A 110
高压蒸煮(ACL)	表面贴装器件需预处理，15psig/ 121℃/ 100%RH，240 h	高湿度环境，潮气从裂缝侵入	MIL，-STD-883 方法 1005，JEDEC-STD-22 方法 102A
引脚完整性(LI)	视适合的封装形式和引脚配置而定	制造环境	MIL，-STD-883 方法 2004，JESD 22B 105A

（续）

试验	试验条件	模拟条件	应用标准
键合强度（BS）	视适合的封装形式和引脚配置而定	制造环境	MIL，-STD-883　方法 2011C/D
芯片剪切（DC）	器件规范	芯片与塑封料界面特征	MIL，-STD-883　方法 2019
机械冲击（MS）	每轴 5 次，冲击加速度和时间见器件规范	航空或航天发射环境	MIL，-STD-883　方法 2002，JESD 22B 104C
变频振动（VVF）	频率从 20~2000 Hz 呈对数变化，再返回到 20 Hz，每次周期大于 4 min，每轴 4 次	航空或航天发射环境	MIL，-STD-883　方法 2007，JESD 22B 105A
可燃性（FL）	有或没有燃烧源	塑封料的可燃性	UL-STD-94 V0 或 V1
氧指数（OI）	材料的可持续燃烧	塑封料的可燃性	ASTM-STD-2863
耐焊接热（SH）	(260±10)℃，10 s	水汽相或再流焊温度	JESD 22B 106A
可焊性（SOA）	“浸蘸-检查”或浸润平衡	制造或储存后的可焊性	MIL-STD-883 方法 2003
盐雾（SA）	盐雾，35℃，pH 值 6~9.5，200 h	甲板腐蚀环境	MIL，-STD-883　方法 1009，JESD 22A 107A
耐溶剂（SR）	如助焊剂、清洗剂、冷冻剂	组装环境	MIL，-STD-883　方法 2015
静电放电损伤（ESD）	HBD 模型：1 A（1500 V）/呈指数增加，时间常数为 300~400 ns；或 CDM 模型：1500 V，15 A，4~5 个摆幅，15 ns	静电放电损伤	MIL，-STD-883　方法 3015，JQA 2
闩锁（LU）	适合的充电电压	电压偏移	JQA 3，JESD 78A
辐射加固	指定的辐射总剂量	空间或高辐射环境	MIL-STD-883 方法 5005-E，MIL-HDBK-816

注：1. JQA 是指由福特汽车公司、美国电话电报公司（AT&T）、惠普公司等发起的联合评估联盟（Joint Qualification Alliance）。

2. MIL-STD-883 是指美国军用标准“微电路试验方法和程序”。

3. JESD 是指联合电子器件工程委员会（JEDEC）第 22 号标准“用于运输/汽车应用的固态器件的试验方法和程序”。

4. ASTM 是美国材料试验协会。

9.7　质量保证

电子产品必须满足规定的质量要求。根据国际标准化组织（ISO）的定义，质量是反映某一产品或服务满足明确和隐含需要的能力的特征总和。质量不良通常是由于材料缺陷、制造过程失控和处理不当导致的。质量和可靠性不同，可靠性是产品在规定的条件下、规定的时间内完成特定功能的概率。表 9-8 是质量保证相关的一些术语定义。

表 9-8　质量保证术语

术　语	定　义
质量	某一产品或服务满足明确和隐含需要的能力的特征总和
质量一致性	监测和控制关键参数在可接受的变化范围之内
质量控制	为实现质量要求而采用的操作方法和措施

（续）

术　语	定　义
质量保证	为了提供确信某一产品或服务满足给定质量要求而采取必要的计划和系统性的措施
质量监督	持续监督和检查过程、方法、条件、工艺、产品和服务、分析记录和参考值之间的状态，以确保满足规定的质量要求
质量检查	某一产品或服务的测量、检查、试验、检测一个或多个特性等活动，以及比较它们与规定要求之间的一致性
成品率	通过所有测试的产品的百分率
缺陷	不能达到预期的特征和使用要求

质量一致性可以使产品成品率增加，在质量一致性中要控制因为如下一种因素或多种因素共同作用使得参数发生变化：

（1）供应商和批次性原材料特性发生变化。

（2）由于工程监测和控制器件不精确而导致生产过程参数的变化。

（3）人为错误，工艺不充分。

（4）制造环境中不希望引入的应力（如污染物、粒子、振动）。

质量保证过程包括统计过程控制、在线公益监测和必要时代筛选试验。质量保证对制造商有如下要求：

（1）采用在线监测和统计过程控制来确认潜在缺陷。

（2）开展根本原因分析来确定可能导致产品早期失效的缺陷和失效机理。

（3）确定工艺中缺陷激发的环节，改进工艺以解决工艺问题。

（4）评价筛选的经济性，选择能够激发其失效机理并暴露潜在缺陷的筛选。

（5）减少或消除一些必要的筛选。

9.7.1 筛选概述

筛选是一种对批次性器件100%地施加电学和环境应力以确认和剔除缺陷的过程。筛选可以分成应力筛选和非应力筛选。应力筛选给电子元件施加电和环境应力，从而加速了失效。非应力筛选包括外目检、X射线检查、声学显微镜检查、功能测试和电学参数测试。如果筛选必须开展，则首先应选择非应力筛选，然后才是应力筛选。

筛选是质量一致性要求的内容。它是一个审查过程，以确保产品的材料、制造与产品生产要求相一致。筛选包括了参数超出容差的产品早期探测和累积缺陷探测。在缺陷已经形成的时候，缺陷是非常容易被探测到的。为了更主动，筛选应成为在线制造过程和质量控制的一部分。在工艺阶段的筛选可确保在特定的制造工序中发现缺陷，可及时采取纠正措施，使故障检修及返修成本降到最低。同样，有缺陷的元件会被及时剔除，以防止质量不良的产品增加额外的成本。

在筛选过程中有两种主要的缺陷：潜在缺陷和显著缺陷。显著缺陷是固有或引入的缺陷，它可以通过非应力筛选试验检测出来，如目检和功能测试。潜在缺陷不能通过直接的检测或功能检测来发现，但可通过筛选应力加速其早期失效。随着电子技术的改进和可靠性的显著提高，许多研究对筛选在发现缺陷的有效性方面提出了质疑，认为筛选过程对产品可能弊大于利。

通过深刻理解影响产品的失效机理，PoF 可以确定影响产品寿命的设计参数和用来加速失效的应力条件。这些信息可用来支撑选择适当的筛选应力条件。PoF 用来确定设计参数低于预期阈值的产品引入失效的应力条件。更重要的是，它可确定筛选引入的损害，这是非常关键的信息，可确定是否筛选导致生存产品可靠性的折中。

9.7.2 应力筛选和老化

老化是一种用来发现电子元件缺陷的应力筛选试验。它包括把元件放置在温度箱中、在电偏置下和热应力加速下进行特定时间段试验，在试验过程中和试验后对元件的功能进行测试。在老化过程中也可能用到其他加速条件，如电压、湿气、电场和电流密度。不能满足制造商说明书要求的元件被丢弃，满足要求的就可以使用。

老化是一种筛选要求，最早在“民兵”导弹计划中提出，是发现和暴露小批量和欠成熟电子元件缺陷的一种有效的试验。到 1968 年，老化被纳入军用标准 MILSTD-883，在许多军用和非军用元件鉴定中得到应用。然而，随着制造技术的成熟和元件质量及可靠性的提高，老化的有效性在不断地消失。

这里有一个老化不再暴露缺陷的证明，在老化过程中失效率极大地减小，从 1975 年的 10^9 小时每百万分之大约 800 个元件失效到 1991 年只有百万分之一个失效。在 1990 年，摩托罗拉可靠性团队表示：“在过去五年中，集成电路的可靠性有了很大的提高。结果，在使用前进行的老化不能剔除任何失效，反而由于附加处理可能造成失效。”在 1994 年美国空军 Mark Gorniak 谈到：“尽管今天制造商继续使用筛选，大部分筛选是不切实际的，需要修改以适应新技术。筛选对于成熟技术只具备有限的价值，甚至没有任何价值。”

许多制造商淘汰了老化，取而代之的是元件系统的评估和鉴定，系统的元件评估与供应商有关，供应商必须：

（1）周期性地验证元件。

（2）实施统计过程控制。

（3）有可接受的鉴定试验结果。

（4）履行组织损伤或退化的程序（如处理程序，像静电释放袋）。

（5）提供变更通知。

然后对从供应商得到的合格元件进行制造鉴定程序。鉴定试验的结果可用于评估是否有必要进行老化。如果鉴定试验没有产生失效，制造过程处于控制状态，那么就可以对元件质量评估具有信心，而不需要老化。

9.7.3 筛选

筛选可以通过检测（非应力筛选）或对产品施加电学、机械或热负载（应力筛选）来探测或暴露缺陷。所施加的负载并不代表工作时的负载，通常施加的是加速应力以减少某一薄弱产品达到失效的时间。应力筛选可在产品一个或多个部位激发多种失效机理。

根据引发薄弱产品失效的失效机理，应力筛选可更进一步地分类为磨损筛选和过应力筛选。磨损筛选激发疲劳、扩散、磨损机理，过应力筛选使缺陷部位的应力水平大于其局部强度，从而导致致命性失效。磨损筛选包括温度循环和振动。这些应力会导致在缺陷部位的损伤积累，最终导致薄弱产品的失效。由于损伤的积累，产品可用寿命的一部分也被在筛选中消耗掉。确保经过筛选产品的剩余可用寿命满足要求是关键。筛选参数选择应确保仅在缺陷部位发生失效且最小化地消耗产品的可用寿命。

过应力筛选包括键合拉力试验和温度冲击。过应力筛选比磨损筛选要好，因为过应力筛选不断地加速失效却不会导致无缺陷产品的损伤积累。然而，过应力筛选的实施必须非常小心，否则它会导致产品的成品率问题。

对于在应用中因耗损失效机理而早期失效的缺陷产品，可开展过应力筛选来探测。例如，假设某一产品在有焊点处存在裂纹缺陷，环境温度循环会引起的裂纹持续扩散并导致其早期失效。过应力筛选施加机械冲击在器件引脚上，如果应力载荷在设计上限之内，则探测有裂纹的焊点，而当裂纹长度大于允许值时足够高的应力载荷会导致焊点裂纹的不断扩散。

为了有效地激发特定缺陷部位的特定缺陷或失效机理，必须选择和裁剪筛选试验。缺陷和潜在缺陷部位与产品的工艺技术有关。表 9-9 列出了几种一般筛选试验及其暴露的缺陷。

表 9-9　筛选试验及其暴露的缺陷

筛选试验	暴露的缺陷	有效性	费用	局限
目检（光学显微镜）	• 封装不平整 • 表面缺陷，如打标位置不当、钝化层裂纹、沾污、外来物、引脚黏附物 • 引线偏离 • 键合不良，引线拉脱或断裂 • 芯片碎裂或剥离 • 芯片粘接位置不当 • 尺寸不精确 • 芯片腐蚀 • 焊料不当，基板扭曲 • 金属化空洞 • 导电通道桥连 • 局部腐蚀 • 键合金属间化合物 • 芯片崩损和金属化不良	好	便宜	• 人力密集 • 复杂度和放大倍数的增加使漏检的概率增加 • 优先选择自动检查以减少人的主观性和人为误差
X 射线显微镜	• 封装不平整 • 未对准引脚 • 引线拉脱或断裂 • 引线变形 • 焊盘移位 • 空洞	好	中等	• 服从操作人员解释
声学显微镜	• 塑封料空洞或含有异物 • 基板移位 • 引线变形 • 芯片裂纹 • 界面裂纹、分层、未键合区域 • 芯片粘接空洞	好	中等	• 服从操作人员解释，仅激光声学扫描显微镜是面向量产的
温度循环（空气-空气）	• 塑封料裂纹，界面分层	好	便宜	• 是损伤积累方法，消耗可用寿命
温度冲击	• 分层	差	高	• 高加速应力，会导致不预期的问题出现（最好用抽样的方法，而不是筛选）
耐潮湿	• 封装内、引脚或芯片上的污染物	差	高	• 会消耗可用寿命（最好用抽样的方法，而不是筛选）

不管采取何种筛选，都不能危及产品的设计寿命。筛选所消耗的产品寿命可通过不断地筛选直至失效来计算，单次筛选所消耗寿命的百分比也就可计算出来。对已经筛选的产品，可以通过加速寿命试验并运用适合的加速模型来计算其在使用条件下的剩余寿命。

1. 筛选应力水平

步进应力分析是一种用于确定筛选应力水平的常用方法。在这个过程中，逐步增强的应力施加在样品上。对失效产品开展失效分析以确定导致每个失效的原因，如果是潜在缺陷导致失效且没有过应力，则增加应力水平会到更高一级。这个过程不断持续，直到观察到过应力失效。导致过应力失效的应力水平就是产品的应力上限，筛选应力的确定基于它能激发的缺陷。

另一种确定筛选应力水平的方法叫作“缺陷植入”，即在产品中引入可测量的缺陷。这时，失效机理和激发缺陷的应力都是已知的。应力水平步进增加，直到样品中所有植入的缺陷全部被激发。该应力水平被确定下来用于剔除已知缺陷。原理上很简单，但是在操作时缺陷植入却非常困难和昂贵。

除上述的两种方法外，结合失效机理与失效部位也可有效地用于筛选试验选择。该方法与可能的制造变量或缺陷的模型发展有关。应力要求能激发潜在缺陷，然后进行计算。量化模型能提供一种方法来评价无缺陷产品通过筛选所引入的损伤，这些模型通常采用有限元分析方法。

2. 筛选时间

在应力筛选中，看到的往往是由早期失效（由缺陷导致）和磨损失效（由物理化学过程决定）共同导致的多模分布。失效时间（TTF）分布有许多种不同变化方式。

当产品、设计、供应商或生产线混杂时，失效密度可能会出现多模分布。这种不同失效时间分布的组合形成了多峰分布。对于已知失效分布，筛选应力施加的持续时间，应满足使产品的剩余寿命大于或等于其预期寿命的条件。

少数器件分布于第一个子峰区域，多数器件分布于最大峰的区域，中间被一个低失效率的可用寿命区分开。这可以采用筛选应力，即在工作条件下消耗时间 t_s 来暴露缺陷产品，则剩余产品的可用寿命被缩短了 t_s 的时间。

如果双峰靠得比较近，则筛选会消耗掉大部分的设计寿命。在某些情况下，如果与每个峰都相关的失效机理可被单独激发，且在剔除失效机理导致的早期失效时不会严重减少剩余器件的可用寿命。筛选应选择暴露导致第一组失效，这样剩余的已筛选过的产品的可用寿命才不会被减少。

9.7.4 根本原因分析

筛选结果中出现的失效必须进行失效分析，以确定根本原因。失效分析可帮助排除某些可能的原因。采用模拟和受控试验，建立其缺陷及其影响因素的原因分析。依次追溯主要原因到材料缺陷、设计、制造、参数不稳定、噪声干扰、环境中的污染物等。一旦确定根本原因，大量的新旧材料要进行更替，并进行统计试验和比较其试验结果。

如果几乎全部产品在适当的设计筛选试验中失效，则表明设计不正确。如果大量产品失效，则需要修改制造过程。如果在某一个筛选试验中失效的数量可以忽略，则表明筛选是受控的，任何可观察到的缺陷可能是超出了产品的设计和生产过程控制。在工艺成熟和筛选拒收减少时，是否筛选要考虑其经济性，因为用统计过程控制（首选方法）来代替100%筛选可能是适合的。高的产品可靠性只能通过采用产品鲁棒设计、保持受控的过程能力、从具有资质的供应商中提供认可的元器件和材料来保证。

9.7.5 筛选的经济性

决定什么时候、如何筛选某一产品，很大程度受筛选的经济性影响。在做决定时，必须考虑如下因素：产品现有缺陷的预期水平、现场失效的代价（不筛选的代价）、筛选成本、筛选时引入新的缺陷的潜在成本以及对可用寿命的减少。

在产品寿命周期的早期，应引入失效模式分析方法。在每一个步骤中，要确定可能引入产品中的缺陷，并加以控制和监测。这种方法一般可更经济、更灵敏地探测过程变化。

筛选技术应做评审，包括基于工程判断和类似产品的历史记录。成本效益高的筛选程序能暴露出所有的潜在缺陷，使良品的损伤最小，使筛选过程的产品能满足在役寿命要求。为了节约成本，各筛选所需的时间必须最小化。筛选可采用顺序或同时的方式进行，取决于所关注的潜在缺陷、硬件条件以及制造限制。

对于标准设计和相对成熟工艺的产品，仅当现场失效表明是早期失效时需要筛选，否则只做检查以确保其过程受控。对所有的新产品以及没有采用成熟制造工艺的产品推荐开展筛选。在这种情况下，筛选不仅帮助改进新产品的可靠性，还有助于工艺控制。

9.7.6 统计过程控制

过程的控制是为了避免产品的不合格状况出现，而不是待产品发生不合格后隔离其输出。控制过程比检查其输出结果更可取。

统计过程控制（SPC）是一种分析过程及其输出、不断减少产品和过程偏差的方法。其目的就是阻止缺陷的发生，更经济地提供符合客户要求的产品。

SPC包括了产品关键工序参数的测量、控制图编制、上限和下限的确定。当过程超出控制时会在控制图上显示，在过程超出可接受的值之前，采取措施使其在控制过程极限范围之内。控制参数可以是一个变量也可以是一种属性。相应地，有两种基本类型控制图：变量控制图（x-柱状图，区域图）和属性控制图（p图或c图）。统计过程控制的一般步骤包括通过控制图来确定过程行为，确定过程变量，采取纠正措施以确保过程受控。这种实时反馈可在缺陷发生之前停止过程，在过程中引入除系统偏差之外的缺陷，不是统计过程的范围。

ISO9000是使用最广泛的质量体系，ISO9000是由国际批准化组织建立的一系列标准（ISO9000：2005）。该标准的目的是通过发展一种国际质量和可靠性标准，促进物品和服务在国际上的交流。

另一个广泛使用的统计过程控制方法和质量体系是六西格玛，它是摩托罗拉公司在20世纪80年代中期提出的。在90年代通过通用电气和联合信号公司整合后得到流行。六西格玛的提出是根据一个统计目标：产品的失效率必须比所有过程、设计和产品参数平均得到的6个标准差（表示为西格玛δ）要低，具有六西格玛质量的产品或过程每百万有3.4个缺陷，转换成可靠度为99.99976%。

六西格玛过程包括五个阶段：定义、测量、分析、改进和控制（DMAIC），在六西格玛方法中，必须进行以下操作：

(1) 定义产品、过程的概率或问题。

(2) 测量产品和过程的性能。

(3) 分析概率或问题以确定根本原因。

(4) 通过重新设计过程和最小化可变性提高性能。

(5) 控制过程以确保永久的改变。

9.8 思考题

1. 与元器件条件及构成相关的重要因素有哪些？
2. 质量鉴定的流程是什么？
3. 什么是虚拟鉴定？
4. 有哪些加速鉴定的试验？

第 10 章　集成电路封装的趋势和挑战

微电子器件、封装设计和封装材料在过去几十年中取得了飞速的发展，IC 芯片的尺寸越来越小，但其速度越来越快，封装也越来越更有效率、更可靠及更有性价比。在本章中，将介绍未来微电子器件、封装及塑封料的发展趋势及面临的挑战，塑料封装在极端高温和低温环境中的最新应用趋势，同时还将讨论在 MEMS、生物 MEMS、生物电子器件、纳米电子器件、有机发光二极管（OLED）、光伏及光电子器件领域塑料封装的发展趋势和挑战。

10.1　微小器件结构与封装

微电子芯片技术在过去的半个世纪取得了显著的进步，IC 的复杂度以及每个芯片上晶体管的数量持续增长。图 10-1 所示是英特尔（Intel）公司根据摩尔（Moore）定律而推断的每个芯片上晶体管数量的发展趋势。Moore 定律最初是由 Gordon Moore（Intel 联合创始人之一）在 1965 年提出的，之后在 1975 年进行了修正，其预测芯片复杂度每两年翻一番。英特尔 Intel 新的芯片 Itanium2 双核处理器 10000 系列，其每个芯片上集成了超过 17 亿个晶体管，是 10 年前晶体管数量的 200 多倍。然而这种趋势终会达到极限，半导体的特征尺寸正变得越来越小。由于特征尺寸正在接近原子尺寸，在芯片上集成更多的晶体管变得越来越困难。

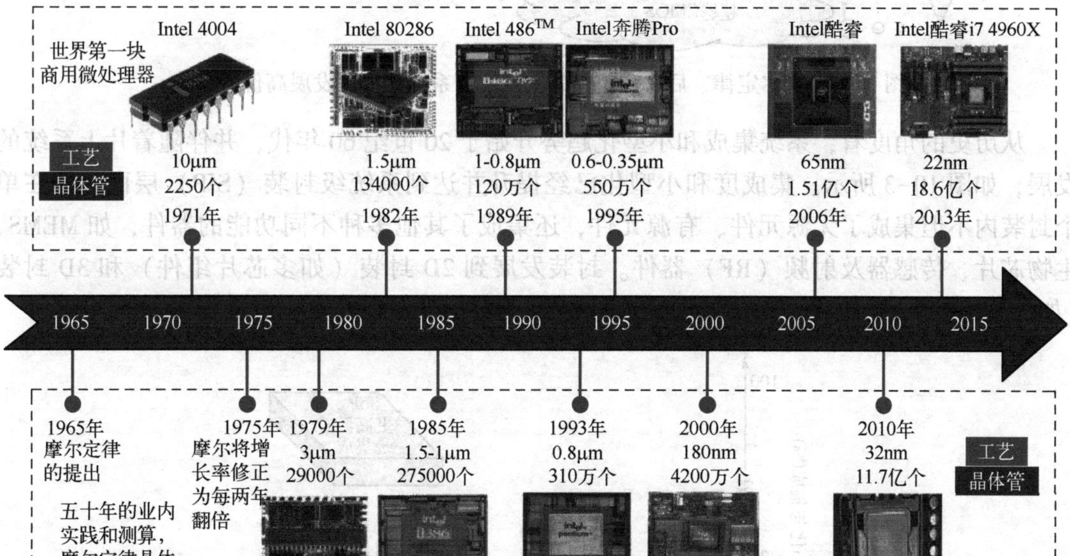

图 10-1　遵循摩尔定律的每个芯片上集成晶体管数量（截至 2015 年）

正因为半导体的复杂度达到了其物理极限，因此研究的焦点转向于封装设计改进、功能多样化和材料创新。对超出摩尔定律之外的关注引来了一个新的技术时代，即众所周知的后摩尔（MtM）时代。

正如图 10-2 描绘的那样，晶体管小型化的趋势会一直持续遵循摩尔定律，其特征尺寸正减小到 22 nm 及 14 nm，7 nm 的也已经存在，并正在超越互补金属氧化物半导体器件结构。与此同时，后摩尔定律的第二个趋势是封装内元器件功能多样化不断提高，封装内可以包含 IC 芯片、传感器、无源元件、微机电系统（MEMS）以及生物芯片等。由于功能多样化，电子产品与人和环境的交互作用也将进一步深化，“智能型环境感知”目标也可以实现。受益于前两个趋势的第三个趋势是系统集成以及封装变革，更小的晶体管以及越来越多样化的器件将促使更有价值的系统出现。

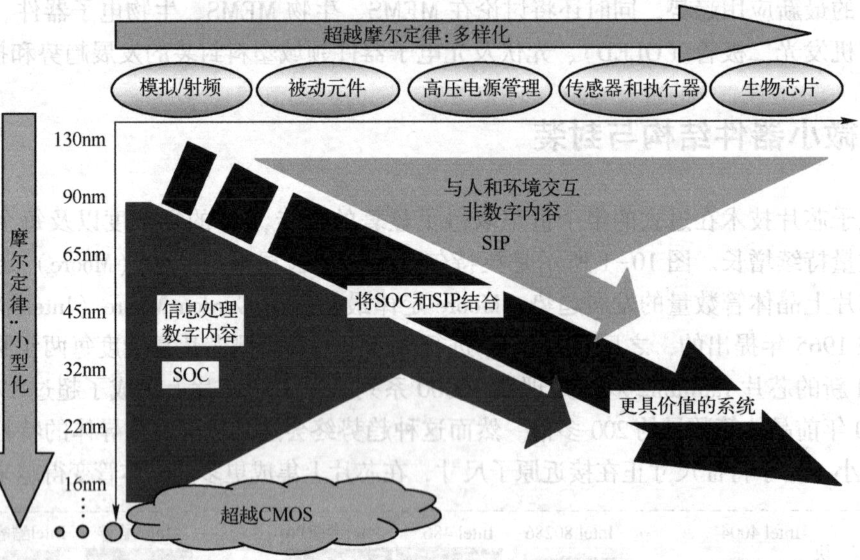

图 10-2　摩尔定律、后摩尔定律的实现结合系统集成以发展高价值系统

从历史的角度看，系统集成和小型化趋势开始于 20 世纪 60 年代，并伴随着片上系统的发展，如图 10-3 所示。集成度和小型化已经提升并达到系统级封装（SIP）层面，即在单个封装内不但集成了无源元件、有源元件，还集成了其他多种不同功能的器件，如 MEMS、生物芯片、传感器及射频（RF）器件。封装发展到 2D 封装（如多芯片组件）和 3D 封装（如芯片叠装），这也将进一步促进 SIP 的发展。

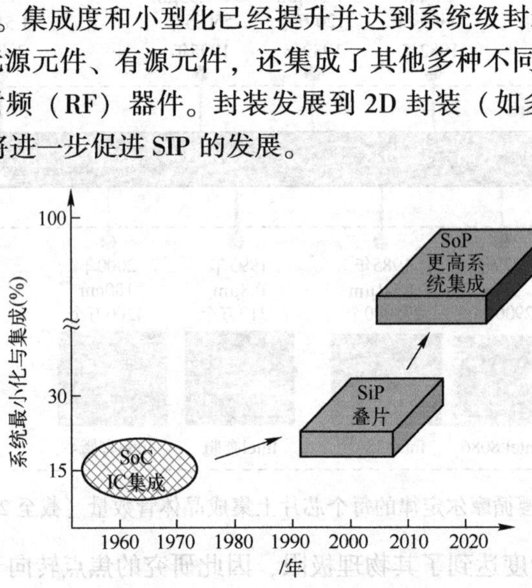

图 10-3　小型化和集成化趋势

系统集成和小型化预计在2020年提升到系统级封装（SOP）级别。由于采用SOP集成技术，传统上包括印制电路板、连接器、插座和制冷器的第二级别封装将消失，其将与IC芯片、无源器件、MEMS、传感器、RF器件和生物芯片一起集成在单个封装内。

表10-1列出了微电子封装技术面临的一些和预知的挑战，表10-2列出了芯片到基板以及基板到板级封装的技术路线图。

表10-1　未来半导体封装面临的挑战

挑　战	项　目
晶圆级芯片尺寸封装	• 多引脚小芯片的I/O间距 • 焊点可靠性和清洗工序 • 晶圆减薄和加工技术 • 大芯片的膨胀系数匹配
嵌入式元器件	• 低成本嵌入式无源器件：R、L、C • 嵌入式有源器件 • 晶圆级嵌入式元器件
薄芯片封装	• 薄芯片的晶圆/芯片加工技术 • 不同载体材料影响 • 建立新的工艺流程 • 可靠性和可测试性 • 不同的有源器件 • 电学和光学接合集成
芯片和基板间的细间距	• 在低成本前提下提升布线能力 • 改善阻抗控制能力 • 提升和降低高温下的平整度和翘曲率 • 降低吸潮 • 提高板芯中通孔密度 • 改善镀层表面以提高可靠性 • 玻璃化转变温度与无铅焊接工艺的兼容
3D封装	• 热管理 • 设计和模拟仿真工具 • 晶圆间的键合 • 晶圆通孔结构和通孔填充工艺 • 晶圆/芯片的硅通孔单一化 • 单个晶圆/芯片测试 • 无凸点的内部互连结构
柔性系统封装	• 保形低成本有机基板 • 小及薄芯片组装 • 低成本运作下的加工处理
多焊盘或高功率密度的小芯片	• 可能超出现有的封装和组装技术能力 • 需要新的焊料 • 更高电流密度能力的凸点下金属化层 • 更高的工作温度
实现电路芯片、无源器件和基板集成的系统级设计能力	• 复杂系统性能、可靠性和成本最优化 • 关于信息类型、信息质量管理以及信息传输结构的复杂标准 • 可在凸点中集成嵌入式无源器件
新型器件类型（有机、纳米、生物）	• 有机器件封装要求人不明确 • 生物界面需要新的界面类型

表 10-2 芯片到基板、基板到板级键合技术路线图

年　份	2009	2010	2012	2014	2016	2018	2020	2022
芯片到基板键合/引线键合								
单列直插/μm	35	35	30	30	25	25	25	25
锲间距/μm	25	20	20	20	20	20	20	20
倒装芯片								
阵列/μm	130	130	110	100	105	105	100	85
载带或薄膜/μm	10	10	10	10	10	10	10	10
TAB/μm	35	35	35	35	35	15	15	15
基板到板级键合（BGA 焊球间距/mm）								
低成本、便携式	0.65	0.65	0.5	0.5	0.5	0.5	0.5	0.5
高性价比	0.65	0.65	0.5	0.5	0.5	0.5	0.5	0.5
高性能	0.8	0.8	0.65	0.5	0.5	0.5	0.5	0.5
苛刻环境	0.65	0.65	0.65	0.5	0.5	0.5	0.5	0.5
CSP 阵列间距/mm	0.2	0.2	0.15	0.1	0.1	0.1	0.1	0.1
QFP 阵列间距/mm	0.3	0.3	0.3	0.3	0.2	0.2	0.2	0.2
PBGA 阵列间距/mm	0.8	0.65	0.65	0.65	0.65	0.65	0.65	0.65

表 10-3 列出了封装材料面临的一些可预知的挑战。其中两个挑战普遍存在，一是减小晶圆片结构上的应力；二是与环境友好型无铅材料及工艺兼容。

表 10-3　封装材料面临的挑战

材料面临的挑战	项目
引线键合	• 能使 25 μm 和 16 μm 节点间距的引线无变形的材料 • 用于 Cu 键合焊盘的可减少金属间化合物的阻挡金属
底部填充料	• 能支持 100 引脚的大芯片 • 能减小芯片上的应力 • 与无铅焊料回流温度兼容
热界面	• 提高热传导 • 提升黏附性 • 提高模量用于薄型应用
材料性能	• 10 GHz 以上频率应用时材料性能的数据库
模塑料	• 用于低外形多芯片封装的模塑料 • 高温无铅应用中的低吸潮 • 用于混合键合及无底部填充料的倒装芯片的模塑料 • 与无卤模塑料中的电荷储存相关的栅漏电 • 金属粒子污染和炭黑在细间距互连中引起的短路和组装成品率问题
无铅焊料倒装芯片材料	• 支持高电流密度的焊料和凸点下金属化层，并避免电迁移
低压力芯片黏结料	• 高结温：>200℃ • 高热导率和高电导率下 CTE 失配所需补偿需求

（续）

材料面临的挑战	项目
刚性有机基板内嵌无源器件	• 低介电损耗 • 低成本下使 CTE 更低及 T_g 更高 • 高可靠及更稳定的电阻器材料 • 应用于传感器和 MEMS 的铁磁体
环境友好型绿色材料 焊接凸点替代材料	• 适应环境法规 • 在成本、可靠性和性能方面必须与传统材料兼容 • 柔性以适应与 CTE 有关的应力 • 超过工作范围的失配
芯片黏结膜	• 对于薄晶圆，建议在芯片划片和粘结过程中使用相同的膜材料 • 材料太厚导致加工不够便利 • 芯片粘结膜内嵌入引线 • 对于已采用激光切割开的芯片，膜可以拉开并与单个芯片对应
硅通孔材料	• 低成本通孔填充料和工艺 • 薄晶圆载体材料以及相关的附属材料

10.2 极高温和极低温电子学

近年来随着电子材料以及设计技术的飞速发展，电子工业正在将电子产品的工作温度推到一个新的边界。在汽车电子及空间应用领域，人们正在考察电子产品的极高工作温度和极低工作温度。汽车电子应用领域的目标是不断提高电子产品的工作温度，而在空间应用领域则需要电子产品在极冷的温度下正常工作。能在极高或者极低的温度下正常工作的电子产品不再需要加热或冷却装置及相关的外壳结构，大大降低了设备制造成本。

10.2.1 高温环境

多年来，汽车所使用的电子产品不断增加，这一趋势源于政府对燃油价格和排放标准日益严格的管制，其他因素如低价格和高性能半导体器件的使用也推动着这种增长趋势。表 10-4 列出了汽车上所使用的电子系统。

表 10-4 汽车电子系统

种 类	系 统
发动机、传动系	电子燃油喷射（EFI）、发动机控制单元（ECU）、传动控制单元（TCU）、爆燃控制系统（KCS）、巡航控制和制冷扇
底盘、安全	主动四轮转向、主动控制悬架、防抱死制动系统（ABS）、牵引力控制系统（TRC）、车辆稳定控制系统（VSC）、安全气囊
舒适、便利	预设方向盘位置、环境控制、电动座椅、电动车窗、门锁控制、后视镜控制
车载影音	收音机（AM、FM、卫星）、CD 播放器、TV 和 DVD 播放器、移动电话、导航系统、仪表板
信号通信、线束	通信总线、起动器、交流发动机、蓄电池、故障诊断仪

由于汽车电子产品的使用位置不同，其经历的温度也存在很大的差异。伴随着半导体及封装技术的进步，汽车电子行业最终志在将发动机电子控制单元置于发动机上，并与此类似地将传动控制单元置于传动装置上或传动装置中，这样一来就意味着汽车控制单元将暴露于

125℃或者更高的温度下，因而根据汽车电子行业的定义，汽车电子控制单元将被归类为高温电子产品。

表 10-5 所示是 2007 年 ITRS 发布的关于半导体器件及复杂 IC 的最高结温和工作环境温度极限。该表表示工作温度的局限随时间不会再有变化（现在的科技水平无法改变，这是集成电路的基础物质性质决定的）。从 21 世纪 10 年代到 20 年代，应用于严酷环境中的器件最高结温要在 220℃，而允许的最高工作环境温度可比最高结温低 20℃。

表 10-5　严酷环境中的最高结温和工作环境温度极限路线图

项　　目	年			
	2009	2010	2016	2022
最高结温/℃				
严酷环境	200	220	220	220
严酷环境复杂 IC	175	175	175	175
工作环境温度极限/℃				
严酷环境	-40～175	-40～200	-40～200	-40～200
严酷环境复杂 IC	-40～150	-40～150	-40～150	-40～150

半导体技术必须要满足在严酷环境中高温下工作的要求。通常情况下器件的额定工作温度为 125℃（大多用于军事和汽车电子），额定温度在 150℃的 IC 很少。为了能在更高的温度下工作，零功耗是一种不错的方案。一些特殊的晶体管的工作温度也可以达到更高，比如功率绝缘栅双极性晶体管和金属氧化物半导体场效应晶体管能工作在 200℃。由于大多数通用的塑料长期暴露在高温下会产生退化，制约了塑封电子产品在高温下的应用，这时陶瓷封装的电子产品和金属封装的电子产品的优势就体现了出来。

目前用于汽车电子领域的高级别封装，包括模制塑料壳、硅胶以及盖子，必须经过重新检测以确定是否能应用于高温。能工作在 260℃的硅胶是可用的；然而壳材料的选取可能会成为限制因素。塑封料必须满足高温工作时对 T_g 的要求。在积层式表面贴装技术（SMT）和倒装芯片封装中，铸铝材料可以使用。由于气密封装的成本较高，因而在严酷的汽车电子应用环境中，适用于高温的塑封材料是用作电子外壳材料的首选。

10.2.2　低温环境

另一个趋势是推动电子器件能在极低的温度下工作，比如在太空应用领域。表 10-6 所示是未加热航天器典型的工作温度。发射用于探索太阳系内的行星的星际探测器可能会遇到极低的温度，如在土星附近的温度是-183℃，在海王星附近为-222℃。

表 10-6　未加热航天器典型工作温度

行　　星	航天器温度/℃
水星	175
金星	55
地球	6
火星	-47

（续）

行　星	航天器温度/℃
木星	-151
土星	-183
天王星	-209
海王星	-222

当前，在太空工作的电子部件的使用板上用放射性同位素加热装置（RHU）进行加热，能够使温度维持在20℃左右。然而使用RHU会带来很多问题，包括需要主动热控制系统、改进外壳结构以及由此带来的额外成本。在航天器上采用低温电子器件就可以解决这些问题。能工作在极低温度下的器件不仅仅可以应用于太空领域，而且还可以应用于地面环境，如磁悬浮运输系统、医疗诊断系统、制冷系统和超导磁性储能系统。

事实上半导体器件的一些性能在较低温度下会有所提高，如漏电流减小、闩锁效应降低以及速度更快。

除了传统的硅基半导体器件，人们也对其他的半导体器件如硅锗器件进行评估，以考察其能否作为低温电子器件使用。在低温时，SiGe器件的增益很高，而相比之下Si双极性晶体管的增益则会降低。

10.3　新兴技术

一些新兴技术如MEMS、生物芯片、生物MEMS、纳米技术、纳米电子学、OLED、光伏技术和光电子学，已对塑料封装及密封技术产生影响，每种技术及器件的特殊需求都促进了塑封技术和材料的变革。对于某些技术而言，比如对于通常采用气密性封装的MEMS器件，塑料封装是一种相对新颖的工艺。总体而言，对低成本的追求已驱动着多种新兴和成熟技术朝着塑料封装的方向发展。聚合物具有生物相容性，因此在应用于生物MEMS和生物电子封装方面具有额外的优势。

10.3.1　微机电系统

MEMS是一类将微小尺寸的机械及电子零部件集成于一个环境中以进行感知、处理或执行的器件。光电零部件也能集成到MEMS中，称之为微光电机械系统。MEMS器件通常可采用与硅IC工业制造技术相同的技术进行制造。MEMS器件可应用于汽车、航空航天、生物医学、电信及军事领域。MEMS传感器可以感应和测量流量、压力、加速度、温度和血液等，相比于传统大型测量设备有很大的成本优势。

虽然MEMS器件在过去几十年中就已经在使用，但针对MEMS器件的封装技术，尤其是塑料封装技术，仍旧是非常活跃的研究和发展领域。由于MEMS器件内部的很多部件都对潮气敏感，因此MEMS器件通常采用气密性封装。气密性封装如陶瓷封装的成本相对较高，而近来由于在塑封工艺及材料方面的革新，结合在更高潮气抵抗性的MEMS元器件研究方面取得的创新性成果，已使得将较低成本的塑料封装代替传统的陶瓷封装应用于MEMS器件成为可能。

图 10-4 所示是一种来自于 Sandia 的 MEMS 塑料封装工艺实例。首先，将 MEMS 器件封装于一个塑料小外形集成电路（SOIC）封装中，然后刻蚀掉或开封去除掉功能性 MEMS 表面上方的塑料部分。刻蚀液可以是发烟硝酸或是发烟硫酸，也可以是两者的混合物。外部垫圈用于限制酸的喷溅。

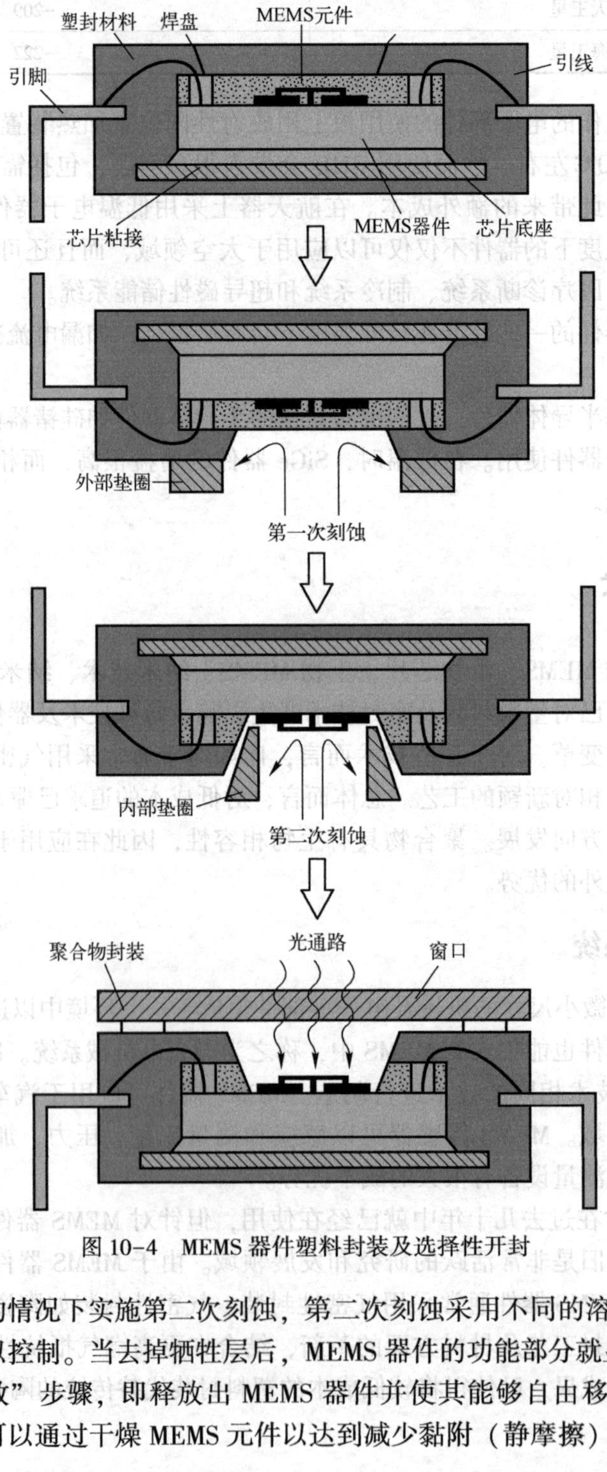

图 10-4　MEMS 器件塑料封装及选择性开封

在牺牲层暴露的情况下实施第二次刻蚀，第二次刻蚀采用不同的溶液如盐酸或氢氟酸，并利用内部垫圈加以控制。当去掉牺牲层后，MEMS 器件的功能部分就显露出来。因此第二次刻蚀也叫作“释放”步骤，即释放出 MEMS 器件并使其能够自由移动、旋转和倾斜等。经过湿法刻蚀后，可以通过干燥 MEMS 元件以达到减少黏附（静摩擦）的目的。除此之外，也可以利用干法刻蚀如等离子体刻蚀工艺释放 MEMS 元件，合理地选择涂层并应用在机械元件上可以提高性能和增加寿命。最后利用聚合物将窗盖粘结到塑料封装上，以提供 MEMS 器件所需的光通路。最终的封装就是带有腔体和窗盖的塑封 SOIC。

图 10-5 所示为一种来自于工业技术研究的 MEMS 器件选择性塑封工艺。首先将一层光刻胶作为牺牲层涂在 MEMS 器件的敏感表面，然后一起用塑封材料进行封装，之后去除掉牺牲层并将器件的敏感区域显露出来。这种选择性封装工艺可以应用于很多类型的 MEMS 器件。图 10-6a 为 MEMS 悬架传感器芯片的选择性封装工艺实例，芯片背面构造有一个空腔。图 10-6b 所示为一个 MEMS 器件在一个 IC 芯片上叠层的选择性塑封工艺。

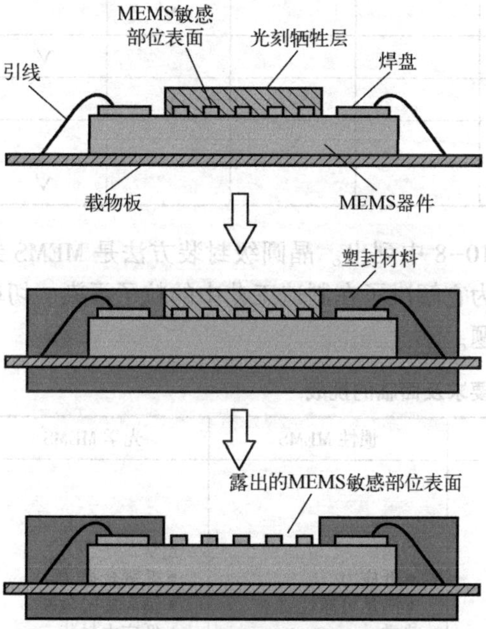

图 10-5　采用牺牲层的 MEMS 器件选择性塑料封装

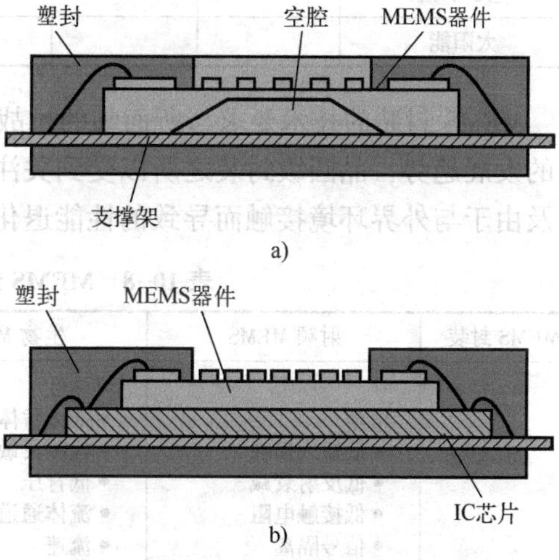

图 10-6　来自工业技术研究院的塑料 MEMS 器件的 3D 封装

采用气密性陶瓷封装的 MEMS 惯性器件历来是可靠的，但同时陶瓷封装的价格也相对昂贵。为了降低成本，对于惯性传感器，MEMS 制造商已在考虑采用塑料封装。惯性传感器包括加速度计和陀螺仪，可采用传递模塑或预模制封装技术进行封装。由于塑料封装是非气密性的，可能需要额外的处理以确保潮气不会影响传感器芯片。

电子封装可保护 IC 免受外部环境的影响，而仅允许电信号能穿透封装。但对于 MEMS 器件来说，为了感知及执行，则要求其能与更加敏感的信号如流体信号相互作用，如果没有对器件进行适当的保护，这类信号有可能对器件造成污染，并导致可能性降低。MEMS 封装面临的一般挑战包括防潮、低成本封装、电学互连、粒子控制、黏附（静摩擦）控制、维护和切单。

有一些塑封方式适用于 MEMS 器件。表 10-7 列出了 Amkor 公司提供的适合于特殊类型 MEMS 器件的多种封装选择。例如，加速度计可以采用预模制封装技术进行封装，或是采用模制微引线框架（MLF）封装技术进行封装。MLF 封装与带铜引线框架基板的塑封 CSP 类似，MLF 没有引脚，它通过封装底部表面的焊盘与印制电路板进行电连接。

表 10-7　Amkor 科技公司的 MEMS 封装选择

MEMS 类型	封装类型						
	陶瓷	MLF-C	BGA/LGA	SOIC	模制 MLF	SiP	模块
压力传感器			√	√			
加速度计		√			√		
陀螺仪	√	√		√			
放映机	√		√				√
微显示器	√						√
Si 麦克风		√				√	
油墨喷射打印头							√
射频 MEMS						√	
电子罗盘			√		√		
太阳能							√

MEMS 封装的技术要求与所面临的挑战在表 10-8 中列出。晶圆级封装方法是 MEMS 封装的发展趋势，晶圆级封装之所以受到关注是因为它解决了在制造工艺中的粒子污染、切单以及由于与外界环境接触而导致的性能退化等问题。

表 10-8　MEMS 封装的要求及面临的挑战

MEMS 封装	射频 MEMS	生物 MEMS	惯性 MEMS	光学 MEMS
要求	电学 • 低插入损耗 • 低反射衰减 • 低接触电阻 • 信号隔离 • 封装共振 • 低寄生效应 结构 • 低应力 • 小形状系数 封装 • 晶圆级封装 • 小形状系数 • 气密性 • 低损耗材料 • 重量轻	流体性 • 低无益体积 • 检测灵敏度 • 低背压 • 流体通道尺寸 • 流速 • 加热/冷却速度 电学 • 与电子电路的接口 热学 • 快速加热及冷却 光学 • 低光损耗 结构 • 流动结合处的低应力 封装 • 模块化封装 • 任意性	结构 • 低应力 • 满足可靠性要求 热学 • 温度稳定性 电学 • 灵敏性 • 转换时间 • 频率 • Q 因子 封装 • 塑料封装 • 晶圆级封装	光学 • 低耦合损耗 • 镜面旋转角度 • 低应力封装 • 紫外环氧低收缩 • 低翘曲 热学 • 热稳定 电学 • 转换速度和时间 封装 • 陶瓷封装 • 金属封装
挑战	• 电学和结构参数的最优化 • 低成本材料以减小插入损耗 • 形状系数减小 • 无源器件集成	• 流体性、电学、热学、光学和结构联合设计 • 无益体积的减少 • 通道尺寸的减小 • 零背压 • 消除气泡 • 材料的生物相容性	• 结构设计 • 封装可靠性 • 气密性 • 低成本 • 小形状系数 • 集成到其他系统中	• 满足低耦合损耗/可靠性的光学及结构设计 • 低成本 • 集成到其他系统中
潜在方向	• 封装中 RF 系统 • 生物-RF 集成	• 3D 微流控封装 • 封装内的生物系统 • 塑料基流体系统	• MEMS 系统封装应用于多个领域：移动电话、生物、信息技术	• 晶圆级封装

10.3.2 生物电子器件、生物传感器和生物 MEMS

生物电子器件、生物传感器和生物 MEMS 都属于专为医学和生物应用面设计的电子器件，它们可进一步分为两组，一组工作于生物环境中，另一组集成了生物材料以作为器件的功能模块。

对于生物器件来说，一个重要的要求是生物相容性。与生物物质接触的材料要能与此物质相容，以防止对它产生不可预期的影响。举例说明，植入人体中的生物器件如果没有采用生物相容性材料进行封装，就会对患者产生有害影响。非生物相容性材料的使用也会干扰生物传感器中的生物物质，并对传感器的性能产生有害影响。图 10-7a 和 10-7b 分别显示了用于植入大脑的微小“神经探测器”的电极和放大器组件在硅树脂封装前和封装后的形貌。图 10-8 所示为用墨色环氧灌封料外壳封装的光电生物芯片。

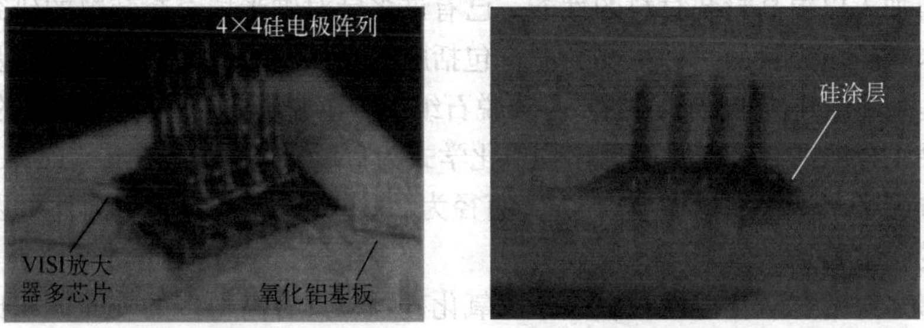

a) b)

图 10-7 用于植入人脑的微小“神经探测器”的电机和放大器组件

a）硅树脂封装前 b）硅树脂封装后

图 10-8 墨色环氧灌封料外壳封装的光电生物芯片

对于包含生物元件的生物 MEMS，不仅要求材料具有生物相容性，而且这种器件的组装和封装也必须采用生物相容性技术。传统的封装工艺和条件，例如热压引线缝合、热超生引线缝合或者其他热键合工艺在键合过程中所产生的高温，会使生物传感器芯片上的生物亲和层发生改性。因此，对于生物传感器和生物 MEMS，有必要采用新的或替代性的封装组装方法和材料。

10.3.3 纳米技术和纳米电子器件

纳米技术是可能改变现代世界面貌的新兴技术之一。未来学家和幻想家如 Eric Dexler 和 Ray Kurzweil 已经预测，电子器件将通过分子连接分子的方式或自下而上的方式进行制造。纳米技术的焦点更多在于关注纳米尺度对电子器件特性的改良。

与纳米技术相关的一项发现是碳纳米管（CNT）。CNT 具有应用于电子器件结构和封装领域的潜力，其高效的热传导性能使之能应用于 IC 芯片的冷却，将 CNT 添加到焊料中能提升材料的拉伸强度。CNT 也被认为可提高电接触性能，特别是在生长后打开 CNT 末端，使其能被焊料更好地润湿。

纳米技术与电子器件塑封技术相关的一项重要应用是纳米尺寸填充料的使用，纳米颗粒可作为填充料加入以提高封装材料的性能。已有许多针对纳米填充封装料的研究在开展，已开发出的纳米颗粒填充料的三种主要类型，包括膨润土、纳米二氧化硅颗粒以及沸石。

膨润土是一种铝硅酸盐黏土，主要由蒙脱石组成。蒙脱石（以发现地法国的 Montmorillon 命名）是一种水合钠钙铝镁硅酸盐羟化物，化学式为$(Na,Ca)_{0.333}(Al,Mg)_2(Si_4O_{10})(OH)_2 \cdot nH_2O$。分离的膨润土圆片厚度约为 1 nm，直径为 200~300 nm，膨润土圆片可以延长潮气在封装材料中的扩散路径。

相比于微米级的二氧化硅颗粒，纳米二氧化硅颗粒具有高得多的表面体积比。假设颗粒的表面会影响封装材料的扩散特性，那么相对于微米颗粒，只需少量的纳米二氧化硅颗粒就可以对封装料扩散特性产生相同程度的影响。

沸石是另外一种可作为填充料的纳米颗粒，它是一种水合铝硅酸盐矿物。沸石具有微孔结构。由于其有规律的孔结构，沸石可以捕获水分子而又不影响聚合物链，故可阻碍潮气的扩散。

封装材料的 T_g 是未来电子封装领域主要的发展瓶颈之一。源于无铅高温组装和对高温电子产品不断增加的需求，需要更高 T_g 的封装材料。针对纳米填充料对封装材料 T_g 的影响方面的研究工作已经在开展。

通用电气公司的研究人员已经开发出一种含有有机功能化胶状二氧化硅纳米颗粒的复合封装材料，此材料具有非常高的 T_g，这种复合材料中的纳米颗粒尺寸在 2~20 nm 范围内。

佐治亚理工学院的另一项研究发现，纳米颗粒的添加也会导致封装材料的 T_g 降低，其中纳米二氧化硅填充料的尺寸为 100 nm，且其中一组纳米填充料采用硅烷偶联剂进行表面处理。无论纳米二氧化硅填充料是否经过表面处理，两组添加了填充料的封装材料的 T_g 降低了约 40℃。纳米填充料的尺寸、表面处理材料和加工工艺等因素都会严重影响封装材料 T_g 的变化方向和程度。

嵌入了纳米二氧化硅颗粒的底部填充材料具有很多优势，如抗沉降、通过减少光散射而提高了 UV 光固化特性以及较高的热导率。此外，将纳米颗粒添加到非流动底部填充（NFU）材料中可以降低材料的 CTE 以及提高材料的 T_g。通常情况下，NFU 材料中没有填充料，因为填充料会影响焊点的形成。由于没有填充料，NFU 材料通常具有较高的 CTE 和较低的 T_g。

由通用电气公司开发的新型纳米二氧化硅填充 NFU 材料具有较低的线膨胀系数、改进的溶剂特性、透明性以及形成高品质焊点非常必要的固化动力学特性。所用的纳米颗粒的尺寸为5~10nm，但20nm的颗粒可以使材料特性得到最优的平衡。这类纳米底部填充材料也已经被认为可用作晶圆级底部填充料（WLU）。WLU的优点是成本低、处理时间短以及产量高。纳米填充的WLU材料可以应用于整个晶圆，之后再暴露焊球，切割晶圆，最后组装成单一芯片。

纳米材料尤其是纳米黏土如蒙脱石矿物质的一个缺点是混合于液体中时容易团聚。当需要浸润纳米颗粒粉末时，常常需要有效的分散和解聚。各种方法和设备可用于解聚，包括超声波、转子定子混合器、活塞均质器以及齿轮泵，其中超声波被认为更有效。

10.3.4 有机发光二极管、光伏和光电子器件

用于显示器和照明产品的OLED市场份额已接近十亿欧元，而在未来十年里仍会以数十亿的速度增长。OLED器件所用的聚合物材料对潮气和氧气非常敏感，即使最轻微的接触也会造成光学性能的退化，因此OLED封装必须为器件提供足够的保护以隔绝潮气和氧气。传统的玻璃基板OLED器件封装是采用玻璃盖（金属盖）并通过UV固化环氧树脂将器件密封起来，并且在封装内通常会放置干燥膜以保证器件干燥的内部环境。

随着OLED器件的发展，例如柔性OLED器件的出现，使得封装也必须变革，以满足新器件及应用的要求。柔性OLED可用于卷制式显示器以及嵌入织物或衣服内的显示器。用于标准玻璃基OLED的传统刚性封装不再适用于柔性OLED。塑封材料较柔软，但它们会被潮气和氧气渗透。

在塑封材料的外表面涂上薄的多层阻隔涂层，既可以防止潮气和氧气的渗透，同时也可以实现柔性封装。采用塑料或金属基板替代传统的玻璃基板，可以实现器件的柔性，使器件可以弯曲以适应任何表面。

应用于聚合物封装料的阻隔涂层在过去已被广泛研究，并已用于食品和药品包装。然而，应用于OLED的阻隔涂层在抗潮气和氧气性能方面必须要高出几个数量级，因此有时也称其为“超级”屏障。

用于OLED封装的多层阻隔涂层一般由有机和无机介质层组合而成。多层组合可以延迟渗透时间，相比单一无机介质层可减少超过3个数量的潮气和氧气渗透率。通常采用在有机介质层（如聚醚砜）上沉积氧化铝以形成多层阻隔涂层中的无机介质层，沉积方式采用等离子体增强化学气相沉积、溅射或原子层沉积。

在塑料基板上制作氧化物阻隔薄膜时会遇到的一个问题是会出现针孔、裂纹和晶界等缺陷，这些缺陷及孔隙会让氧气和水分子穿透阻隔涂层。在塑料上涂布多层涂层（由有机介质层和无机介质层交替而组成）可以减少这些缺陷的影响。多层涂层可以将相邻层中的缺陷错开，并可延长水及氧分子的渗透路径，使其更难穿透塑料。

新加坡材料开发与工程研究院（IMRE）已研制出一种阻隔涂层，其在抗潮气方面比传统涂层有效1000倍。IMRE的这种纳米工程化涂层中含有纳米颗粒，纳米颗粒足够小，可以堵塞涂层中的针孔并因此而阻隔潮气渗透，结果使得水在该涂层中的传输速度为10^{-6} g/(m^2·天)，是传统多层阻隔层中的水传输速度的1/1000，因此所需层数可减少到只有两层，分别为阻隔氧化物层和纳米颗粒密封层。阻隔涂层中的纳米颗粒不仅能封闭涂层中的缺陷，也能与潮气和氧分子发生反应，并因而减慢它们的渗透。

通用电气 LED 阵列塑料封装的封装材料可以是环氧、环氧填充玻璃或是硅树脂。封装材料中也可能包含荧光粉颗粒以转换原始光的波长，如从蓝光转换到白光。为提高发光效率，有时会将 LED 构造成倒金字塔形，因此可能需要考虑采用特定的封装和组装方式。

光伏太阳能电池是另一种光电器件。由于使用可再生能源的全球倡议，近年来光伏太阳能电池得到了极大的关注。事实上，除了风能外，太阳能光伏产业是世界上发展最快的可再生能源产业。尽管在过去几十年中已经在对光伏太阳能电池进行研究和开发，但直到最近才在转换效率和寿命方面取得突破。已有报道称太阳能电池组件的光电转换效率已达到 30% 或更高，保障寿命已达到 20~30 年或更长。

与 OLED 相似，太阳能电池对潮气和氧气也非常敏感。太阳能电池封装仅允许非常低的水汽和氧气传输速度，而这对于商业级塑封料来说很难达到，因此塑封的传统刚性太阳能电池则采用顶层及底层玻璃来提供保护以免受环境的影响。

太阳能电池组件常用的封装材料是乙烯–乙烯基醋酸盐（EVA）。其他可考虑用于太阳能电池封装的替代材料包括浇注丙烯酸树脂、热塑性聚氨酯、聚乙烯醇缩丁醛以及非结晶或低结晶 α 烯基共聚物。

太阳能电池常用的 EVA 共聚物封装料是柔性的和透明的，但其耐热性不够。在 EVA 中添加有机过氧化物可以提高耐热性。太阳能电池封装可采用两步工艺，首先准备一片由 EVA 和有机过氧化物构成的封装薄片，然后将太阳能电池密封进薄片中。使用替代的封装料如非结晶或低结晶 α 烯基共聚物，可有效地减少太阳能电池组件的封装工艺时间和制造成本。

柔性太阳能电池与柔性 OLED 类似，必须使用非刚性材料进行封装，这样可省去传统使用的玻璃层，代之而采用与柔性 OLED 封装所用相类似的薄阻隔涂层。阻隔涂层可通过基于聚丙烯酸酯/Al_2O_3的替代型涂层进行构造。阻隔涂层的发展，例如纳米工程化的 IMER 双层涂料，也同样适用于柔性太阳能电池组件，并可使太阳能电池的防潮性能得到显著的提高。

10.4 思考题

1. 怎样理解摩尔定律和后摩尔定律？
2. 封装材料面临的挑战有哪些？
3. 极高温和极低温对微电子封装技术带来了哪些挑战？
4. 新兴的微电子技术有哪些？
5. 什么是微机电系统？
6. 什么是生物电子器件？它们是怎样形成的？
7. 什么是纳米技术？它会对微器件带来哪些前景？
8. 简述什么是 OLED。

附　　录

附录 A　封装设备简介

封装通常分为前端操作和后端操作。以 TSOP 为例，实际工艺流程为：贴膜→晶圆背面研磨→烘烤→上片→去膜→切割→切割后检查→芯片粘装→引线键合→键合后检查→塑料封装→塑封后固化→打码→切筋→电镀→电镀后检查→电镀后烘烤→成型→终测→引脚检查→包装出货。相关设备及主要参数见表 A-1。

表 A-1　封装设备及主要参数

流　程	目　的	参 考 设 备	主 要 参 数
贴膜	在晶圆背部研磨过程中，对晶圆表面进行保护	贴膜机 	• 贴膜压力 • 贴膜速度 • 贴膜温度
晶圆背面研磨	根据封装尺寸要求，减薄晶圆衬底厚度到芯片规定尺寸	研磨机 	• 主轴转速 • 吸盘转速 • 进给速度 • 晶圆初始厚度 • 晶圆目标厚度 • 粗磨量 • 精磨量
烘烤	增加芯片和切割胶膜之间的黏性	烘箱 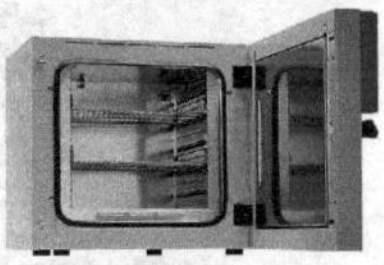	• 恒温烘烤温度 • 烘烤时间
上片	便于芯片切割	上片机 	• 上片压力 • 上片速度 • 上片温度

（续）

流　　程	目　　的	参考设备	主要参数
去膜	去掉晶圆表面的保护膜	去膜机 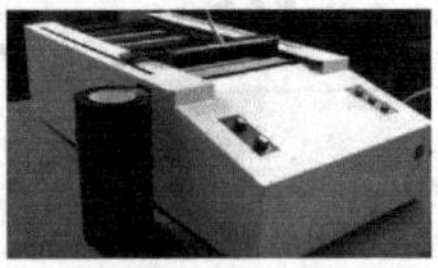	• 去膜压力 • 去膜速度 • 去膜温度
切割	切割晶圆，将芯片分开	切割机 	• 晶圆厚度 • 芯片尺寸 • 胶带型号 • 刀片型号 • 刀片转速 • 切割高度 • 切割速度 • 测高频率
切割后检查	检查芯片情况	高倍显微镜 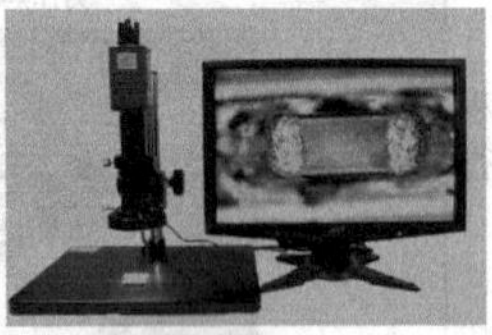	• 晶圆上片的方向是否和键合图一致 • 芯片名称 • 芯片 ID • 发现废品
芯片粘装	将切割后的芯片(Die)粘贴在框架或者基板上	贴片机 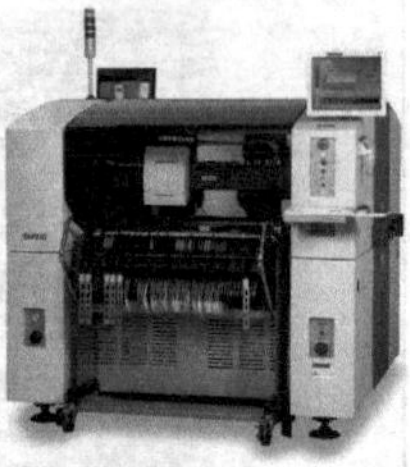	• 取片力 • 取片时间 • 粘贴力 • 贴装时间 • 粘接温度 • 点胶压力 • 顶针速度 • 顶针高度
引线键合	将金线键合在 Die 和框架或者基板上	引线键合机 	• 超声波功率 • 焊接压力 • 焊接时间 • 焊接温度
键合后检查	检查键合情况	高倍显微镜 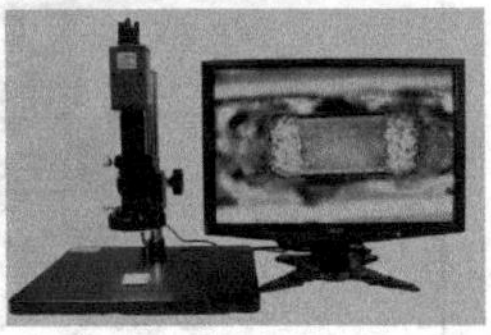	• 实际连线是否和键合图一致 • 芯片名称 • 芯片 ID • 发现废品

（续）

流　程	目　的	参考设备	主要参数
塑料封装	将完成键合的框架或者基板用环氧树脂封装起来	注塑机 	• 预热温度 • 注入压力和时间
塑封后固化	使塑料固化更彻底，并与芯片和框架结合更紧密	烘箱 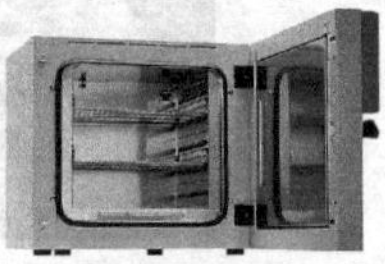	• 烘烤温度 • 烘烤时间
打码	标示信息	激光打码机 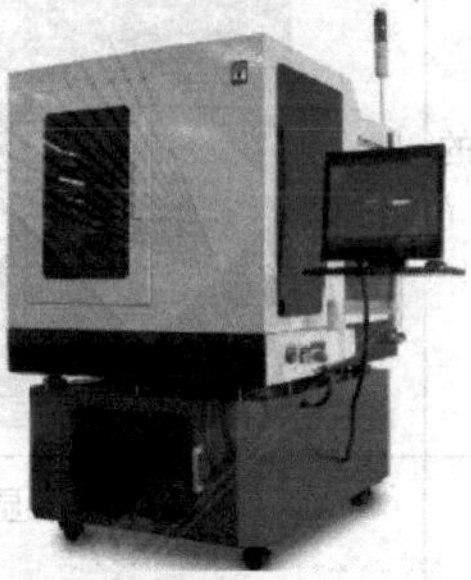	• 品名 • 类型 • 属性
切筋	切除引脚与引脚之间的连筋	切筋机 	• 切筋压力 • 切筋速度
电镀	在引脚表面沉积一层金属	电镀槽 	• 溶液浓度 • 温度 • 电流 • 电压
电镀后检查	检查电镀情况	高倍显微镜 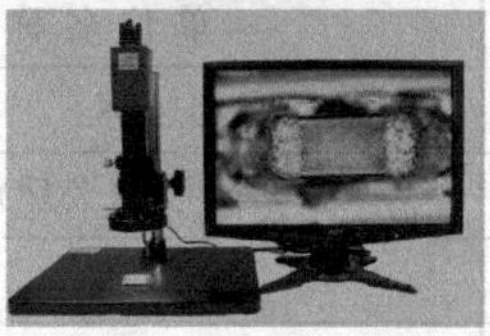	• 引脚外观 • 镀层厚度 • 合金含量

（续）

流　程	目　的	参考设备	主要参数
电镀后烘烤	消除引线框架的应力，降低锡须的生长	烘箱 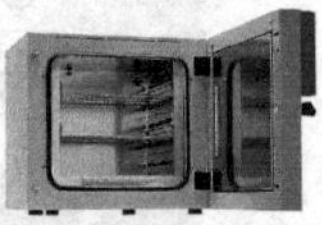	• 烘烤温度 • 烘烤时间
成型	将引脚做成标准或客户需要的形状	成型装置 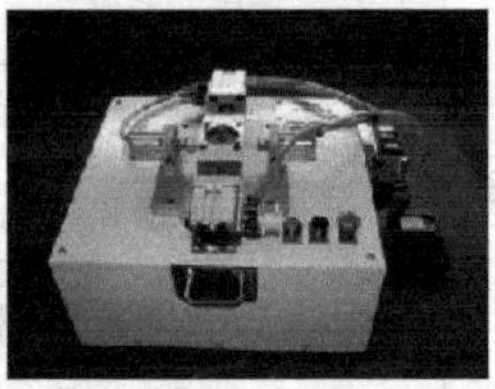	• 成型时间
终测	检查芯片内部电路的情况	终测装置 	• 电学参数
引脚检查	保证产品的引脚、封装体和打码正确	高倍显微镜 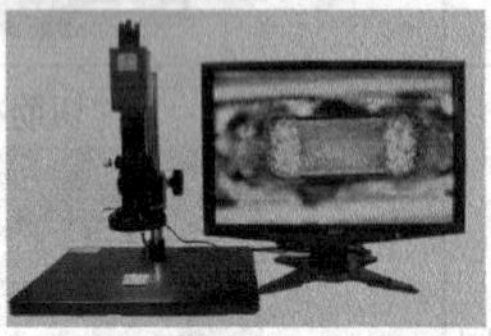	• 引脚 • 打码
包装出货	包装好，发送给客户	物流 	• 物流时间

附录 B　度量衡

表 B-1　国际单位制的基本单位

量的名称	单位名称	单位符号
长度	米	m
质量	千克（公斤）	kg
时间	秒	s
电流	安［培］	A

（续）

量 的 名 称	单 位 名 称	单 位 符 号
热力学温度	开［尔文］	K
物质的量	摩［尔］	mol
发光强度	坎［德拉］	cd

注：1. ［ ］内的字，在不致引起混淆的情况下，可以省略，下同。
2. （）内的字为前者的同义语，下同。
3. 人们生活和贸易中，质量习惯称为重量。
4. 公里为千米的俗称，符号为 km。

表 B−2 国际单位制的辅助单位

量 的 名 称	单 位 名 称	单 位 符 号
平面角	弧度	rad
立体角	球面度	sr

表 B−3 国际单位制中具有专门名称的导出单位

量 的 名 称	单 位 名 称	单 位 符 号	其他表示示例
频率	赫［兹］	Hz	s^{-1}
力；重力	牛［顿］	N	$kg \cdot m/s^2$
压力，压强；应力	帕［斯卡］	Pa	N/m^2
能［量］；功；热	焦［耳］	J	$N \cdot m$
功率；辐射通量	瓦［特］	W	J/s
电荷［量］	库［仑］	C	$A \cdot s$
电位；电压；电动势	伏［特］	V	W/A
电容	法［拉］	F	C/V
电阻	欧［姆］	Ω	V/A
电导	西［门子］	S	Ω^{-1}
磁通［量］	韦［伯］	Wb	$V \cdot s$
磁通［量］密度，磁感应强度	特［斯拉］	T	Wb/m^2
电感	亨［利］	H	Wb/A
摄氏温度	摄氏度	℃	
光通量	流［明］	lm	$cd \cdot sr$
［光］照度	勒［克斯］	lx	lm/m^2
［放射性］活度	贝可［勒尔］	Bq	s^{-1}
吸收剂量	戈［瑞］	Gy	J/kg
剂量当量	希［沃特］	Sv	J/kg

表 B−4 国家选定的非国际单位制单位

量 的 名 称	单 位 名 称	单 位 符 号	换算关系和说明
时间	分 ［小］时 天（日）	min h d	1 min = 60 s 1 h = 60 min = 3 600 s 1 d = 24 h = 86 400 s

（续）

量的名称	单位名称	单位符号	换算关系和说明
［平面］角	［角］秒 ［角］分 度	″ ′ °	$1'' = (\pi/648\,000)$ rad （π 为圆周率） $1' = 60'' = (\pi/10\,800)$ rad $1^\circ = 60' = (\pi/180)$ rad
旋转速度	转每分	r/min	$1\ \mathrm{r/min} = (1/60)\ \mathrm{s}^{-1}$
长度	海里	n mile	1 n mile = 1 852 m （只用于航行）
速度	节	kn	1 kn = 1 n mile/h = (1 852/3 600) m/s （只用于航行）
质量	吨 原子质量单位	t u	$1\ \mathrm{t} = 10^3\ \mathrm{kg}$ $1\ \mathrm{u} \approx 1.660\,540 \times 10^{-27}\ \mathrm{kg}$
体积	升	L(l)	$1\ \mathrm{L} = 1\ \mathrm{dm}^3 = 10^{-3}\ \mathrm{m}^3$
能	电子伏	eV	$1\ \mathrm{eV} \approx 1.602\,177 \times 10^{-19}\ \mathrm{J}$
级差	分贝	dB	
线密度	特［克斯］	tex	$1\ \mathrm{tex} = 10^{-6}\ \mathrm{kg/m}$

1. 角度单位度、分、秒的符号不处于数字后时，采用括弧形式，即采用(°)(′)(″)的形式。
2. 升的符号中，小写字母 l 为备用符号。
3. r 为“转”的符号。

表 B-5　用于构成十进倍数和分数单位的词头

所表示的因数	词头名称	词头符号
10^{18}	艾［可萨］	E
10^{15}	拍［它］	P
10^{12}	太［拉］	T
10^{9}	吉［咖］	G
10^{6}	兆	M
10^{3}	千	k
10^{2}	百	h
10^{1}	十	da
10^{-1}	分	d
10^{-2}	厘	c
10^{-3}	毫	m
10^{-6}	微	μ
10^{-9}	纳［诺］	n
10^{-12}	皮［可］	p
10^{-15}	飞［母托］	f
10^{-18}	阿［托］	a

注：10^4 称为万，10^8 称为亿，10^{12} 称为万亿，这类数词的使用不受词头名称的影响，但不应与词头混淆。

附录 C 英文简称索引

序号	英文缩写	英 文 全 称	中 文 全 称
1	ACF	Anisotropic Conductive Film	各向异性导电薄膜
2	AFM	Atomic Force Microscope	原子力显微镜
3	AOI	Automated Optical Inspection	自动检测系统
4	APE	Atmosphere Plasma Etching	常压等离子腐蚀
5	ASIC	Application Specific Integrated Circuit	专用集成电路
6	ATAB	Array Tape Automated Bonding	阵列载带自动键合
7	BGA	Ball Grid Array	球栅阵列封装
8	BQFP	Quad Flat Package With Bumper	带缓冲垫的四边扁平封装
9	C4	Controlled Collapse Chip Connection	控制塌陷芯片连接
10	CBGA	Ceramic Ball Grid Array	陶瓷球栅阵列
11	CCGA	Ceramic Column Grid Array	陶瓷圆柱栅格阵列
12	CGA	Column Grid Array	焊柱阵列
13	CLCC	Ceramic Leaded Chip Carrier	陶瓷引脚式晶粒承载器
14	CMP	Chemical Mechanical Polishing	化学机械抛光
15	COB	Chip-on-Board	芯片直接组装/板载芯片
16	COF-CSP	Chip On Flex CSP	柔性板上的芯片尺寸封装
17	CQFP	Cerquad Quad Flat Package	陶瓷四边扁平封装
18	CSP	Chip Size Package	尺寸封装
19	CTE	Coefficient of Thermal Expansion	热膨胀系数
20	CVD	Chemical Vapor Deposition	化学气相淀积
21	DBG	Dicing Before Grinding	减薄前划片
22	DBT	Dicing By Thinning	减薄后划片
23	DCA	Direct Chip Attach	直接芯片连接
24	DIP	Dual Inline Package	双列直插式封装
25	DRAM	Dynamic Random Access Memory	动态随机存储器
26	DSC	Differential Scanning Calorimetry	差分扫描量热仪
27	DSP	Digital Signal Processing	数字信号处理器
28	EMC	Epoxy Molding Compound	环氧模塑料
29	EMR	Electro Magnetic Radio interference	电磁无线电干扰

（续）

序号	英文缩写	英文全称	中文全称
30	EPROM	Erasable Programmable Read-Only Memory	可擦写可编程只读存储器
31	FCAA	Flip Chip Adhesive Attachment	胶粘剂连接的倒装芯片
32	FCB	Flip Chip Bonding	倒装芯片焊
33	FQFP	Fine Pitch Quad Flat Package	小引脚中心距四边扁平封装
34	GFLOPS	Giga Floating-point Operations Per Second	每秒十亿次浮点运算量
35	HASL	Hot Air Solder Leveling	热风焊锡整平
36	HDI	High Density Interconnector	高密度互连器
37	HIC	Hybrid Integrated Circuit	混合集成电路
38	KGD	Known Good Die	合格芯片
39	Laser-AFM	Atomic Force Microscope Employing Laser Beam Deflection for Force Detection	激光检测原子力显微镜
40	LCCC	Leadless Ceramic Chip Carrier	无引线陶瓷芯片载体
41	LED	Liquid Emit Diode	发光二极管
42	LGA	Land Grid Array	栅格阵列
43	LPI	Imaging Liquid Photosensitive Adhesive	可成像液体感光胶
44	LQFP	Low-profile Quad Flat Package	小型四边扁平封装
45	LSI	Large Scale Integration	大规模集成电路
46	LTCC	Low Temperature Co-fired Ceramic	低温共烧陶瓷
47	MCM	Multi Chip Module	多芯片组件
48	MCP	Multichip Packages	多芯片封装
49	MCP	Metal Can Package	金属罐式封装
50	MJT	Metal Jetting Technology	喷射凸点
51	MSI	Medium Scale Integration	中等规模集成电路
52	NRE	Non Recurring Engineering	非重复性工程
53	NSMD	Non-Solder-Mask Defined	非阻焊层限定
54	OMPAC	Over Molded Plastic Array Carriers	整体模塑阵列载体
55	OSP	Organic Solderability Preservatives	有机可焊防腐层
56	PACE	Plasma-Assisted Chemical Etching	等离子辅助化学腐蚀
57	PAMS	Polyalphamethyl Styrene	聚甲基苯乙烯
58	PBGA	Plastic Ball Grid Array	塑料球栅阵列
59	PCB	Printed Circuit Board	印制电路板

(续)

序号	英文缩写	英文全称	中文全称
60	PDIP	Plastic DIP	塑料双列直插式封装
61	PFC	Polymer Flip Chip	聚合物倒装芯片
62	PGA	Pin Grid Array	针栅阵列封装
63	PIB	Polyisobutylene	聚异丁烯
64	PKG	Packaging	封装
65	PLCC	Plastic Leaded Chip Carrier	塑料短引线芯片载体
66	PMMA	Polymethyl Methacrylate	聚甲基丙烯酸甲酯
67	PQFP	Plastic Quad Flat Package	塑封四边扁平引线封装
68	PVB	Polyvinyl Butyral	聚烯基丁缩醛
69	QFN	Quad Flat No-lead Package	四边无引线扁平封装
70	QFP	Quad Flat Package	四边扁平封装
71	RAM	Random-Access Memory	随机存取存储器
72	RDL	Redistribution Layer	引脚重新布线
73	RIM	Reaction-Injection Molding	反应注射成型
74	SBC	Solder Ball Carriers	焊料球载体
75	SCC	solder column carriers	圆柱焊料载体
76	SCP	Single Chip Packages	单芯片封装
77	SGA	Solder Grid Array	焊料栅格排列
78	SIP	Single Inline Package	单列直插式封装
79	SLT	Solid Logic Technology	固态逻辑技术
80	SMD	Surface Mounted Devices	表面贴装器件
81	SMT	Surface Mount Technology	表面贴装式
82	SOP	Small Outline Package	小外形封装
83	SPC	Statistical Process Control	统计过程控制
84	SQFP	Shrink Quad Flat Package	收缩型四边扁平封装
85	SRAM	Static Random Access Memory	静态随机存储器
86	SSI	Small Scale Integration	小规模集成电路
87	SSOP	Shrink Small-Outline Package	缩小型小外形封装
88	TAB	Tape Automated Bonding	载带自动焊
89	TBGA	Tape Ball Grid Array	载带球栅阵列

(续)

序号	英文缩写	英文全称	中文全称
90	TCM	Thermal Conduction Module	热传导组件
91	THT	Through-Hole Technology	插孔式
92	TO	Transistor Outline	晶体管外壳
93	TQFP	Thin Quad Flat Package	薄型四边扁平封装
94	TSOP	Thin Small Outline Package	超薄小外形封装
95	U/S&T/S	Thermosonic & Ultrasonic Bonding	超声波热压焊接
96	UBM	Under-Bump Metal	凸点下金属
97	VLSI	Very Large Scale Integration	超大规模集成电路
98	WLCDIP	Multilayer Ceramic DIP	多层陶瓷双列直插式封装
99	WLP	Wafer Level Package	硅片级封装
100	WSI	Wafer Scale Integration	晶片规模集成电路
101	ZIP	Zig-zag Inline Package	交叉引脚式封装

参考文献

[1] 刘玉玲．微电子技术工程［M］．北京：电子工业出版社，2006.
[2] 陈力俊．微电子材料与制程［M］．上海：复旦大学出版社，2005.
[3] 施敏．半导体器件物理与工艺［M］．2版．苏州：苏州大学出版社，2002.
[4] 庄达人．VLSI制造技术［M］．台北：高立图书有限责任公司，2006.
[5] 吴德馨．现代微电子技术［M］．北京：化学工业出版社，2001.
[6] 远藤伸裕．半导体制造材料［M］．东京：日本工业标准调查会，2002.
[7] 前田和夫．半导体制造装置［M］．东京：日本工业标准调查会，2002.
[8] 黄丽．高分子材料［M］．北京：化学工业出版社，2005.
[9] 赵飞．堆叠式封装和组装技术的研究［D］．天津：天津大学出版社，2006.
[10] 吴建得，罗宏伟．铜键合线的发展与面临的挑战［D］．电子产品可靠性与环境试验，2008.
[11] 黄庆安，唐洁影．微系统封装基础［M］．南京：东南大学出版社，2005.